■ 高等院校土木工程专业选修课教材

岩石锚杆剪切支护机理与锚固机制

陈　瑜　主　编
黄林冲　副主编

中国建筑工业出版社

图书在版编目（CIP）数据

岩石锚杆剪切支护机理与锚固机制 / 陈瑜主编 ；黄林冲副主编. -- 北京 ：中国建筑工业出版社, 2024. 11. -- (高等院校土木工程专业选修课教材). -- ISBN 978-7-112-30354-0

Ⅰ. TU4

中国国家版本馆 CIP 数据核字第 2024PF8625 号

本书系统探讨了岩石锚杆剪切支护机理与锚固机制。本书内容分为 7 章：介绍了研究背景、意义、现状、目标及全书内容安排；详细分析了岩石锚杆系统的组成，包括锚杆、锚固剂、注浆材料和岩石介质的功能和作用，并介绍了岩石锚杆的材料特性、注浆材料及其对锚固效果的影响，同时探讨了锚杆表面的特性；研究了岩石锚杆的轴向拉拔剪切特性，探讨不同条件下锚杆的力学行为，深入分析了岩石锚杆的剪切力学特性，包括压剪和拉剪的不同特性及其对锚固效果的影响；通过数值模拟方法，对锚杆剪切行为进行模拟和分析，验证理论模型的准确性，并建立了岩石锚杆的剪切分析模型，为工程设计提供理论依据；最后，书中展望了锚杆剪切支护技术在科研及工程应用上的未来发展方向，强调了新技术和新方法的潜在应用及研究热点。

本书面向岩土工程专业的师生以及相关专业的设计、研究人员，可作为教材、教学参考用书。

责任编辑：刘瑞霞
文字编辑：冯天任
责任校对：芦欣甜

高等院校土木工程专业选修课教材
岩石锚杆剪切支护机理与锚固机制
陈 瑜 主 编 黄林冲 副主编
*
中国建筑工业出版社出版、发行（北京海淀三里河路 9 号）
各地新华书店、建筑书店经销
国排高科（北京）人工智能科技有限公司制版
建工社（河北）印刷有限公司印刷
*
开本：787 毫米×1092 毫米 1/16 印张：16¾ 字数：394 千字
2024 年 8 月第一版 2024 年 8 月第一次印刷
定价：**68.00** 元
ISBN 978-7-112-30354-0
（43731）

版权所有 翻印必究
如有内容及印装质量问题，请与本社读者服务中心联系
电话：（010）58337283 QQ：2885381756
（地址：北京海淀三里河路 9 号中国建筑工业出版社 604 室 邮政编码：100037）

前　言

岩石锚杆作为一种重要的岩土工程支护技术，在隧道开挖、边坡稳定、矿山开采及地下工程等领域发挥着关键作用。岩石锚杆的锚固性能直接影响工程的安全性与稳定性，因此，对其深入研究具有重要的理论意义和工程应用价值。

本书系统探讨了岩石锚杆的剪切支护机理与锚固机制，涵盖岩石锚杆的研究背景、意义、发展历程及其在现代工程中的重要性和应用前景；分析了岩石锚杆系统的组成和各组成部分的功能及作用，探讨不同类型锚杆在各种工程条件下的应用；讨论了锚杆材料及注浆材料的特性及其对锚固效果的影响；详细阐述了锚杆的剪切力学特性及不同条件下的力学行为及其对锚固效果的影响；通过介绍数值模拟方法分析锚杆的剪切行为，为实际工程设计提供了理论依据；阐述了剪切分析理论模型，从早期模型到现代力学方法的新型模型，为工程实践提供指导。

本书内容翔实，信息量丰富，知识体系结构完善，注重理论与实践相结合，将经典理论方法与现代新技术、新方法相融合，旨在引导读者掌握扎实的理论知识，并培养他们解决实际工程技术问题的能力。

本书的编写人员都具有丰富的教学和科研经验，编写过程得到了温观平、肖浩东、邓佳龙等同志的支持，在此深表感谢。由于水平有限，时间仓促，本书难免有错误和不足之处，恳请专家和读者批评指正。衷心感谢为本书出版付出努力的所有同仁和专家，并期待本书能为广大读者提供有益的参考与启迪。

编者

2024 年 1 月

目　录

第 1 章

引　　言

岩石锚杆剪切
支护机理与锚固机制

1.1 锚杆在岩石工程中的研究意义

在岩石工程中，锚杆（Bolt）作为一种关键的支护结构，具有广泛的应用场景和重要的工程意义。锚杆的主要功能是将开挖区域的岩体或土体维持在预期的受力状态，从而显著提高工程的安全性和可靠性。

锚杆通过有效控制岩体的变形和破坏，防止岩石的滑动、崩塌或滚落，从而保护岩体的整体性和安全性。它通过增强围岩的自承载能力，构建一个包含围岩与支护系统的整体承载结构，减少围岩的变形和裂缝，进而提高隧道及其他工程结构的使用寿命和安全系数。根据开挖方法和围岩等级，锚杆支护可以采用多种形式，例如锚喷支护和锁脚锚管支护等。此外，锚杆还可改善脆弱或裂隙发育的岩体，提升其整体强度和刚度，从而防止岩体在受力时发生过度位移或破坏。

锚杆提供了一种经济、高效且环保的支护技术，其施工过程简单、工期短、成本低，且效果显著。锚杆还可以与其他支护技术，如喷射混凝土、钢筋网、框架梁等结合，形成复合支护体系，以适应不同的工程条件和需求。

在岩石工程中，锚杆的广泛应用对于增强岩体稳定性、加固地下结构、控制岩石裂隙和滑动、防治地下水渗漏等方面具有显著意义。它在提高工程安全性和稳定性、增加承载能力、控制变形和裂缝、保持干燥稳定、提高施工效率和降低成本等方面发挥着重要作用。

1.2 国外锚杆发展历史

自 1872 年金属锚杆在英国首次应用以来，锚杆支护技术经历了逾百年的发展，已成为地下工程中应用广泛的支护技术。1911 年，美国在煤矿巷道中引入了锚杆支护方法，进一步推动了这一技术的发展。

20 世纪 40 年代，机械式锚杆的研究与应用取得了进展。这类锚杆主要通过楔形或螺纹等机械结构在岩土体中产生摩擦力，实现端部锚固。其优点在于施工简便，但由于锚固力不均匀和支护刚度较小，机械式锚杆不适用于松软或破碎的岩土体。

20 世纪 50 年代，砂浆锚杆得到了研究与应用。这类锚杆通过在钢筋或钢索周围填充水泥砂浆或其他粘结剂，形成全长或部分粘结的锚固段。其优点在于能够提供较大的锚固力和较高的支护刚度，但施工时间较长，并需等待砂浆凝固后才能进行张拉操作。

20 世纪 60 年代，树脂锚杆的研究与应用逐步展开。树脂锚杆利用填充在钢筋或钢索周围的树脂或其他化学粘结剂，形成全长或部分粘结的锚固段。其主要优点是树脂凝固速度快，能够实现快速张拉；缺点是成本较高且对施工条件要求较高。

20 世纪 70 年代，管缝式锚杆和胀管式锚杆等全长锚固锚杆开始得到研究与应用。这些锚杆通过钢管在岩土体中产生径向压力，实现端部或全长锚固。其优点是施工方便，可同时进行注浆和张拉；缺点是钢管成本较高，对岩土体质量的要求也较高。

20 世纪 80 年代，混合锚头锚杆、组合锚杆、桁架锚杆和特殊锚杆等得到了研究与应用。这些锚杆在前几种类型的基础上进行了改进，以适应不同的工程条件和需求。例如，混合锚头锚杆结合了机械式和砂浆式或树脂式的锚头，以提高预应力水平和可靠性；组合锚杆将不同类型或规格的钢筋或钢索组合使用，以提高支护强度和刚度；桁架锚杆通过将多根平行或交叉的钢筋或钢索连接成桁架结构，以扩展支护范围和效果；特殊锚杆则根据特定工程条件设计，具有特殊功能或形式。

20 世纪 90 年代以来，高强度树脂锚固锚杆因其卓越的锚固效果和简便的施工工艺，逐步取代了其他类型的锚杆，成为主流的锚杆支护形式。同时，锚索加固技术也得到了广泛的推广应用。

国外锚杆支护技术的快速发展和广泛应用表现出以下特点：

（1）对围岩地质力学参数的重视：如美国和英国在锚杆支护设计前，进行全面、详细的地应力、围岩强度及围岩结构面力学特征的测量，以分析应力场分布及围岩变形和破坏的主要影响因素。

（2）根据地质与生产条件选用适宜的锚杆类型：例如澳大利亚和英国主要采用树脂全长锚固螺纹钢锚杆；美国则使用树脂锚固锚杆、胀壳式锚杆及混合锚固锚杆；德国在此基础上研制了可拉伸锚杆，以应对围岩变形强烈的条件。

（3）锚杆向高强度、高可靠性方向发展：一方面，开发具有一定延伸率的高强度锚杆材料；另一方面，增大杆直径，以提高锚杆强度并降低支护密度，从而促进快速掘进。

（4）先进的锚杆施工机具的应用：如澳大利亚和美国大量使用掘锚联合机组，实现了掘进与锚杆支护的一体化，大幅度提高了掘进速度和工效。单体锚杆钻机、钻头钻杆和快速安装系统的发展也基本满足了锚杆支护施工的要求。

（5）锚杆支护监测技术的应用：通过开发顶板离层指示仪、声波多点位移计、测力锚杆等监测设备，及时、准确地监测围岩稳定性与支护状况，确保施工的安全性。

1.3 我国锚杆发展状况

自 20 世纪 50 年代起，我国开始引入锚杆支护技术，最初主要使用钢丝绳砂浆锚杆和机械锚固型锚杆。到 20 世纪 60 年代，机械式锚杆在国内广泛应用，同时锚杆支护技术开始得到系统研究。20 世纪 70 年代，我国创新并推广了管缝式锚杆和胀管式锚杆，同时开始研发和测试树脂锚杆。

20 世纪 80 年代，我国借鉴了英国的经验，推广了锚杆喷射混凝土支护技术，并将其应用于煤矿巷道支护。此外，我国还研发了经济型快硬水泥锚杆，并在这一时期引入了长锚索加固技术。进入 20 世纪 90 年代，我国学习并引进了澳大利亚的先进锚杆支护技术，这些技术被广泛应用于深基坑开挖支护、边坡加固和桥台加固等工程中。同时，我国发明并应用了混合锚头锚杆、桁架锚杆和特种锚杆等新型支护技术。

21 世纪以来，随着大型水利水电工程建设的开展，我国的锚固工程量显著增加，锚固技术也得到了更广泛的应用和发展。我国成功研制了 6000kN 级、8000kN 级和 10000kN 级的预应力锚杆，并在多个工程项目中得到了应用。此外，复合型支护结构和框架预应力锚杆支护结构也逐渐得到应用。

我国锚杆支护技术的发展得益于标准化建设的不断完善。自 1986 年以来，我国相继颁布了《锚杆喷射混凝土支护技术规范》《土层锚杆设计施工规范》《建筑基坑工程技术规程》《水工预应力锚固施工规范》和《水工预应力锚固设计规范》等国家和行业标准。这些标准的制订与实施，为锚杆支护技术的发展提供了标准依据。

尽管取得了显著进展，我国的锚杆支护技术仍面临一些问题和挑战：

（1）锚杆与土体的相互作用机理尚不明确。目前，锚杆与岩土体之间的相互作用机制和模式尚不完全清晰，缺乏通用的力学模型和分析方法。

（2）对土体物理力学性质的影响及时间效应的考量不足。锚杆支护对土体物理力学性质的影响以及时间效应的合理考量仍需进一步研究。

（3）对地震作用、冲击荷载和施工爆破等因素的考虑不足。现有锚杆支护设计缺乏对地震作用、冲击荷载、变异荷载和施工爆破等因素的有效考虑和防护措施。

（4）质量控制和施工管理的规范性不足。锚杆支护的质量控制和施工管理仍需进一步规范，存在一定的安全隐患和质量问题。

我国在锚杆支护技术方面也取得了诸多成果：

（1）锚杆支护机理的研究

锚杆能够改善围岩强度、围岩结构和围岩应力等参数。锚固后的岩体在围岩强度、弹性模量、黏聚力和内摩擦角等方面均有显著提升。高强度和高刚度的锚杆组合支护系统得到了广泛应用，这些系统不仅注重锚杆的强度，同时强调支护系统的刚度和整体效果，实现了主动和及时的支护。

（2）支护材料的跨越式发展

①锚杆专用钢材：研发了左旋无纵筋螺纹钢，达到了高强度和超高强度级别，并形成系列产品，其力学性能达到国际先进水平。

②经济型树脂锚固剂：开发了超快速、快速、中速、慢速及双速等不同类型和规格的树脂锚固剂，满足了锚杆支护的多样化需求。

③组合构件：设计了 W 形、M 形钢带等组合构件，并制订了相应的钢带产品系列和技术标准。研制了矿用钢带轧制设备及生产工艺，提高了钢带的强度和刚度，并优化了断面形状和尺寸。

④玻璃钢锚杆：开发了多种形式的玻璃钢锚杆，改进了其加工工艺和力学性能，同时优化了锚杆尾部结构。

⑤小孔径树脂锚固预应力锚索：采用树脂药卷锚固，单体锚杆钻机施工，简化了安装工序，提高了施工速度。同时，开发了不同直径的锚索系列，适应了不同的施工条件。

这些技术进步为我国锚杆支护技术的进一步发展奠定了坚实的基础，同时也为应对未来的工程挑战提供了有力的技术支持。

1.4 锚杆在岩石工程中的应用领域

1. 隧道工程

在隧道工程中，锚杆被广泛应用于隧道的初期支护和长期加固中。由于隧道开挖过程中岩石体的应力重新分布，锚杆能够有效支撑隧道衬砌，防止塌方和岩石脱落。锚杆的应用可以显著提高隧道的稳定性和安全性，并减少施工过程对周围环境的影响。

（1）**城市地铁隧道：**在城市地铁建设中，由于城市地下水位高，岩土条件复杂，锚杆常用于支撑地铁隧道的侧壁和拱顶，防止岩土体变形。

（2）**山地隧道：**在山区隧道的建设中，锚杆常用于加强山体的稳定性，防止山体滑坡对隧道工程的影响。

2. 边坡工程

在边坡工程中，锚杆被用来加固边坡，防止边坡失稳和滑坡。通过将锚杆植入边坡体中，可以提高边坡的稳定性，减少滑坡发生的风险。锚杆的设置可以有效分散边坡体的应力，改善边坡的变形性能。

（1）**公路和铁路边坡：**在修建公路和铁路时，尤其是在山地和丘陵地区，常使用锚杆来加固边坡，以确保交通路线的安全性。

（2）**矿区边坡：**在矿区开采过程中，边坡的稳定性至关重要，锚杆的应用可以有效预防由于采矿活动引起的边坡滑坡。

3. 矿山工程

在矿山工程中，锚杆被用于支护矿井巷道、矿体和矿山斜坡。锚杆的应用可以有效控制矿井中的岩石破坏，保障矿工的安全，并提高矿山开采的效率。

（1）**地下矿井：**在地下矿井中，锚杆用于支撑巷道壁，防止岩石崩落，从而保障矿井的安全运行。

（2）**露天矿坑：**在露天矿坑的边坡支护中，锚杆用于防止边坡崩塌，保证矿区的稳定性和安全。

4. 水利工程

在水利工程中，锚杆常用于加固水坝、堤坝及其他水工结构。由于水利工程的结构承受着巨大的水压力，锚杆的应用可以有效增加这些结构的稳定性，防止由于水压力引起的失稳和变形。

（1）**大坝加固：**在大坝的加固工程中，锚杆可用于增强坝体的稳定性，防止坝体出现裂缝或滑动。

（2）**堤坝加固：**在堤坝的维护和加固中，锚杆可以有效提升堤坝的稳定性，减少洪水对堤坝的冲击。

5. 地质灾害防治

锚杆在地质灾害防治中扮演着重要角色，特别是在防治山体滑坡、崩塌和泥石流等方面，通过使用锚杆可以有效地加固山体，防止这些自然灾害的发生，从而保护人民生命财产安全。

（1）**滑坡治理：**在滑坡多发区，通过设置锚杆可以有效加固滑坡体，防止滑坡的继续发展。

（2）**崩塌防治：**在易发生崩塌的山体中，锚杆可以用于加固崩塌区域，降低崩塌的风险。

1.5　锚杆剪切性能的研究进展

锚杆支护技术在提升岩体的承载能力和强度方面表现出显著效果，这使得开挖后的岩体变形能够得到有效控制，从而保障施工安全。在锚固节理岩体中，锚杆通过轴向作用力来控制节理的变形，从而提升其强度。然而，锚杆在实际应用中往往面临着横向剪切力的问题，尤其是在地应力和岩体自重的影响下，节理面之间可能会发生相对错动，这会导致锚杆承受较大的横向作用力。在这种情况下，节理与锚杆交界面会出现应力集中，可能导致杆体破坏，从而削弱锚杆的锚固功能，改变锚杆荷载传递机制。因此，对锚杆剪切行为的研究显得尤为重要。以下是关于锚杆剪切行为的主要研究进展：

Bjurstrom（1975）首次对锚杆的抗剪切性能进行了系统的研究。他通过对插入花岗岩块的全长粘结锚杆进行剪切试验，指出锚杆的失效模式、节理面的抗剪强度以及锚杆自身的刚度在很大程度上取决于锚杆与节理面的安装角度。Haas（1976）使用全尺寸锚杆和大型剪切试验设备，探讨了锚杆抗剪切位移的有效性，特别是沿既有裂隙面或滑移面的表现。

Barton 和 Choubey（1977）通过接缝粗糙度系数、接缝壁抗压强度和残余摩擦角，描述了岩石节理摩擦的经验定律，用于推断和预测剪切强度数据。Spang 和 Egger（1990）系统研究了主要锚杆参数的变化，并量化了这些参数对节理抗剪强度的影响。Egger 和 Zabuski（1993）通过控制三个主要方向上的应力和位移，研究了钢筋对节理介质的影响，试验结果表明，锚杆的加固效果可以视为取决于锚杆密度的附加黏聚力，或者依赖于锚杆拔出强度的虚拟围压。Pellet 和 Egger（1996）提出了两种新的分析模型，其中一种考虑了锚杆中轴向力和剪切力的相互作用及其大塑性位移，另一种用于预测锚杆对岩石节理抗剪强度的贡献。

Li 和 Stillborg（1999）针对拉拔试验中受到集中拉荷载的锚杆建立了分析模型，研究表明，当变形在界面上协调时，界面剪应力随距离加载点的增加而呈指数衰减。Jalalifar 等（Jalalifar 等，2004，2005，2006b，2006a；Jalalifar 和 Aziz，2010a，2010b）对锚杆在剪切中的有效性进行了研究，提出了一种改进的分析方法，用于理解侧向约束下锚杆跨节理面的剪切行为，并通过试验和数值分析研究了五种类型的全注浆锚杆在剪切作用下的荷载传递能力和破坏机理。

Indraratna 等（2015）提出了描述在恒法向刚度（CNS）边界条件下粗糙节理完全剪切行为的新模型，通过无张缝锚杆的假设算例证明了该模型对节理岩质边坡的适用性。Li 等（2015，2016c）基于超静定梁理论，建立了真实预测锚杆节点抗剪强度和抗剪位移的解析模型，比较了玻璃纤维锚杆、岩体锚杆和锚索锚杆对混凝土表面抗剪强度的贡献以及锚杆的破坏模式。

Li 等（2016a，2016b）设计了双剪切试验，研究锚杆在不同角度安装下的剪切行为，结果表明，锚杆的抗剪水平受到岩石强度、锚杆倾角和锚杆直径的影响显著。同时，在三个独立的区块中安装了全注浆锚杆，进行的双剪切试验显示，喷射混凝土在抗剪荷载方面具有一定的力学作用。

Chen 等（2014，2015a，2015b，2017，2020）提出了对锚杆试件施加拉剪荷载的新方法，并开发了一种能同时对锚杆施加拉剪荷载的试验方法，研究了位移角、节理间隙和岩石强度对螺杆式锚杆和 D-Bolt 性能的影响。对剪切状态下锚杆变形加载角与位移角的解析关系进行了分析，并提出了一种新的分析方法来预测全注浆锚杆在拉剪荷载作用下的力学行为。

Ma 等（2019）通过考虑预张力、锚杆中产生的轴向力、锚杆与注浆之间的界面粘结应力以及横向于锚杆轴线的传力杆剪切荷载，来预测锚杆岩石节理的剪切行为。Pinazzi 等（2020）研究了未注浆锚杆在组合荷载条件下的性能，发现锚杆在单一类型荷载或组合荷载条件下能承受比剪切更高的轴向荷载，但在组合荷载条件下，锚杆承载力显著降低，而施加有间隙的剪切荷载对岩石锚杆的承载能力没有显著影响。

Zhang 等（2022）通过在恒定法向刚度条件下的直接剪切试验，研究了传统刚性锚杆和吸能锚杆的锚固效果，并根据剪切强度和膨胀指数对两种锚杆的栓接性能进行了定量评估。试验结果表明，锚杆的锚固效果与锚杆材料和断裂角度密切相关。Li 等（2019，2021，2023）对多组不同锚固角度或浆液强度的试件进行了直剪试验，测量了剪切荷载、剪切位移和锚杆应变，并对注浆锚杆的节理剪切运动进行了试验研究。结果表明，锚杆角度和注浆强度对锚杆性能有重要影响。通过对不同法向应力下锚杆加固的花岗岩劈裂结构面的剪切试验，研究了高应力条件下钢筋锚杆对硬岩结构面的支护效果。

这些研究成果为理解和优化锚杆在剪切行为中的性能提供了宝贵的数据和理论支持，对实际工程中锚杆的设计和应用具有重要的指导意义。

复习思考题

1. 请简述锚杆在岩石工程中的研究意义。

2. 请解释国外锚杆发展历史中的关键阶段和突破点。

3. 讨论我国锚杆发展状况与国外的主要差异。

4. 锚杆在岩石工程中的哪些应用领域最为关键？请举例说明。

5. 请总结锚杆剪切性能的研究进展，并讨论当前的研究热点。

第 2 章

岩石锚杆系统组成

岩石锚杆剪切
支护机理与锚固机制

2.1　岩石锚杆的概念和基本原理

岩石锚杆（图 2-1）是一种用于增强岩体稳定性和提高支撑能力的结构元件，其工作原理主要涉及锚杆的安装、应力传递、变形控制和稳定机制。以下是岩石锚杆基本原理的详细阐述：

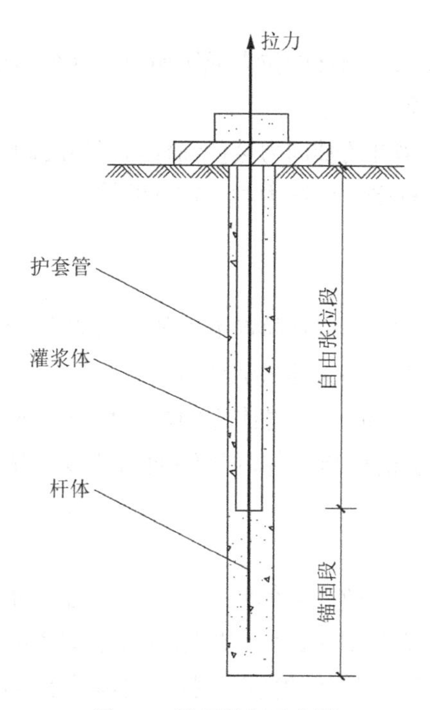

图 2-1　岩石锚杆示意图

1. 锚固原理

锚固原理是岩石锚杆的核心工作原理，其基本过程包括以下几个步骤：

（1）安装过程

①在岩体中钻孔，并将锚杆插入孔内。根据锚杆类型的不同，这个过程可能涉及注入锚固材料（如水泥浆或树脂）来固定锚杆。

②锚固材料在孔内固化后，将锚杆与岩体紧密结合，形成一个稳定的支撑系统。锚固材料的选择和固化质量直接影响锚杆的工作效果。

（2）锚杆与岩体的结合

①锚杆通过与岩体的接触面传递力。锚固材料在固化过程中形成强大的粘结力，将锚杆牢固地固定在岩体中。

②锚杆的安装过程会在岩体内形成一个强度提升区域，这个区域由锚杆及其周围的锚固材料共同组成，能够有效提高岩体的承载能力。

（3）力的传递

锚杆通过与岩体之间的摩擦力和粘结力，将外部施加的荷载（如地应力、施工荷载）传递到岩体中。锚杆的轴向荷载通过锚杆与岩体的结合面传递，而剪切荷载则通过锚杆与岩体接触面上的摩擦力传递。

2. 应力传递原理

锚杆的应力传递原理涉及锚杆在岩体中的力学行为及其对岩体的影响。

（1）轴向力传递

①锚杆的轴向力主要来源于锚杆的拉力或压缩力。这个力沿锚杆的长度方向传递，并通过锚杆与岩体接触面传递到岩体中。

②当锚杆受到拉力时，锚杆的轴向力会使锚杆与岩体之间产生拉伸应力，增强锚杆与岩体的结合力。相反，当锚杆受到压缩力时，锚杆的轴向力会使岩体中的应力分布发生变化，从而提供支撑力。

（2）剪切力传递

①锚杆的剪切力是指在锚杆与岩体接触面上的剪切应力。锚杆在剪切荷载作用下，主要通过摩擦力和锚固材料的粘结力来传递剪切力。

②在岩体中，剪切力通过锚杆与岩体之间的接触面传递，防止岩体发生滑动或破坏。锚杆的剪切强度取决于锚杆与岩体的接触面粗糙度、锚固材料的强度以及锚杆的材料强度。

（3）应力分布

①锚杆在岩体中安装后，会改变岩体的应力分布。锚杆的安装可以将原本分布在岩体中的应力重新分配，使得应力集中在锚杆与岩体的结合面附近，从而提高岩体的稳定性。

②应力分布的改变可以减少岩体的变形，提高岩体的承载能力。设计和安装锚杆时，需要考虑岩体的应力状态，以确保锚杆的有效支撑。

3. 变形控制原理

岩石锚杆的变形控制原理涉及锚杆对岩体变形的约束和限制。

（1）限制变形

①锚杆通过提供额外的支撑力，限制岩体的变形幅度。锚杆的刚度和强度决定了它在变形过程中对岩体的约束能力。

②当岩体受到外部荷载（如地应力、施工荷载）时，锚杆会限制岩体的相对位移，从而防止岩体发生过大的变形或滑移。

（2）锚杆刚度

①锚杆的刚度是其对岩体变形的约束能力的体现。锚杆的刚度取决于其材料的弹性模量、横截面积和长度。较高的刚度能够更有效地限制岩体的变形。

②刚度的选择需要根据工程的实际要求和岩体的性质进行调整，以确保锚杆能够提供足够的支撑力。

（3）变形机制

①锚杆的变形机制包括轴向变形和横向变形。轴向变形主要表现为锚杆在受力过程中发生的拉伸或压缩，而横向变形主要表现为锚杆在剪切荷载作用下的弯曲或侧移。

②变形机制的分析可以帮助工程师理解锚杆在实际工程中的表现，从而优化锚杆的设计和安装。

4. 稳定机制

锚杆的稳定机制涉及岩体在锚杆支撑下的整体稳定性。

（1）稳定性分析

①稳定性分析包括对岩体的应力状态、变形特征和破坏机制的评估。通过对岩体稳定性的分析，可以确定锚杆的有效支撑区域和支撑效果。

②稳定性分析需要考虑锚杆的安装位置、长度、间距以及岩体的力学性质，以确保岩体在锚杆支撑下的稳定性。

（2）支撑效果

①锚杆的支撑效果取决于其设计参数和施工质量。通过优化设计参数和施工工艺，可以提高锚杆的支撑效果，从而增强岩体的稳定性。

②支撑效果的评估可以通过现场监测和试验验证来进行，以确保锚杆的实际表现符合设计要求。

（3）安全性考虑

①锚杆的设计和施工需要充分考虑安全性，包括锚杆的强度、刚度和稳定性。安全性考虑涉及锚杆的承载能力、变形控制和稳定性分析。

②在工程实施过程中，需要进行定期检查和维护，以确保锚杆的长期稳定性和安全性。

通过基于上述基本原理的详细解析，可以更好地理解岩石锚杆在工程中的作用及其工作机制，从而优化设计、施工和应用，提高岩石锚杆的效果和可靠性。

2.2　岩石锚杆的主要组成部分

岩石锚杆的主要组成部分见图 2-2。

1. 锚头

（1）定义与功能

锚头是锚杆系统的顶端部件，负责将锚杆传递的力分布到支撑结构或岩石中。锚头的主要功能是将锚杆的拉力均匀地传递到锚固区域，从而有效地增强支撑效果。

①受力分布：锚头的设计应确保受力均匀分布，以避免局部应力集中导致的损坏。通常，锚头的底面会有一定的面积，以增加接触面积。

②设计形状：锚头的形状可以是圆盘形、扁平形、锥形等。不同形状的锚头适用于不同的应用场景。例如，圆盘形锚头适用于承受大面积的荷载，而锥形锚头则适用于狭小的空间。

（2）材料选择

锚头通常由高强度钢材或铸铁制成，某些情况下也使用不锈钢或合成材料以提高耐腐蚀性和耐磨性。

①钢材：钢材（如 Q355 等）因其优良的机械性能被广泛使用，其具有较高的抗拉强度和耐久性，适合在各种工程条件下使用。

②铸铁：铸铁锚头常用于应力较低的场合，具有较好的铸造性能和经济效益。

③不锈钢：在腐蚀性环境中，使用不锈钢锚头可以提高锚杆系统的耐腐蚀性能。

（3）制造与安装

①制造工艺：锚头的制造工艺包括铸造、锻造和机加工。铸造工艺适合大批量生产，而锻造工艺则可以提高锚头的强度和韧性。

②安装方法：安装时，锚头通常通过锚杆或焊接固定在锚杆顶端，确保其与支撑结构紧密接触。

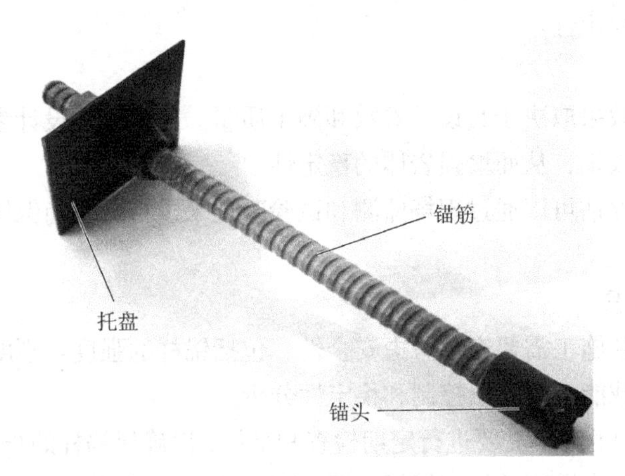

图 2-2　岩石锚杆主要组成部分示意

2. 锚具

（1）定义与功能

锚具是用于固定锚杆的装置，主要作用是确保锚杆与岩石或土壤的稳定连接。锚具的功能是通过机械或化学手段将锚杆牢固地固定在岩石或土壤中。

①机械锚具：机械锚具通过物理连接（如螺纹、夹持）固定锚杆。常见的机械锚具包括锚固套筒和扩展套筒等。

②化学锚具：化学锚具通过化学反应（如注浆）固化固定。常见的化学锚具包括环氧树脂和水泥砂浆等。

（2）类型与应用

①锚固套筒：用于将锚杆与锚头或其他配件连接。锚固套筒的内径通常与锚杆直径相匹配，确保连接牢固。

②扩展套筒：用于加长锚杆或连接多个锚杆。扩展套筒可以通过螺纹连接或焊接固定，适合需要增加长度的场合。

③化学锚固剂：如环氧树脂和改性水泥等，用于填充锚杆孔洞，通过与岩石或土壤发生化学反应，形成强大的粘结力。

（3）材料与制造

①钢材：锚具常由高强度钢材制造，确保其能够承受锚杆施加的荷载。

②合成材料：某些高性能锚具使用合成材料或特殊合金，以提高其耐腐蚀性和耐磨性。

3. 锚筋

（1）定义与功能

锚筋是锚杆系统中的主要承载部分，通常是由高强度钢材制成的长条状杆件。锚筋的主要功能是承受和传递来自岩石或土壤的拉力，并将其传递到支撑结构中。

①承载能力：锚筋的设计应能满足工程的承载需求，其抗拉强度和屈服强度是关键指标。

②长度与直径：锚筋的长度和直径根据地层情况和施工要求进行选择。通常，锚筋的直径为 15～40mm，长度从几米到十几米不等。

（2）材料选择

①高强度钢材：常用的锚筋材料包括高强度钢筋（如 HRB400、HRB500）和钢绞线（如 7 丝、12 丝钢绞线）。这些材料具有较高的抗拉强度和耐用性。

②耐腐蚀材料：在腐蚀性环境中，使用耐腐蚀的锚筋材料（如不锈钢或镀锌钢筋）可以提高系统的耐用性。

（3）制造与处理

①加工工艺：锚筋的加工工艺包括拉拔、轧制、热处理等。通过热处理可以提高锚筋的强度和韧性。

②表面处理：锚筋表面常进行防腐处理，如镀锌或涂层，以提高其耐腐蚀性。

4. 护套管

（1）定义与功能

①定义：护套管是围绕锚杆或锚筋的管状结构，主要用于保护锚杆或锚筋免受外部环境的影响，如腐蚀、磨损等。护套管的功能是增强锚杆系统的耐用性和稳定性。

②保护作用：护套管可以防止锚杆或锚筋与周围环境直接接触，从而减少腐蚀和磨损。

③增强承载能力：在一些应用场景中，护套管还可以提高锚杆系统的整体承载能力。

（2）材料选择

①钢材：钢制护套管常用于需要较高强度和耐久性的场合。钢管具有良好的机械性能和抗腐蚀性能。

②塑料和合成材料：塑料（如 PVC、PE）护套管具有较好的耐腐蚀性和柔韧性，适用于腐蚀性环境。

（3）设计与安装

①设计规格：护套管的直径和厚度应根据锚杆的规格和施工要求进行选择。护套管的

长度通常与锚杆长度相匹配。

②安装方法：护套管可以在锚杆安装前预先放置在孔洞中，或在锚杆安装后进行套管。安装时需确保护套管与锚杆之间的间隙适中，以避免影响锚杆的受力效果。

2.3 岩石锚杆的分类

2.3.1 按应用场景

锚杆根据其应用场景可分为岩石锚杆、土层锚杆和海洋锚杆三大类。

1. *岩石锚杆*

岩石锚杆（图 2-3）广泛应用于岩石工程中的支护、稳定和加固。其基本原理是通过将钢筋、锚索或其他高强度材料锚固于岩体中，利用摩擦力、粘结力和机械锚固等作用机制，提升岩体的整体抗拉强度与稳定性。岩石锚杆的主要功能是在受力状态下分散应力集中区域的拉应力，从而增强岩体的整体性，防止由于拉应力超出岩体极限而引发的滑坡、崩塌或破坏。

图 2-3　岩石锚杆

岩石锚杆通常用于隧道、地下洞室及边坡的支护工程中。以隧道施工为例，岩石锚杆常用于提高围岩的稳定性，防止岩层的开裂和坍塌。此类锚杆可以采用预应力和非预应力两种施工方式：预应力锚杆通过施加预定的张力，提前对围岩施加支撑力，减少围岩变形；而非预应力锚杆则依靠岩体变形引发的锚固力提供支撑。

在岩坡支护中，钢筋锚杆和锚索是常用的岩石锚杆类型。钢筋锚杆通常由高强度钢筋制成，通过灌注锚固剂实现锚固，其作用主要体现在提高岩体的抗拉强度和防止岩体表层的滑动。而锚索通常由若干根高强度钢绞线构成，适用于深埋的、不易控制的裂隙岩体的稳定性控制，其具有更高的强度和更大的锚固深度，适合于复杂和深层岩体的加固。

综上，岩石锚杆的应用有效地增强了岩体结构的整体性和稳定性，降低了工程事故的风险，为隧道、地下空间及边坡的安全施工提供了可靠保障。在实际应用中，锚杆的选择和施工工艺需根据具体的岩体条件和工程要求进行科学设计，以确保其支护效果和长期稳定性。

2. 土层锚杆

土层锚杆（图 2-4）：应用在土层中或岩石和土混合层中的岩石锚杆，也可简称土层锚杆。土层锚杆是一种用于加固和稳定土体的结构形式，广泛应用于基坑支护、边坡防护、挡土墙工程等领域。其主要作用机理是通过锚固力、摩擦力和土体的抗剪强度来提高土体的整体稳定性，防止土体的滑动、沉降或破坏。土层锚杆的作用机理和机制如下。

图 2-4　土层锚杆

（1）锚固力的来源

土层锚杆的锚固力主要来自以下几个方面：

①锚杆与土体的摩擦力：当锚杆插入土层中后，锚杆与周围土体之间产生摩擦力，这种摩擦力是锚固力的重要组成部分。摩擦力主要依赖于锚杆的表面粗糙度、土体的密实度以及土体与锚杆之间的接触面积。

②端阻力：锚杆底端在土层中形成的阻力，特别是在密实或硬质土层中，端阻力能够提供显著的锚固力。

③粘结力：如果锚杆使用了锚固剂，如水泥砂浆或环氧树脂，这些材料在固化后会在锚杆与土体之间形成强大的粘结力，从而增强锚固力。

（2）锚固力的分布特征

锚固力在锚杆长度上的分布通常是不均匀的。一般来说，锚杆的上部和底部的锚固力通常较大，这是由于摩擦力和端阻力的共同作用所致。锚固力的分布还受土层性质、锚杆长度、锚杆直径以及安装工艺等因素的影响。

（3）抗拔力的构成

土层锚杆的抗拔力是其重要的力学性能，抗拔力的大小决定了锚杆能否有效固定和稳定土体。抗拔力主要由以下部分构成：

①土体的剪切阻力：锚杆插入土层后，周围土体在锚杆拔出力的作用下产生剪切应力，这种剪切阻力是抗拔力的重要组成部分。

②锚杆的被动土压力：当锚杆受到拔出力时，锚杆周围的土体被迫移动，形成被动土压力，这种压力有助于抵抗锚杆的拔出。

③锚固深度：锚杆的抗拔力与其锚固深度密切相关，锚固深度越大，锚杆的抗拔力越强。

（4）抗拔力的稳定性

锚杆抗拔力的稳定性不仅依赖于土体的力学性质，还受到环境条件的影响。例如，土层中的水分变化、温度变化等因素可能导致土体的物理性质发生变化，从而影响锚杆的抗拔力。长期使用中，土层的沉降、压缩等可能会导致锚杆的松动或位移，进而影响其抗拔力。

（5）抗倾覆机制

在工程应用中，土层锚杆需要抵抗水平荷载，以防止结构倾覆。锚杆的抗倾覆机制主要通过以下方式实现：

①锚杆群的协同作用：多个锚杆协同工作，形成一个整体的锚固系统，从而提高结构的抗倾覆能力。锚杆之间的排列方式和间距在设计中需要特别考虑。

②深埋锚固：通过增加锚杆的锚固深度，可以增强其抵抗水平荷载的能力，防止结构倾覆。

（6）抗剪切机制

土层锚杆的抗剪切能力决定了其能否有效抵抗由地震、地基变形等因素引起的剪切力。抗剪切机制包括：

①锚杆与土体之间的摩擦力：较大的摩擦力有助于锚杆抵抗剪切破坏。通过优化锚杆表面的粗糙度和锚杆与土体之间的接触面积，可以提高摩擦力。

②锚杆的形状和材质：采用特殊截面形状的锚杆，如螺旋形或波纹形，可以增加锚杆与土体之间的摩擦接触面积，从而提高抗剪切能力。此外，使用高强度材料可以进一步增强锚杆的抗剪切性能。

（7）土层条件对锚杆作用机理的影响

土层的物理性质对锚杆的作用机理有显著影响。不同类型的土层对锚杆的锚固力、抗拔力和抗剪切力的贡献各不相同。例如：

①黏性土层：在黏性土层中，锚杆与土体之间的粘结力较强，锚杆的锚固力和抗拔力相对较高，但在长时间的使用过程中，土体可能发生蠕变，影响锚杆的稳定性。

②砂性土层：在砂性土层中，锚杆与土体之间的摩擦力较大，锚杆的抗剪切力较强。然而，砂性土层的透水性较高，地下水的流动可能影响锚杆的长期稳定性。

（8）地下水对锚杆的影响

①水压力：地下水的水压力可能导致土体的有效应力减少，从而降低锚杆的抗拔力和抗剪切能力。

②水分迁移：水分的迁移可能导致土体的变形或破坏，如膨胀土层中的水分变化可能引起土体的膨胀或收缩，进而影响锚杆的稳定性。

（9）温度变化对锚杆的影响

温度变化可能导致土体和锚杆材料的物理性质发生变化，从而影响锚杆的性能。

①土体的热胀冷缩：温度变化可能引起土体的热胀冷缩，从而影响锚杆与土体之间的粘结力和摩擦力。

②锚杆材料的疲劳：长期的温度变化可能导致锚杆材料的疲劳损伤，特别是在寒冷地区，冻结和融化循环可能导致锚杆的结构劣化。

（10）施工环境

施工环境中的温度、湿度、土体条件等也会影响锚杆的作用机理。例如：

①高湿度环境：在高湿度环境中，锚杆安装过程可能会受到水分的影响，导致锚固剂的固化效果下降，进而影响锚杆的性能。

②复杂地质条件：在复杂地质条件下，如岩石夹层或软硬交替土层中，锚杆的锚固力和抗拔力可能会受到不同地质层的影响，需要特殊的施工工艺和设计来确保锚杆的稳定性。

（11）锚杆的长期稳定性

土层锚杆的长期性能主要取决于其在长期荷载和环境条件下的稳定性。

①蠕变效应：在长期荷载作用下，锚杆和土体可能发生蠕变，导致锚杆的位移和稳定性下降。特别是在黏性土层中，蠕变效应尤为明显。

②土体沉降：土体的长期沉降可能导致锚杆的松动或倾斜，从而影响其抗拔力和抗剪切力。

3. 海洋锚杆

海洋锚杆是一种用于海洋工程中的锚固设施，用于固定浮标、平台、船舶或其他海洋结构物。它在海洋环境为结构物提供稳定性和安全性，防止结构物漂移或失控。海洋锚杆作为固定和稳定海洋工程结构的关键部件，其作用机理和机制涉及复杂的物理、力学及化学过程。由于海洋环境的特殊性，海洋锚杆不仅需要承受传统土层锚杆和岩石锚杆所面临的力学荷载，还要应对海水腐蚀、海流冲击、潮汐变化、海床沉降等多种因素的影响。

（1）锚固力的来源

海洋锚杆的锚固力主要来自以下几个方面：

①锚杆与海床土层的摩擦力：当锚杆插入海床后，锚杆杆体与周围土体之间产生摩擦力，这种摩擦力阻止锚杆的拔出，是锚杆锚固力的重要组成部分。

②端阻力：锚杆底端在海床中形成的阻力，特别是在较为坚硬的海床土层中，端阻力可以提供显著的锚固力。

③锚杆与海床土体的粘结力：对于使用化学锚固剂（如水泥砂浆、树脂等）固定的锚杆，锚杆与土体之间的粘结力也是锚固力的重要来源。

（2）锚固力的分布特征

锚固力在锚杆长度上的分布不均匀，通常在锚杆的上部和底部锚固力较大。这是摩擦力和端阻力的共同作用所导致的。锚固力的分布还受海床土层性质、锚杆长度、直径以及安装工艺等因素的影响。

（3）抗拔力的构成

海洋锚杆的抗拔力是其最重要的力学性能，抗拔力的大小决定了锚杆能否有效固定海洋结构。抗拔力主要由以下部分构成：

①土体剪切阻力：锚杆插入海床后，周围土体在锚杆上拔力作用下产生剪切应力，抵抗锚杆的拔出。

②锚杆的被动土压力：当锚杆受到拔出力时，锚杆周围的土体被动移动，产生被动土压力，这种压力也有助于抵抗锚杆的拔出。

③锚固深度和海床条件：锚杆的锚固深度越大，其抗拔力越强。此外，海床土体的密实度、黏土含量、孔隙率等也直接影响锚杆的抗拔性能。

（4）抗拔力的稳定性

锚杆抗拔力的稳定性不仅依赖于海床土体的力学性质，还受到海洋环境条件的影响。例如，潮汐变化和海流作用会改变海床土体的应力状态，从而影响锚杆的抗拔力。同时，长期使用过程中，海水的化学腐蚀可能导致锚杆材料强度的下降，进而影响锚杆的抗拔力。

（5）抗倾覆机制

在海洋工程中，海洋锚杆需要抵抗海浪、海流等造成的水平荷载，防止工程结构的倾覆。锚杆的抗倾覆机制主要通过以下方式实现：

①锚杆群的协同作用：通过多个锚杆的协同工作，形成一个整体的锚固系统，提高了结构的抗倾覆能力。锚杆之间的间距和排列方式是设计中需要特别考虑的因素。

②锚杆的深埋和加长：通过增加锚杆的深度或长度，可以增强其抵抗水平荷载的能力，避免倾覆。

（6）抗剪切机制

海床土体中的剪切破坏是海洋锚杆面临的重要风险。锚杆的抗剪切能力决定了其能否有效抵抗由海流、地震等因素引起的剪切力。抗剪切机制包括：

①锚杆与土体之间的摩擦力：较大的摩擦力有助于锚杆抵抗剪切破坏。

②锚杆的形状和材质：采用粗糙表面或特定截面形状的锚杆可以增加其与土体的摩擦接触面积，从而提高抗剪切能力。此外，使用高强度和耐腐蚀的材料也能增强锚杆的抗剪切性能。

（7）腐蚀与疲劳

海洋环境中的高盐度和湿度会导致锚杆材料的腐蚀，使其机械性能逐渐下降。长期的海浪冲击和海流作用还可能导致锚杆的疲劳损伤。因此，耐腐蚀和高强度材料的选择至关重要，如可以采用不锈钢、复合材料或表面处理技术，以延长锚杆的使用寿命。

（8）海床沉降与地质变化

海床沉降、泥沙沉积或地质变化也可能影响锚杆的工作性能。例如，海床沉降可能导致锚杆的松动或脱离，而泥沙沉积可能改变锚杆的受力状态。因此，在锚杆设计和安装过程中，需要充分考虑这些环境变化的影响，并进行长期监测和维护。

2.3.2 按施工方式

根据施工方式，锚杆可分为预应力锚杆和非预应力锚杆两类。

预应力锚杆（图 2-5）是一种采用预应力技术的锚杆，其目的是提高土体或结构的稳定性及承载能力。该类型锚杆通过施加预先计算的预应力，形成锚杆与土体或结构之间的摩擦力或粘结力，从而实现锚固效果。预应力锚杆广泛应用于岩土工程、结构工程及地下工程等领域，能够显著增强土体或结构的抗拉能力，提升其稳定性和承载能力，特别适用于需要增强和加固的工程项目。在设计和施工过程中，必须严格遵循相关设计规范及施工要求，以确保预应力锚杆的性能和可靠性。

图 2-5　预应力锚杆

非预应力锚杆则是常用于土木工程和岩土工程中的一种锚杆。与预应力锚杆不同，非预应力锚杆在施工过程中不施加预应力。这类锚杆通过锚固装置固定在土体或结构中，以增强其稳定性和承载能力。在我国，非预应力锚杆具有特有的定义，国际上则通常不称之为锚杆，而将其归类为与之功能类似的“微型桩”或称之为与地基基础相近的竖向小直径结构构件。对于承拉的较大直径构件，国际上则称之为“抗浮桩”。

2.3.3　按锚固机理

锚杆的分类依据其锚固机理可分为粘结型锚杆、摩擦型锚杆和机械锚杆。

粘结型锚杆（图 2-6）是一种通过砂浆与锚杆体之间的粘结力实现锚固的锚杆。在岩土工程中，将粘结型锚杆插入钻孔中，并在孔内灌注水泥砂浆，从而使锚杆体与岩体之间形成牢固的粘结。通过这种方式，锚杆体与岩体共同受力，实现对岩层的有效支护。全长粘结的设计不仅确保了良好的力传递效果，还提供了优良的防腐保护。

图 2-6　粘结型锚杆

摩擦型锚杆（图 2-7）由一根沿纵向带有开缝的高强度钢管构成，其上端略呈锥形，下端焊接有钢环。摩擦型锚杆通常被打入比其直径稍小的孔中，钢管在孔内受到挤压，使开缝缩窄。由于钢管的弹性，锚杆在整个长度范围内对孔壁施加径向压力，从而实现锚固。摩擦型锚杆的支护原理先进，具有结构简单、安装便捷、锚固力强、承载能力高的技术特点。摩擦型锚杆广泛应用于各种围岩的支护，在国内外工程实践中，无论是在软弱围岩的变形控制还是在经受强烈爆破振动的采场支护中，都表现出优异的性能。

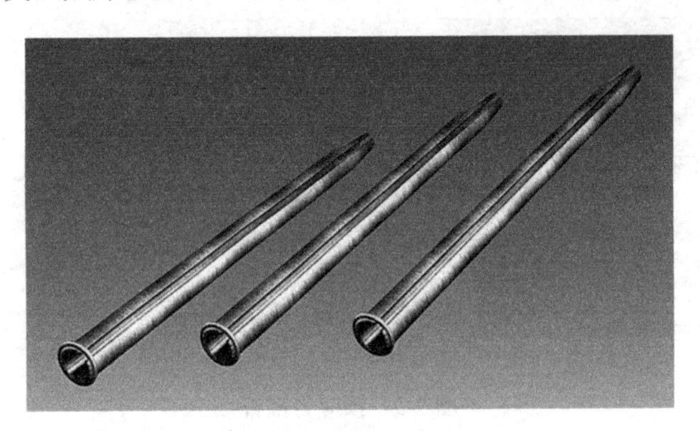

图 2-7　摩擦型锚杆

机械锚杆是使用最早且结构多样的锚杆类型，其锚固机构为一个统一体。在安装过程中，机械锚杆通过一个楔子系统在钻孔中进行轴向或径向的相对错动，从而在孔壁上施加张紧力；通过机械原理和摩擦力，机械锚杆实现了固定效果，无须依赖于预应力或粘结材料。

2.3.4　按荷载传递方式

锚杆按其荷载传递方式可分为拉力型锚杆和压力型锚杆。

拉力型锚杆的荷载通过锚杆体与注浆体之间的粘结力以及机械咬合力传递到注浆体，并由注浆体与岩土体之间的粘结力提供抗力。拉力型锚杆的结构相对简单，应用广泛。在工作过程中，锚固段的注浆体处于拉伸状态，这可能导致张拉裂缝的出现。此外，拉力型锚杆的防腐性能较差。

压力型锚杆与拉力型锚杆在结构和受力机理上有所不同。其杆体采用全长无粘结的高强度圆钢，并在锚杆底端配有承载体。当受力时，拉力直接由圆钢传递到底端承载体，承载体对注浆体施加压应力，使得注浆体与周围岩土体产生剪切抗力，从而提供承载力。压力型锚杆在工作时，注浆体处于受压状态，不易出现裂缝。与拉力型锚杆相比，其承载能力、变形性能和破坏后的残余强度有所改善，适用于需要长期稳定的锚固工程。然而，由于注浆体的承压面积受到钻孔直径的限制，压力型锚杆无法实现极高的承载力。

2.3.5　按锚固体形态

锚杆根据其锚固体形态可分为圆柱形锚杆、端部扩大型锚杆和连续球体型锚杆。

圆柱形锚杆具有结构简单、制造和安装方便的特点。其常用的粘结材料为水泥砂浆，适用于黏性土、砂土、粉砂土等相对密度较大且含水率较小、抗剪强度较高的土层，或设计承载力较低的岩层。圆柱形锚杆在这些土层或岩层中能有效提供所需的支护力。

端部扩大型锚杆在锚杆底部扩展孔径，形状类似于倒置的销钉。其设计不仅能够提供粘结力，还通过端头肩部增加岩土体对锚杆的抗拔阻力，从而提高锚杆的锚固力和极限抗拔力。此类锚杆主要适用于松软土层，并且要求较高的承载力。

连续球体型锚杆通过分段扩张法或分段高压注浆法在锚杆锚固段形成一系列球状体，以提高与周围土体的嵌固强度。此类锚杆特别适用于淤泥、淤泥质土层，并且要求较高的锚固力。

2.4　岩石锚杆的工作机理

2.4.1　端部锚固式锚杆

端部锚固式锚杆的支护作用可使不稳定的围岩恢复到稳定的应力状态，并在群锚支护范围内显著提高围岩的承载能力。成功控制围岩的关键因素在于锚杆锚固范围内支护结构的强度和尺寸。具体而言，在围岩的单向强度保持不变的情况下，沿锚杆轴向施加的挤压力越大，支护结构的强度也越高。

通过对锚杆各部位受力情况的研究分析，可以确定，加固围岩的主要作用力包括托盘对围岩的挤压作用以及锚固剂对围岩施加的拉伸力和剪切力。锚杆在岩体内部受力的特征表现为剪切应力和轴向应力的共同作用，其受力情况复杂多变。在安装过程中，锚杆可能会经历剪扭、弯扭和拉弯等不同的受力形式。

当围岩发生层间错动或出现剪切变形时，锚杆杆体会受到剪切作用力，同时由于锚杆杆体表面与围岩之间的摩擦力，还会产生轴向应力。端头锚杆的切向应力主要取决于以下几个因素：

①**围岩变形或层间错动：**在对锚杆施加一定的预紧力后，围岩会在预紧力的作用下被挤压加密。当围岩发生位移时产生的摩擦力大于锚杆提供的预紧力所产生的最大摩擦力时，锚杆杆体会受到横向剪切作用，剪切力的大小与围岩条件、锚杆的倾斜角度以及预紧力的大小有关。

②**锚杆与围岩的紧密贴合：**锚杆与围岩的良好贴合是作用力传递的关键。

③**锚杆的抗剪能力：**锚杆应具备一定的抗剪能力，以有效抑制岩体层间的相互错动和变形。

锚杆的轴向应力分布受其几何参数、围岩环境以及围岩分布等多种因素的影响。锚杆中的剪切应力呈线性分布，距离端部越近，剪切应力越大，锚杆表面处的剪切应力达到最大值。在围岩相对位移较小时，端部锚杆的锚固段会受到横向作用力，而自由段则不受作用力。锚杆的锚固段与自由段交接部位，杆体主要受到拉剪复合作用力。锚杆在轴向拉力作用下的极限受拉承载力为：

$$P=\frac{\pi d^2}{4}\sigma_{\mathrm{b}} \tag{2-1}$$

式中：d——杆体直径；

σ_b——杆体的极限抗拉强度。

锚杆在剪切荷载作用下的极限受剪承载力为：

$$Q = \frac{\pi d^2}{4} \tau_b \tag{2-2}$$

式中：τ_b——杆体的极限抗剪强度。

锚杆支护的关键在于有效改变围岩的力学参数，因此，锚杆支护成功的基本要求是确保锚杆能够对围岩施加足够的应力，以使围岩由原有的单向应力或双向应力状态转变为稳定的三向应力状态。锚杆通过锚固剂与围岩结合形成锚固单元，锚固体的破坏会直接影响锚杆的支护效果。根据现场经验和研究，锚固系统的破坏形式主要包括以下五种。

（1）粘结失效破坏：主要由锚杆与锚固剂之间的界面或锚固剂与围岩之间的界面在围岩变形产生的剪应力作用下发生滑移而引起。锚杆与锚固剂形成第一界面，锚固剂与围岩形成第二界面（图 2-8）。当第一和第二界面发生破坏时，三种介质的粘结力可能未完全丧失，且仍存在一定的摩擦力，在短时间内，锚杆依然能对围岩提供一定的约束力。

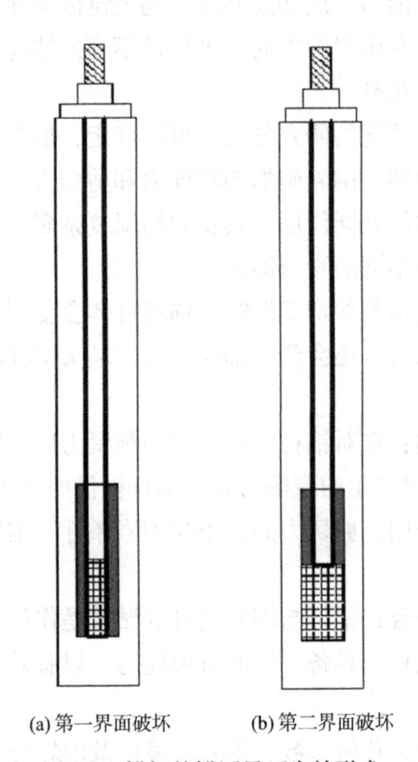

图 2-8　锚杆的锚固界面失效形式

（2）杆体断裂破坏：主要发生在锚固体系中，锚杆由于自由端变形过大而导致断裂。在强大外力的作用下，若锚杆的强度不足而粘结体与围岩之间的锚固力较大，杆体的自由端会发生断裂。然而，嵌入围岩中的锚固段由于锚固剂的作用仍会保留一定的粘结力。

（3）锚杆配件失效：主要指螺母、托盘、钢带等配件在外力作用下的破坏。为了提高预紧力的有效性并发挥锚杆的支护作用，锚杆需要配合这些配件使用。然而，在强大外力的影响下，如果配件的刚度不足，可能会发生失效，从而影响整个支护系统的性能。

（4）围岩失效：发生在锚杆或锚喷支护的巷道中，由于围岩存在软弱面或强度不均，可能导致局部破坏。这种破坏会迅速降低锚杆的切向应力和径向应力，进而引起围岩的大面积失稳。此时，尽管杆体与锚固段可能完好，但由于支护构件未能紧贴岩面，可能出现托锚力为零的现象。

（5）复合型失效破坏：指在锚杆支护中，由两种或多种破坏形式共同出现的破坏。这种破坏结合了前述各种破坏的特点，发生频率较高且破坏效果严重。锚杆在支护过程中不仅受到围岩变形的反作用力影响，还可能经历多种破坏模式的综合作用。

在围岩变形破坏过程中，全长锚杆由于其较大的刚度和增阻能力，能够为围岩提供较高的径向力，并限制围岩的错动滑移，从而起到有效的限制作用。当围岩的变形持续向锚固体深处扩展，且变形量显著增大时，全长锚杆会因碎胀变形而出现整体位移。若锚杆的位移达到极限，锚杆的锁紧作用会立即丧失，此时围岩变形量增加，锚固体损坏加剧，锚杆的锚固力也随之降低。然而，全长预应力锚杆在应对岩体深处的碎胀变形时能够表现出较强的控制和适应能力。

开挖后，最外层围岩通常处于二向应力状态，围岩破坏区和塑性区会随之扩大，围岩的变形也会增加。开挖后，围岩的自承载能力在短暂的稳定状态下不能长期维持稳定。全长锚固锚杆能够有效控制围岩变形的继续发展。

根据弹性、塑性、弹塑性力学分析，对于均质的岩体，径向荷载均匀作用在巷道上，围岩位移表达式为：

$$u_r = A\frac{1}{r} \tag{2-3}$$

式中：u_r——围岩位移；

A——系数；

r——径向半径，即从巷道中心到围岩表面的距离。

假设在塑性区，$A_1 = \frac{1+\mu}{E}R^2(P_0 - \sigma_R)$；

式中：A_1——系数；

μ——岩体的泊松比；

E——岩体的弹性模量；

R——塑性区半径；

P_0——巷道内部初始支护压力；

σ_R——弹塑性区界面处的径向应力。

$$R = r_0\left[\frac{p_0 + c\cdot\cot\varphi}{c\cdot\cot\varphi}(1-\sin\varphi)\right]^{\frac{1-\sin\varphi}{2\sin\varphi}} \tag{2-4}$$

式中：r_0——巷道的初始半径；

c——岩体的黏聚力；

φ——岩体的内摩擦角。

当$r = a$时，围岩表面径向位移为：

$$u_a = A\frac{1}{a} \tag{2-5}$$

在弹塑性边界，径向位移为：

$$u_R = A\frac{1}{R} \tag{2-6}$$

对围岩进行锚杆支护后，围岩产生径向位移时锚杆也随之移动。但由于不同深度围岩的径向位移量不同，钻孔壁与杆体会因为相对位移而产生剪应力。剪应力大小与相对位移成正比，表达式为：

$$\tau_r = K(u_i - \sigma_r) \tag{2-7}$$

式中：K——围岩的剪切刚度，其大小取决于围岩的状态，在弹塑性状态下围岩的剪切刚度不同，可近似认为$K = G\pi D$，G为岩石的剪切模量，D为锚杆直径；

u_i——围岩与锚杆的相对位移量，$u_i = u_r - u_n$；

u_n——中性点处岩石的径向位移量；

σ_r——锚杆在r点伸长量。

全长锚固锚杆控制围岩变形产生的剪应力，一端的剪应力指向自由面，另一端剪应力指向岩石内部。根据内力平衡关系，可求得剪应力为零的中性点。当锚杆位于塑性区内，由$F_1 = F_2$可得：

$$u_n l = \int_R^{r_0+l} A_1 \frac{1}{r} \mathrm{d}r \tag{2-8}$$

由于$u_n = A_1\frac{1}{\rho}$，因此：

$$\frac{1}{\rho} = \int_R^{r_0+l} \frac{1}{r} \mathrm{d}r = \ln\frac{a+l}{a},$$

得到：

$$\rho = \frac{1}{\ln\frac{a+l}{a}} \tag{2-9}$$

式中：l——锚杆长度；

ρ——锚杆的中性点半径。

由黏聚力与围岩的相互作用可知，黏聚力的反作用力等于轴应力，通过剪应力可以推导出锚杆任意一点的轴应力：

$$\begin{aligned} N_r &= \int_a^r \tau_r U \,\mathrm{d}r = \int_a^r K u_i U \,\mathrm{d}r = \int_a^r K(u_i - u_n) \,\mathrm{d}r \\ &= \int_a^r K\left(A\frac{1}{r} - A\frac{1}{\rho}\right) U \,\mathrm{d}r = KUA\left[\ln\frac{1}{a} - \frac{r}{\rho} - \frac{a}{\rho}\right] \end{aligned} \tag{2-10}$$

式中：N_r——锚杆任一点的轴向力；

τ_r——锚杆周边任一点的剪应力；

U——锚杆的周长；

r——任意点的径向半径。

2.4.2　全长锚固式锚杆

全长锚固式锚杆的中心点理论指出，在锚杆的锚固面上存在一个剪应力方向相反的中性点。由于围岩的变形通常由巷道表层岩体向深部岩体逐渐扩展，全长锚固锚杆在理想条件下的锚固界面失效并不是突发性的，而是伴随围岩变形的渐进式破坏过程。初始状态下，锚固体界面处于弹性状态，并与围岩紧密贴合；随着围岩变形的增加，锚固体和围岩的接触状态由紧密贴合转变为相对错动，位移不断扩大，围岩从弹性状态逐渐转变为塑性状态，锚固体出现裂隙。进一步的围岩变形使得锚杆端头的锚固体由弹性状态转变为塑性状态，而之前处于塑性状态的锚固体在大变形影响下会出现脱粘现象。

全长锚杆的失效过程可以总结为以下几个阶段：

（1）**首次界面失效状态：**首先，锚固体的界面在锚杆尾端孔口附近的粘结界面发生失效。此处围岩率先从弹性阶段转变为塑性阶段，而锚杆其他部分的锚固界面仍保持弹性粘结状态。随着岩体受到采掘扰动的影响，锚固效果逐渐恶化，处于塑性阶段的锚固体与围岩发生滑移，摩擦作用控制围岩的变形。

（2）**第二次界面失效状态：**随着岩体变形量的进一步增加，锚固体界面的粘结状态发生变化。首次失效后产生的塑性区逐渐转化为滑移区，而剩余的弹性区逐步转化为塑性区。总体上，塑性区域不断扩大并发展为滑移区，同时弹性区域逐渐减少。

（3）**塑性和滑移分布区的锚固界面粘结状态：**随着围岩变形的推进，锚固界面的状态不断变化，最终靠近锚杆端头的弹性粘结区域也会处于塑性状态。此时，锚固界面上仅存在塑性分布区和滑移分布区，其中大部分区域为滑移状态。

（4）**全部滑移分布区的锚固粘结状态：**在围岩经历剧烈变形后，整个锚固系统的粘结界面上的粘结力将完全丧失，整个锚固界面由最初的完全弹性状态转变为整体的滑移形式。此时，锚杆对围岩的控制能力显著下降，主要依赖锚固剂与围岩之间的摩擦作用。

2.4.3　压力型锚杆

1. 工作特点

压力型锚杆的主要工作特点可归纳为以下五点。

（1）**荷载分布特性：**在锚固段的远端，荷载较大，而靠近孔口的锚固段荷载显著减小。这一特性有助于将主要受力区推向岩土体深部的较稳定区域，从而有效利用有效锚固段，缩短锚固长度。

（2）**注浆体受压特性：**注浆体在三向受压状态下会发生径向膨胀，这种状态在能提供较大围压的介质中具有明显优势。三向受压不仅提高了注浆体的承载力，还有效提升了注浆体与岩土体界面的受剪承载力，从而进一步缩短锚固段长度。

（3）**耐久性：**压力型锚杆的杆体采用高强度圆钢，其表面涂有防腐油脂，并配备高密度聚乙烯（PE）套管及砂浆防护等多重防腐措施。此外，注浆体在受压状态下不易产生大裂缝，腐蚀物难以进入砂浆内部，因此具有优良的耐久性。

（4）**拆除便捷性：**压力型锚杆易于拆除，适用于需要可拆除的岩锚结构的工程。

（5）**残余抗拔力：**压力型锚杆的底部承压板为注浆体提供反力，使其处于三向受压状态。即使注浆体出现碎裂，碎裂部分仍能提供一定的残余抗拔力。同时，碎裂部分的体积膨胀向四周挤压，进一步增加了注浆体与岩土体之间的压力，从而提高了抗拔力。因此，压力型锚杆的残余抗拔力通常大于拉力型锚杆。

2. 工作机理

压力型锚杆在工程稳定性方面的工作机理包括以下三点。

（1）**提高土体抗剪强度：**锚杆通过其锚固段与岩土体的粘结作用，提高了土体的抗剪强度。施工过程中常用的注浆方法（包括常压注浆或高压注浆）使水泥砂浆在岩土体中的空隙和裂缝中扩散，形成网状结构，从而增强了注浆体与土体的粘结，提高了土体的力学性能。

（2）**增强岩土体稳定性：**锚杆通过其锚固段与土体的粘结力提供反力，使得锚头处的松动土体被拉紧，形成中性点（即应力为零的点），从而增强了土体的稳定性。

（3）**控制工程变形：**施加预应力的锚杆能够直接控制工程的变形量。同时，扩散进入土层空隙和裂缝的砂浆也能增加岩土体的黏聚力，从而间接减少土体变形。

3. 锚杆的破坏机理

锚固系统一般由三种介质和两种界面组成，三种介质为锚杆杆体、注浆体以及岩土体，两种界面分别为锚杆杆体-注浆体界面和注浆体-岩土体界面。压力型锚杆的破坏类型通常取决于各部分的强度，主要表现为以下四种形式。

（1）**锚杆杆体断裂：**这种破坏发生于锚杆杆体自身强度不足的情况。其发生与否主要取决于锚杆杆体是否具有足够的抗拉强度和截面积。通过精确设计可以减少此类破坏的发生。

（2）**锚杆杆体从注浆体中被拔出：**这种情况发生在锚杆杆体与粘结材料之间的作用力不足时，主要与锚杆杆体表面的粗糙程度和其与注浆体的接触面积有关。

（3）**锚杆杆体与注浆体粘结完好，但注浆体与岩土体之间的作用力不足：**常发生于锚杆粘结完好，但由于注浆体与岩土体之间的作用力不足，导致相对滑移的情况，且最难控制。

（4）**岩土体发生局部破坏：**当锚固深度较浅时，锚固界面虽然粘结完好，但可能发生岩土体的局部破坏，导致整个锚固装置被拔出。岩土体的破坏形式多为锥形，是否发生取决于岩土体的劈裂强度及注浆体的几何形状。

在压力型锚固系统中，由于锚杆杆体与注浆体处于脱粘状态，因此不易出现第二种破坏形式。

2.4.4　拉力型锚杆

1. 荷载传递机制

拉力型锚杆（图 2-9）的荷载传递机制主要包括以下几个方面：

（1）**荷载传递：**拉力型锚杆的荷载由锚杆筋体与锚固体之间的粘结力和机械咬合力共同承载，然后通过锚固段与注浆体的接触面上的粘结应力，由岩土体提供反力。在拉力型锚杆的工作过程中，锚固段的注浆体处于受拉状态。

（2）**增强土体强度：**拉力型锚杆有效地提升了土体自身的强度。锚杆锚固段与岩土体形成整体结构，一方面通过加筋作用提高土体的抗剪强度；另一方面，在施工过程中，常压注浆或高压注浆使水泥砂浆在岩土体的空隙和裂缝中扩散，形成网状结构，从而增强了注浆体与土体的粘结，提高了土体的力学性能。早期的锚杆锚固理论仅简单认为锚杆能增加岩土体的黏聚力和摩擦角，并相应提高土体的c、φ值。

（3）**界面粘结力：**拉力型锚杆锚固体与周围岩土体之间存在界面粘结力。试验研究表明，在主动区和被动区，锚杆锚固体与岩土体之间的粘结力方向相反。在主动区，锚固体有助于增强土体强度；在被动区，锚杆主要起到锚固作用。锚固段与周围岩土体之间的粘结力受土体类型、上覆土压力及施工技术的影响。因此，在不同地区使用锚杆支护时，应通过现场抗拔试验确定设计参数。

（4）**摩擦作用：**拉力型锚杆的极限承载力不仅依赖锚杆筋体的抗拉强度，还与水泥砂浆与锚杆筋体之间的握裹力有关。对于应用于岩石层的锚杆，其抗拔力主要取决于水泥砂浆与锚杆筋体之间的握裹力；对于应用于土层的锚杆，其抗拔力则主要取决于锚固体与周围土体之间的极限粘结应力。

（5）**增强土体稳定性：**施加预应力的锚杆能够有效控制土体变形。通过注浆，浆体在土层空隙和裂缝中扩散，可显著增加锚固体与周围岩土体的界面强度，从而提高土体的稳定性。

（6）**提高等效弹性模量：**由于锚杆加固的地层通常为存在滑坡危险的土层或岩石破碎带，锚杆锚固体的弹性模量通常远高于岩土体的弹性模量。当锚杆与土体共同变形时，这种变形特性差异会导致岩土体等效弹性模量的增加。

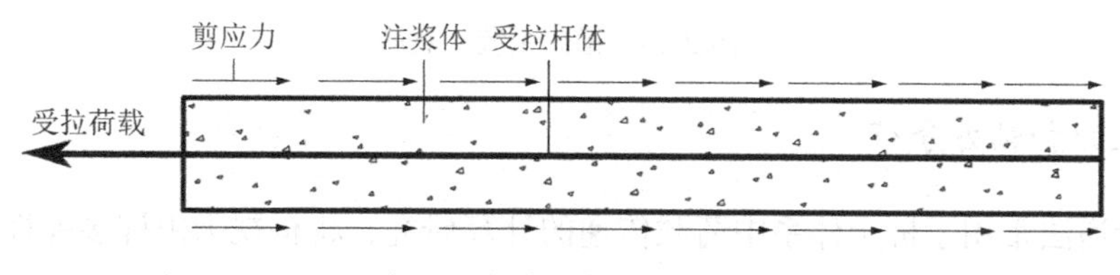

图 2-9　拉力型锚杆示意图

2. 破坏机理

拉力型锚杆的破坏机理主要包括以下几个方面：

（1）杆体断裂：拉力型锚杆的筋体作为主要承受拉力的构件，其破坏形式主要由筋体材料的抗拉强度和截面积决定。这种破坏模式通常可以通过精确设计来避免。

（2）拔出破坏：当锚杆筋体从注浆体中被拔出时，破坏形式主要取决于锚杆筋体与粘结材料之间的作用力。该情况与锚杆筋体表面的粗糙程度以及与注浆体的接触面积有关。

（3）粘结破坏：如果锚杆杆体与注浆体的粘结完好，但注浆体与岩土体之间的粘结力不足，可能会产生相对滑移。这种破坏形式最为常见且难以控制。

（4）局部破坏：当锚固深度较浅时，即使锚固界面粘结完好，也可能会发生岩土体的局部破坏，导致整个锚固装置被拔出。局部破坏通常呈锥形，其发生与岩土体的劈裂强度和注浆体的几何形状有关。而在压力型锚固系统中，锚杆杆体与注浆体处于脱粘状态，因此不易发生拔出破坏。

3. 粘结和摩擦作用

锚固系统的粘结和摩擦作用主要包括以下几个部分，这些粘结和摩擦作用共同决定了锚固系统（图 2-10）的整体性能和极限承载力：

（1）锚杆筋体与注浆体材料之间的粘结力；

（2）锚杆筋体与注浆体之间的摩擦力；

（3）注浆体材料与外界岩土体之间的粘结力；

（4）注浆体与外界岩土体之间的摩擦力；

（5）注浆体材料与外界岩土体之间的机械咬合力。

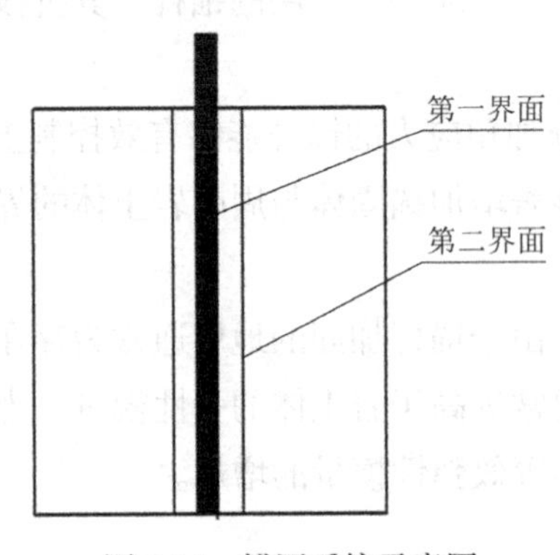

图 2-10　锚固系统示意图

4. 剪应力和轴力分布

荷载传递法常用于桩土体系中荷载传递的计算研究，将桩视为由许多弹性单元的组合体（图 2-11），每一单元与土体之间（包括桩端）均用非线性弹簧联系。其应力-应变关系表示桩侧摩阻力（或桩端阻力）与剪切位移（或桩端位移）之间的关系，通常称为荷载传递函数或r-z曲线。以下将桩换为锚杆，采用荷载传递法来推导锚杆锚固段的剪应力与轴力分布函数方程。

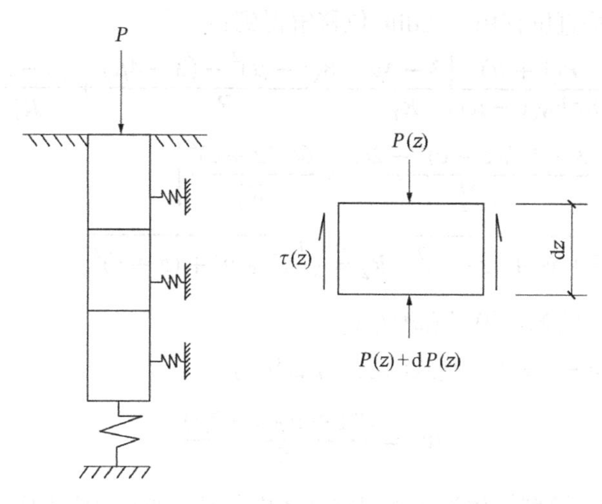

图 2-11　荷载传递法力学模型

分析锚杆荷载的传递过程，取图 2-11 中一微段进行受力分析：

$$P(z) = P(z) + \mathrm{d}P(z) + \pi D\tau(z)\,\mathrm{d}z \tag{2-11}$$

式中：D——锚杆的直径。

进行简化，得：

$$\mathrm{d}P(z) = -\pi D\tau(z)\,\mathrm{d}z \tag{2-12}$$

图 2-11 中微元体受力后产生的弹性变形为：

$$\mathrm{d}w_z = -\frac{P(z)}{E_\mathrm{a}A}\mathrm{d}z \tag{2-13}$$

式中：E_a——锚固体弹性模量；

A——锚固体截面积。

联立式(2-12)和式(2-13)可得：

$$E_\mathrm{a}A\frac{\mathrm{d}^2w_z}{\mathrm{d}z^2} - \pi D\tau(z) = 0 \tag{2-14}$$

即为荷载传递法锚杆锚固段基本微分方程。

在半无限空间体内某一点 G 受集中荷载P的作用，此类问题就是 Mindlin 问题。Mindlin 位移解的计算简图见图 2-12。在此，为了分析简便，作以下假设：①锚固体与周围岩体为线弹性体；②在弹性工作段内，锚固体与周围岩土体之间的变形协调一致。

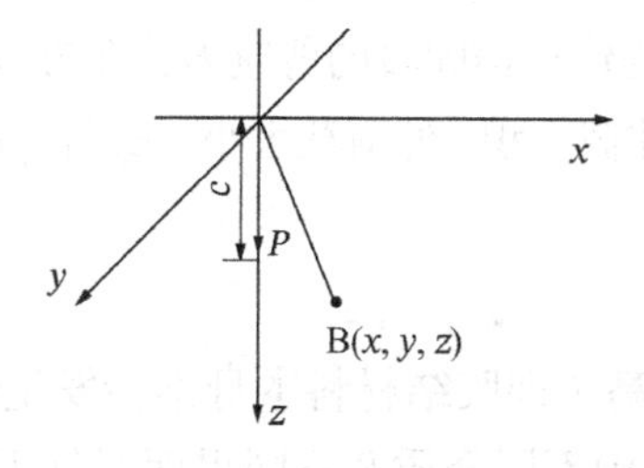

图 2-12　Mindlin 解计算简图

在 B(x,y,z)处的垂直位移由 Mindlin 位移解得到：

$$w_z = \frac{P(1+\mu)}{8\pi E_0(1-\mu)}\left[\frac{3-4\mu}{R_1} + \frac{8(1-\mu)^2-(3-4\mu)}{R_2} + \frac{(z-c)^2}{R_1^3} + \frac{(3-4\mu)(z+c)^2-2cz}{R_2^3} + \frac{6cz(z+c)^2}{R_2^5}\right] \tag{2-15}$$

其中，$R_1=\sqrt{x^2+y^2+(z-c)^2}$；$R_2=\sqrt{x^2+y^2+(z+c)^2}$。

式中：E_0、μ——岩体的弹性模量和泊松比。

在孔口处，$x=y=z=0$，则式(2-15)可简化为：

$$w_z = \frac{P(1+\mu)(3-2\mu)}{2\pi E_0 c} \tag{2-16}$$

将拉力型锚杆计算模型简化为半无限空间体内部某一点受到集中荷载P作用（图 2-13）。

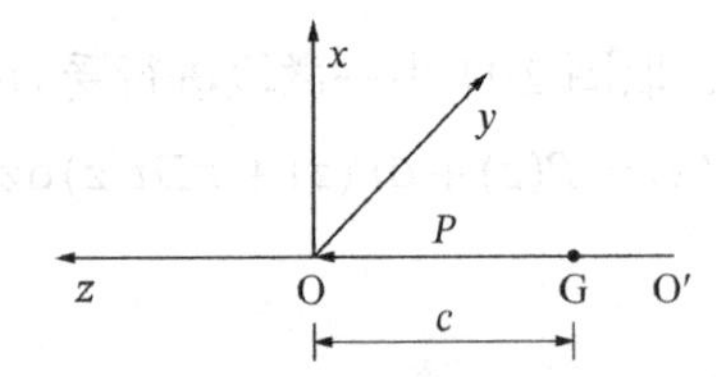

图 2-13　拉力型锚杆计算简图

图 2-13 中，原点 O 点为锚固体始端，O′点为锚固体末端。G 点距原点距离为c，则式(2-16)可变换为：

$$w_z = \frac{P(3-2\mu)(1+\mu)}{2\pi E_0 z} = \frac{P(3-2\mu)}{4\pi G z} \tag{2-17}$$

式中：G——岩体的剪切模量，$G=\frac{E_0}{2(1+\mu)}$。

联立式(2-14)和式(2-17)，可得到锚固段剪应力分布方程：

$$\tau(z) = \frac{E_a D(3-2\mu)}{8\pi G z^3}P \tag{2-18}$$

对式(2-18)沿锚杆锚固长度进行积分即可得到轴力分布方程：

$$N(z) = \pi D\int_z^{\infty}\tau(z)\,\mathrm{d}z = \pi D\int_z^{\infty}\frac{E_a D(3-2\mu)}{8\pi G z^3}P\,\mathrm{d}z = \frac{E_a D^2(3-2\mu)}{16 G z^2}P \tag{2-19}$$

式(2-18)和式(2-19)即分别为锚杆锚固段的剪应力分布方程和轴力分布函数，可以看出，剪应力和轴力分布函数受锚固体截面积、外荷载大小、E_a与E_0的比值以及岩体泊松比的影响。

2.4.5 粘结型锚杆

假设胶结材料的强度足够高（即胶结材料本身不会发生破坏，仅在两个界面处可能发生破坏），根据粘结型锚杆系统中不同介质及不同界面对外力的抗力情况，锚固体通常会表现出以下四种破坏模式，如图 2-14 所示。

（1）**锚杆杆体颈缩拉断：**这种破坏形式在实际工程中较为罕见，其发生的主要原因是锚杆的锚固长度较大，且锚杆-胶结材料界面及胶结材料-基体界面的粘结强度较高，导致最终破坏发生在杆体本身。

（2）**基体锥体破坏：**此破坏形式的出现通常是由于锚固长度较短，而两个界面的粘结强度足够大，但基体的劈裂强度较低。在此情况下，锚杆周围的基体材料在拉拔力作用下呈锥体状破坏。

（3）**粘结破坏：**粘结破坏可分为两种情况：一是发生在锚杆与胶结材料之间的界面，二是发生在胶结材料与基体之间的界面。哪一个界面的粘结强度较低，则破坏通常发生在该界面处。

（4）**锥体-粘结复合破坏：**也称复合型破坏，在这种情况下，基体表面呈锥体破坏，而锥体以下的锚固段则发生粘结破坏。当锚杆被拔出时，胶结材料可能会被一起带出。

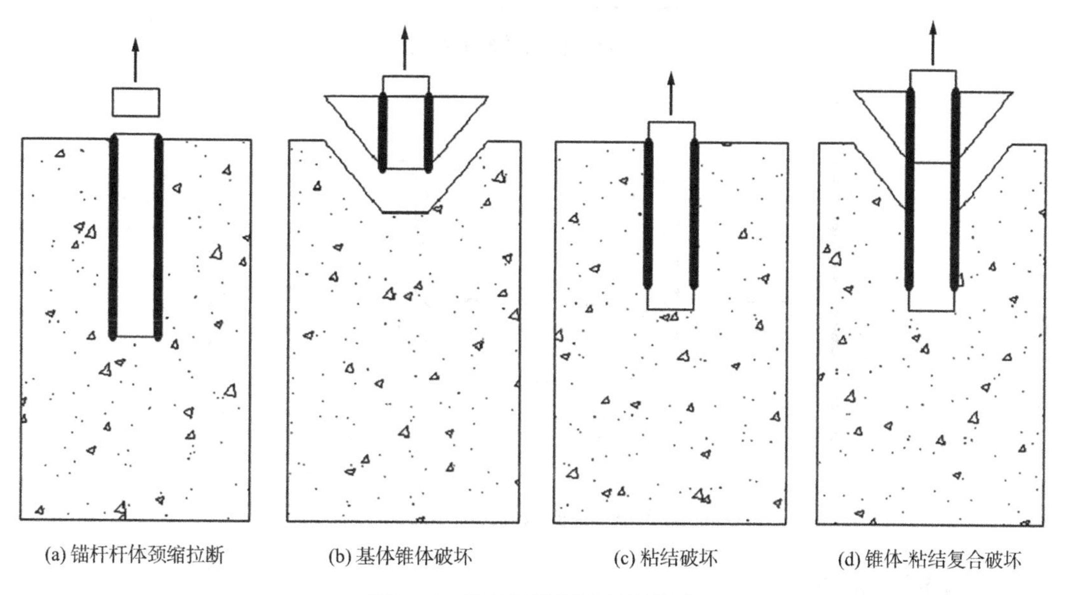

(a) 锚杆杆体颈缩拉断　(b) 基体锥体破坏　(c) 粘结破坏　(d) 锥体-粘结复合破坏

图 2-14　粘结型锚杆的破坏形式

如图 2-14 所示，这四种破坏形式各有其特征，对锚固系统的极限抗拔力具有重要影响。对于锚杆杆体颈缩拉断的情况，通过计算钢筋截面积和其抗拉强度，可以求得锚固系统的极限抗拔力；对于基体锥体破坏，基体的劈裂强度决定了锚固体的极限抗拔力；而对于粘结破坏或复合型破坏，锚杆-胶结材料界面及胶结材料-基体界面的粘结强度是决定极限抗拔力的关键因素。

粘结型锚杆的极限抗拔力受多种因素影响，其中界面的粘结强度至关重要。界面的粘结强度同样受到多种因素的影响，包括锚固体与基体之间的粘结强度、钢筋表面形状与直径、锚固体的几何形状及力的传递方式等。锚固系统中的粘结作用大致可以归纳为以下 6 个部分：钢筋与胶结材料之间的化学粘结力、摩擦力，以及带肋钢筋表面粗糙所产生的机械咬合力；胶结材料与基体之间的化学粘结力、摩擦力及机械咬合力。

对于粘结型锚杆组成的锚固系统，如图 2-15 和图 2-16 所示，当施加拉拔荷载时，锚杆将剪切力传递给周围的胶结材料，随着剪切力的增大，这种剪切力最终传递至基体。由此可以推断，锚固系统中的荷载传递路径为：从锚杆到胶结材料，再从胶结材料传递至基体。

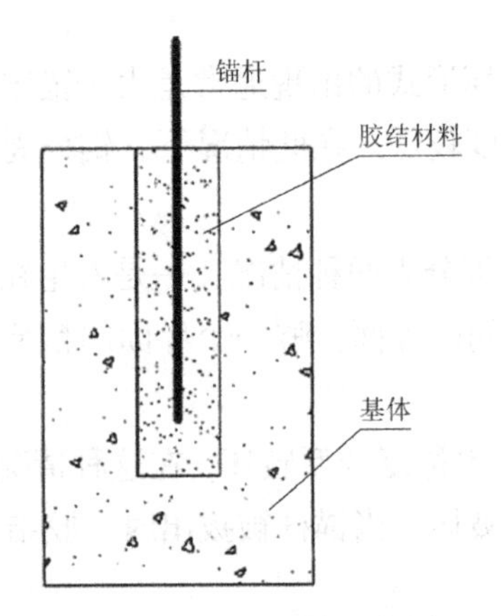

图 2-15　锚固系统示意图

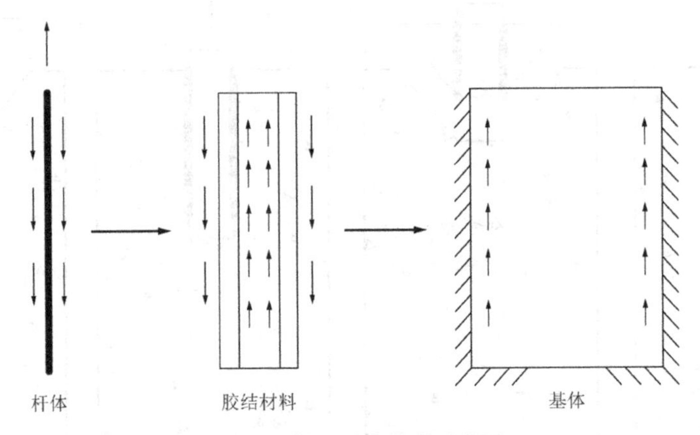

图 2-16　锚固系统传力示意图

2.4.6　摩擦型锚杆

摩擦型锚杆（图 2-17）是一种通过锚杆与岩土界面之间的摩擦力来提供锚固力的支护工具。它通常由钢制锚杆、锚固剂（如水泥砂浆或树脂）和固定装置组成，广泛应用于地下工程、边坡支护和地基加固等领域。摩擦型锚杆的工作原理主要是依靠其与岩土体之间的摩擦力来实现锚固效果。当锚杆安装在预先钻好的孔洞中，并通过注浆或其他固定方法将其与孔壁紧密接触时，锚杆与岩土界面之间产生的摩擦力可以抵抗外界荷载，从而起到支护作用。

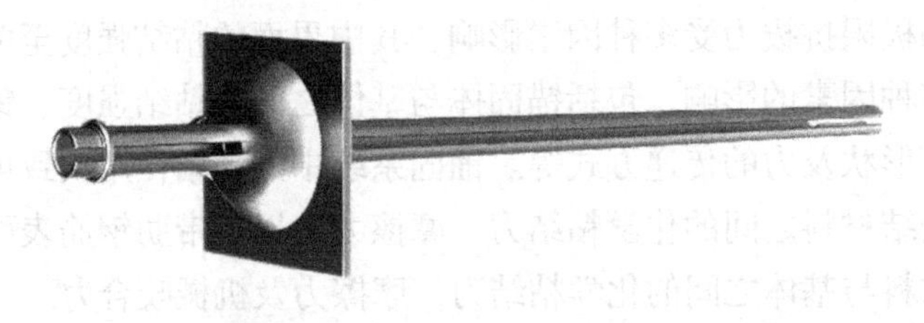

图 2-17　Split-Set 摩擦型锚杆

1. 结构分类

摩擦型锚杆根据其结构和使用方式可分为以下几类：

（1）普通摩擦型锚杆：结构简单，主要依靠锚杆与岩土之间的摩擦力实现锚固效果，适用于一般工程。

（2）预应力摩擦型锚杆：通过施加预应力提高锚固效果，适用于需要高锚固力的工程。

（3）全断面摩擦型锚杆：锚杆全长与岩土接触，提供更高的锚固力，适用于复杂地质条件下的工程。

2. 破坏类型

摩擦锚杆的破坏类型主要包括以下几种：

（1）拔出破坏：由于摩擦力不足，锚杆从孔壁中被拔出。这通常是由于孔壁条件不佳、锚杆扩张不足或加载超过设计值引起的。

（2）剪切破坏：锚杆在锚固段内发生剪切破坏，通常是由于锚杆材质不足以承受剪切力导致的。

（3）锚杆破断：锚杆本身由于过大的拉应力或弯曲应力而发生断裂，通常发生在锚杆的较弱部位。

（4）锚固体破坏：锚固体（如水泥砂浆、树脂等）与孔壁或锚杆之间的粘结力不足，导致锚杆失效。

（5）孔壁破坏：孔壁本身的强度不足，在锚杆受力时发生破碎或剥落，导致锚杆失效。

3. 摩擦型锚杆的应用场景

（1）隧道工程

摩擦型锚杆在隧道工程中应用广泛，主要用于隧道围岩的支护。通过安装锚杆，可以提高围岩的稳定性，防止塌方和变形，确保隧道施工和运营的安全。

（2）边坡工程

在边坡工程中，摩擦型锚杆用于提高边坡的抗滑稳定性。通过锚固作用，可以有效防止边坡滑移和坍塌，保护道路、建筑物和其他设施的安全。

（3）地下矿山

在矿山开采过程中，摩擦型锚杆可用于巷道支护和矿柱加固，提高巷道和矿柱的稳定性，防止岩石塌方，提高矿山作业的安全性和效率。

（4）地基加固

摩擦型锚杆还可用于地基加固，通过增加地基的承载能力和稳定性，提高建筑物的安全性。在地基发生不均匀沉降或进行软弱地基处理时，锚杆可以提供有效的加固措施。

4. 摩擦型锚杆的施工方法

（1）钻孔

钻孔是锚杆施工的第一步，根据设计要求确定钻孔直径和深度。钻孔时需要控制钻孔位置和角度，确保钻孔的精度和质量。

（2）安装

将锚杆插入钻好的孔洞中，确保锚杆与孔壁紧密接触。安装过程中需要注意锚杆的垂直度和位置，避免锚杆弯曲和位移。

（3）注浆

在锚杆与孔壁之间注入锚固剂（如水泥砂浆或树脂），通过注浆提高锚杆的锚固效果。注浆时需要控制注浆量和注浆压力，确保锚固剂充分填充孔洞和锚杆间隙。

5. 摩擦型锚杆的施工质量控制

（1）质量检验

对施工过程进行实时监控和质量检验，包括钻孔深度、锚杆安装位置和注浆质量等。通过严格的质量控制，确保锚杆施工的精度和效果。

（2）锚杆拉拔试验

通过锚杆拉拔试验检测锚杆的锚固力，确保锚杆在使用过程中的承载能力。拉拔试验通常在施工完成后进行，根据试验结果调整锚杆设计和施工方案。

（3）检测技术

应用先进的检测技术对锚杆质量进行评估，如超声检测、X 射线检测等无损检测。通过检测可以发现锚杆施工中的问题，及时采取补救措施，提高锚杆的质量和可靠性。

2.4.7 预应力锚杆

预应力锚杆是一种通过施加预应力来增强土体和岩体稳定性的重要工程措施。其主要功能在于通过施加适当的预应力，控制和限制岩土体的变形，进而提升岩土体的整体稳定性和承载能力，确保工程结构的安全性。

在预应力锚杆系统中，预应力的引入是关键。当锚杆受到拉力荷载作用时，拉力首先通过锚杆的自由段传递至锚固段。在锚固段内，拉力通过钢筋或钢绞线与注浆体之间的握裹力传递至锚固体。随后，锚固体将拉力通过其与周围土体之间的摩擦力传递到稳定的土体中。这一过程最终实现了改善土体应力状态与限制变形的目标，从而显著提高了岩土体的安全性与稳定性。如图 2-18 所示，这一机制通过多个步骤完成了对土体和岩体的加固，充分发挥了预应力锚杆在工程实践中的支护作用。

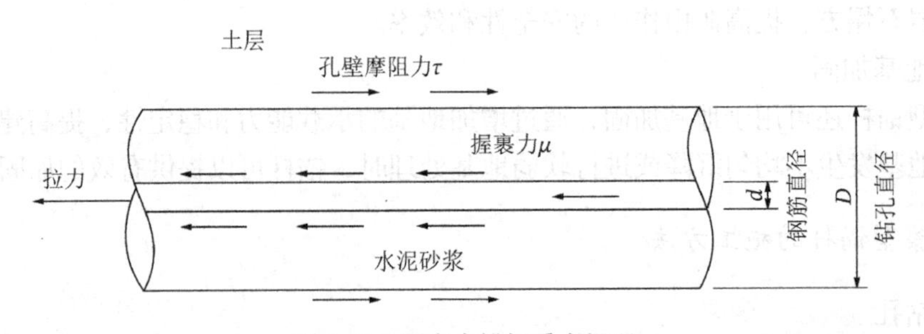

图 2-18　预应力锚杆受力机理

1. 组成

预应力锚杆主要由锚杆体、锚固体、拉紧装置和锁紧装置等部分组成。
（1）锚杆体：一般由高强度钢筋或钢绞线制成，用于承受和传递拉力。
（2）锚固体：通常由水泥砂浆或其他固化材料组成，用于将锚杆体固定在岩土体中。
（3）拉紧装置：用于对锚杆施加预应力，常见的有千斤顶等。
（4）锁紧装置：用于保持预应力状态，常见的有螺母和夹具等。

2. 设计要点

在锚杆设计中，不仅要保证足够的截面积以承受拉应力，还要保证锚杆其他部位能承受锚杆与土体的作用力：一是注浆体与孔壁的摩阻力，二是注浆体与钢筋的握裹力，这两种力均表现为粘结力。在预应力锚杆的设计过程中，需要考虑以下几个要点：

（1）锚杆长度：锚杆长度的选择应根据岩土体的性质和工程要求确定，通常应保证锚杆的锚固段足够长，以提供足够的锚固力。

（2）锚杆间距：锚杆间距的设计应考虑岩土体的承载能力和锚杆的作用范围，确保锚杆能够有效地支撑和稳定岩土体。

（3）预应力大小：预应力的大小应根据岩土体的性质和工程荷载情况确定，确保预应力能够有效地控制和限制岩土体的变形。

（4）锚固材料：锚固材料的选择应考虑其与岩土体的相容性和锚固效果，常用的有水泥浆、环氧树脂等。

3. 施工步骤

预应力锚杆的施工一般包括以下几个步骤：
（1）钻孔：在岩土体中按照设计要求钻出锚杆孔。
（2）锚固：将锚杆体插入钻孔中，并通过注浆或其他方法进行锚固。
（3）施加预应力：使用拉紧装置对锚杆施加预应力。
（4）锁紧：通过锁紧装置保持预应力状态。

4. 工作机制与失效形式

在不考虑锚杆自重的情况下，锚杆杆体与注浆体之间，以及注浆体与岩土体孔壁之间均存在显著的粘结力。当锚杆受到拉力P时，钢筋外表与注浆体之间的握裹力能够有效阻止钢筋与注浆体的分离。此时，钢筋与注浆体之间的粘结力被传递至注浆体，然后通过注浆体与土体之间的摩阻力传递至周围土体。此过程中的粘结力起到了抵抗锚固段滑移的关键作用。然而，当施加的拉力过大导致锚固段产生显著位移时，抵抗锚固段滑移的主要机制将从粘结力转变为摩擦力。

锚杆的抗拔承载力主要由两部分组成：一是锚杆杆体与注浆体之间的握裹力，二是注浆体与岩土体之间的摩阻力。通常情况下，锚杆中的握裹力要远大于摩阻力，因此最容易失效的部分往往是锚固段注浆体与孔壁之间的摩阻力。由于破坏通常发生在注浆体与孔壁的界面上，在常规安全等级的工程计算中，通常仅需考虑锚固段注浆体与孔壁的摩阻力即可。

在锚杆安装后，随着土体变形的增加，锚杆的锚固力会经历以下几个阶段的变化：初锚力、增阻段、恒阻段、降阻段和残余锚固力。这些阶段主要表现为锚固力逐渐下降直至完全丧失。根据锚固力的发展过程，可将锚杆的作用分为三个主要阶段：

（1）初锚力阶段：在安装锚杆时，对锚杆施加预应力，这一预应力主动作用于土体，限制其变形，并对土体进行加固。

（2）工作锚固力阶段：在锚杆安装后，随着土体的变形，锚杆被动地产生反作用力以阻止土体的进一步变形。在此阶段，锚固剂的粘结作用是关键，主要通过阻止注浆体与土体之间的滑移来发挥作用。

（3）残余锚固力阶段：当土体的变形位移超过锚固剂的极限变形能力后，锚固剂将失效，无法再提供有效的工作锚固力。然而，即使在这种情况下，破坏的锚固剂仍具有一定的粘结强度，使得注浆体与土体之间仍存在一定的残余摩擦力，从而继续对土体产生一定的约束作用，这种作用力即为残余锚固力。

以上一系列过程表明，锚杆在不同阶段所发挥的支护作用是随着土体变形而动态变化的，科学地理解这些变化对于锚杆支护设计与工程应用至关重要。锚固力的大小主要取决于锚固段的以下四种失效形式。

（1）锚杆钢筋断裂［图 2-19（a）］：当拉拔荷载超过锚杆的抗拉强度时，锚杆钢筋可能发生断裂，导致锚固失效。断裂位置通常位于锚固端头附近及其周围区域。由于钢筋的弹性模量远大于土体的弹性模量，这种失效方式在实际工程中较为罕见。

（2）杆体与注浆体产生滑移［图 2-19（b）］：当岩土体与注浆体的交界面强度足够大且荷载较高时，可能出现注浆体与锚固剂之间产生滑脱面，进而导致锚固失效。这种破坏形式通常从锚固头开始，逐渐向深部扩展，呈现出渐进性的破坏特征。然而，由于杆体与注浆体之间的粘结强度通常较高，且锚固段较长，通常不会出现这种形式的破坏。

（3）岩土体和注浆体界面产生滑移［图 2-19（c）］：该界面的滑移主要取决于注浆体与岩土体之间的粘结强度，这与注浆材料及岩土体的物理力学特性密切相关。大量试验及工程实例表明，注浆体与岩土体之间的界面失效是最主要的锚固失效形式。如前文所述，由于注浆体与孔壁之间的摩阻力小于钢筋与注浆体之间的握裹力，因此该界面是锚杆设计中最需要关注的部分。

（4）岩土体破坏［图 2-19（d）］：如果支护的土体为均质材料且其强度较低，破坏形式可能表现为漏斗型破坏。在这种情况下，锚固强度由岩土体的强度决定。因此，若支护土体的强度过低，需先进行人工填土加固，然后再进行锚杆支护，以确保工程的安全性和稳定性。

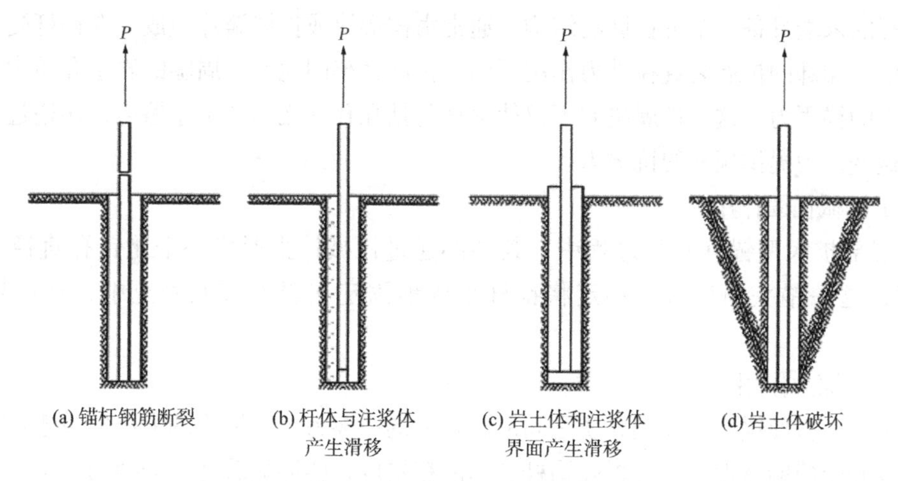

图 2-19　预应力锚杆失效形式

5. 优点

预应力锚杆具有以下优点：

（1）增强稳定性：通过施加预应力，可以有效地增强岩土体的整体稳定性。

（2）控制变形：预应力锚杆能够限制岩土体的变形，确保工程结构的安全。

（3）灵活性强：预应力锚杆可以根据不同的工程需求进行设计和调整，具有很强的适应性。

（4）施工简便：预应力锚杆的施工相对简单，能够在较短时间内完成。

6. 监测与维护

预应力锚杆在使用过程中需要进行定期的监测与维护，以确保其正常工作。主要的监测与维护内容包括：

（1）应力监测：通过应力计等设备监测锚杆的应力变化，确保锚杆保持在设计预应力范围内。

（2）变形监测：通过变形计等设备监测锚固体和岩土体的变形情况，及时发现和处理异常情况。

（3）锚固检查：定期检查锚固体的完整性和锚固效果，确保锚杆的锚固状态良好。

（4）防腐处理：对于长时间暴露在外的锚杆，应进行必要的防腐处理。

2.4.8　端部扩大型锚杆

端部扩大型锚杆是一种经过特殊设计和加工的锚杆，其端部通过增加扩展段或锚固体直径来增强锚固性能。凭借这一独特的端部扩展设计，该锚杆相较于传统锚杆，能够提供更高的锚固力和更好的系统稳定性。

1. 端部扩展机制

端部扩大型锚杆的关键特点在于其特有的端部扩展装置。与传统锚杆的恒定直径不同，这种锚杆的末端具备一个可扩展的结构，通常由楔形块或扩展瓣片组成。在锚杆受力拉紧的过程中，端部的扩展装置在外力作用下向外扩展，牢固地嵌入周围的岩土介质中，从而产生更大的锚固力。这一扩展机制不仅使锚杆与钻孔孔壁之间产生摩擦力，还通过扩展装置的机械嵌入力提供额外的抗拔力。

（1）机械锚固作用

在端部扩大型锚杆安装过程中，其端部通过机械扩张形成一个比钻孔直径更大的“锚头”，这一锚头通过机械锁定将锚杆牢固地固定在岩土或混凝土中，从而提供锚固力。

（2）摩擦力作用

锚头的扩张使锚杆与周围介质之间形成强大的摩擦力。摩擦力的大小取决于锚杆表面的粗糙度和介质的特性。通过提高锚杆表面的粗糙度，能够显著增强摩擦力，从而进一步提升锚固力。

（3）粘结力作用

在某些情况下，锚杆安装时会使用环氧树脂等粘结剂，从而在锚杆与介质之间形成化学粘结力。这种粘结力可以进一步增强锚固效果。

（4）应力分布

端部扩展部分的设计使得锚杆与介质之间的应力分布更加均匀，减轻了应力集中现象，从而提高了锚固系统的整体稳定性。

2. 破坏形式

（1）拔出破坏

当锚杆受到过大拉力时，可能导致锚头与周围介质之间的摩擦力和粘结力被克服，最终导致锚杆被拔出。这种情况通常发生在锚固力不足或周围介质强度较低的情况下。锚杆与孔壁之间的摩擦力和粘结力、锚头的扩展程度、介质的强度和均匀性等都是影响拔出破坏的重要因素。

（2）锚杆断裂

当锚杆材料的强度不足或受到过大的外力时，锚杆可能发生断裂。这种情况通常出现在锚杆材料存在质量问题或设计不合理时。锚杆材料的强度和韧性、几何尺寸、外力的大小和方向，以及环境条件（如腐蚀环境）等都会影响锚杆的断裂风险。

（3）介质破坏

如果锚杆锚固在脆弱介质（如风化岩石或低强度混凝土）中，介质本身可能无法承受锚杆传递的力，导致介质破坏和锚固失效。介质的强度和均匀性、锚杆的安装深度和角度、外力的大小和分布等都是影响介质破坏的关键因素。

（4）锚头失效

如果锚杆端部的扩展设计不合理或施工过程中未能形成有效的锚头，锚头可能在受力过程中失效，无法提供足够的锚固力。锚头的设计和制造质量、扩展过程的控制，以及锚头与孔壁的接触情况等都是影响锚头失效的重要因素。

2.4.9　连续球体型锚杆

连续球体型锚杆是岩石力学领域中一种新型的锚固技术，通过其独特的结构设计提供优良的锚固力和系统稳定性。该锚杆沿其长度方向均匀分布多个球体或球状凸起。这些球体在锚杆插入钻孔后，通过其嵌入和机械锁定作用显著增强了锚固效果。由于其在高锚固力和长久稳定性需求下的优越性能，连续球体型锚杆被广泛应用于地下工程、边坡加固和地基稳定等领域。

1. 摩擦力作用

摩擦力是连续球体型锚杆提供锚固力的一个重要机制。球体的设计通过增加锚杆与孔壁的接触面积，从而增强摩擦力，进而提高了锚固效果。

（1）接触面积

连续球体型锚杆的球体结构显著增加了锚杆与孔壁之间的接触面积。接触面积的增加直接提升了摩擦力，从而提高了锚固效果。较大的接触面积有助于分散作用在锚杆上的外力，减少了锚杆的位移。

（2）摩擦系数

摩擦系数是决定摩擦力大小的关键因素。通过在球体表面增加粗糙度或涂覆特殊材料，可以有效提高摩擦系数。较高的摩擦系数意味着更强的摩擦力，这对提高锚固效果至关重要。设计时需选择合适的表面处理工艺，以优化摩擦性能。

2. 应力分布

连续球体型锚杆的球体结构有助于在锚杆与孔壁之间实现更加均匀的应力分布，从而提高整体锚固系统的稳定性。

（1）应力集中现象

应力集中指局部区域的应力远高于周围区域的现象，通常发生在结构不连续或材料缺陷处。在连续球体型锚杆中，球体结构有助于应力的分散，从而减轻了应力集中现象。这种设计降低了材料破坏的风险，提高了锚固系统的可靠性。

（2）应力分布的优化

合理设计球体的数量、直径和分布间距是优化应力分布的关键。通过调整这些参数，可以改善锚杆与孔壁之间的应力分布，从而提升锚固系统的稳定性和可靠性。优化的应力分布有助于避免局部应力集中，提高系统的整体性能。

3. 破坏形式

连续球体型锚杆的破坏形式包括以下几种：

（1）拔出破坏

当锚杆受到的拉力超过其锚固力时，可能导致锚杆从孔壁中被拔出。这种破坏通常发生在锚固力不足或锚杆与孔壁之间的摩擦力和粘结力不够强的情况下。影响拔出破坏的因素包括球体与孔壁之间的摩擦力和粘结力、球体的数量和直径、孔壁材料的强度和均匀性等。

（2）锚杆断裂

锚杆在受到超过其材料强度的拉力或剪切力时，可能发生断裂。断裂的原因可能包括材料缺陷、腐蚀、疲劳损伤或设计不合理等。影响断裂的因素有锚杆材料的强度和韧性、锚杆的几何尺寸、外力的大小和方向、环境条件（如腐蚀环境）等。

（3）介质破坏

锚杆锚固的介质（如岩土或混凝土）在外力作用下可能发生破坏。这种破坏常见于强度较低或易破碎的介质中。影响介质破坏的因素包括介质的强度和均匀性、锚杆的安装深度和角度、外力的大小和分布情况等。

（4）粘结失效

在锚杆安装过程中，可在锚杆与孔壁之间注入粘结剂（如水泥砂浆、环氧树脂等）。粘结剂固化后，在锚杆与孔壁之间形成化学粘结力，进一步增强锚固效果。粘结剂的类型、用量、固化时间和作用条件（如温度和湿度）都会影响粘结力的大小。选择合适的粘结剂和施工工艺，可以显著提高粘结效果。粘结失效指锚杆与孔壁之间的粘结剂未能完全固化、粘结强度不足或受到环境影响（如水解、老化）导致失效。影响粘结失效的因素包括粘结剂的类型和质量、施工工艺、固化条件（如湿度、温度）等。

复习思考题

1. 结合实际工程，解释岩石锚杆的基本原理。

2. 列出并描述岩石锚杆的主要组成部分及其功能。

3. 按应用场景、施工方式、锚固机理分类的锚杆特点及适用条件。

4. 分析端部锚固式锚杆与全长锚固式锚杆的工作机理及差异。

5. 请对比压力型锚杆与拉力型锚杆在支护效果上的差异。

第 3 章

岩石锚杆材料、注浆材料及锚杆表面特性

岩石锚杆剪切
支护机理与锚固机制

3.1　岩石锚杆的设计原则和方法

锚杆是地下工程和边坡稳定工程中常用的支护结构，锚杆的设计涉及锚孔位置、孔径、倾角、深度、间距等基本参数的确定。岩石锚杆的设计原则是确保锚杆系统在各种可能的工作条件下能够稳定、安全、经济地运行。设计原则主要包括安全性原则、经济性原则和适应性原则。

3.1.1　基本参数

1. 锚孔位置

锚杆布置的原则是均匀布置，以保证支护结构的稳定性和受力均匀，锚孔的位置应避开地质不良区，如软弱夹层、断层破碎带等；在边坡、隧道开挖面等特殊部位，锚杆应加密布置。对于边坡，应在潜在滑动面上方布置锚杆；对于隧道，应在拱顶和侧壁布置锚杆。

2. 锚孔孔径

锚孔孔径的选择应考虑锚杆的类型、规格和施工工艺。常见的锚孔孔径范围如下：

（1）一般锚杆：对于一般用途的锚杆，孔径通常为 25～50mm。

（2）预应力锚杆：对于预应力锚杆，孔径通常为 50～100mm，以便放置张拉设备。

（3）注浆锚杆：对于需要注浆的锚杆，孔径通常为 40～80mm。

具体孔径的确定可以参考以下公式：

$$D = d + 2\Delta \tag{3-1}$$

式中：D——锚孔孔径；

d——锚杆直径；

Δ——安装间隙，一般取 5～10mm。

3. 锚杆倾角

锚杆的倾角应根据工程需要和地质条件确定，主要考虑以下几个因素：

（1）受力方向：锚杆应尽量垂直于潜在滑动面或最危险滑动方向布置，以最大限度地发挥锚杆的抗拔作用。

（2）施工便利性：锚杆倾角应尽量保证施工的便利性和安全性，一般倾角为 10°～30°。

（3）规范要求：根据《岩土锚杆与喷射混凝土支护工程技术规范》GB 50086—2015，锚杆倾角宜为 15°～25°，特殊情况下可根据设计要求适当调整。

4. 锚杆深度

锚杆深度应根据地质条件、工程需要和锚固要求确定，主要考虑以下几个方面：

（1）锚固段长度：锚固段应位于稳定岩土层内，以保证锚固效果。一般情况下，锚固段长度为1.5～2.5m。

（2）自由段长度：自由段长度应保证锚杆能够充分发挥其抗拔能力，一般为1.0～2.0m。

（3）总长度：锚杆总长度应为自由段长度与锚固段长度之和，计算公式如下：

$$L = L_f + L_a \tag{3-2}$$

式中：L——锚杆总长度；

L_f——自由段长度；

L_a——锚固段长度。

5. 锚杆间距

锚杆间距应根据工程需要和受力情况确定，主要考虑以下几个因素：

（1）受力均匀性：锚杆间距应保证支护结构的受力均匀，避免应力集中。

（2）地质条件：锚杆间距应根据地质条件调整，对于软弱地层，应适当减小锚杆间距。

锚杆间距的计算公式如下：

$$S = \sqrt{\frac{A}{N}} \tag{3-3}$$

式中：S——锚杆间距；

A——锚固面积；

N——锚杆数量。

3.1.2 安全性原则

安全性是岩石锚杆设计的首要原则。确保锚杆系统在正常和极端条件下均能保证工程结构的稳定性和安全性，是设计的核心目标。具体包括以下几个方面：

1. 承载能力

锚杆必须具有足够的承载能力，能够承受岩体中的各种应力。设计时需要考虑岩体的地质条件、锚杆的材质、锚固剂的强度和粘结性能等因素。通过合理选择锚杆类型和布置方式，确保锚杆能有效传递和分散岩体中的应力。

（1）岩体条件：岩体的地质条件包括岩石的类型、结构、强度、裂隙和孔隙等。不同类型的岩体力学性质差异很大，因此在设计锚杆时需要充分了解和分析岩体的特性。对于软弱岩体，应选择具有较高承载力和变形能力的锚杆；对于硬岩，则可以选择具有普通承载力的锚杆。

（2）锚杆材质：锚杆材质一般采用高强度钢材，如钢筋、钢绞线等。这些材料具有较高的抗拉强度和韧性，能够承受岩体中的拉应力和剪应力。在特殊环境条件下，可以选择耐腐蚀、耐高温的特殊钢材或复合材料。

（3）锚固剂：锚固剂的选择对锚杆的承载能力有重要影响。常用的锚固剂有水泥砂浆、环氧树脂、聚氨酯等。不同锚固剂的粘结强度和硬化时间不同，应根据工程具体情况选择合适的锚固剂。水泥砂浆适用于一般环境，环氧树脂和聚氨酯则适用于要求快速硬化和高粘结强度的环境。

2. 耐久性

锚杆系统应具有良好的耐久性，能够长期抵抗环境因素，如腐蚀、化学侵蚀和温度变化等的影响。选择耐腐蚀材料和合适的锚固剂，可以提高锚杆的使用寿命。

（1）腐蚀防护：在潮湿、酸碱度高或含盐量高的环境中，锚杆容易受到腐蚀，影响其使用寿命和承载能力。为了提高锚杆的耐腐蚀性能，可以采用镀锌、喷涂防腐涂层或使用不锈钢材料等措施；还可以在锚杆外包覆一层防腐材料，如塑料护套，以防止腐蚀介质的侵入。

（2）化学侵蚀防护：在含有化学侵蚀介质，如工业废水、矿山酸水等的环境中，锚杆和锚固剂容易受到化学侵蚀。选择耐化学侵蚀的锚固剂，如环氧树脂、聚氨酯等，可以提高系统的耐久性。此外，也可以采用隔离措施，如在锚孔中涂覆防化学侵蚀材料，防止化学介质直接接触锚杆和锚固剂。

（3）温度变化适应性：锚杆系统应能够适应环境温度的变化。高温环境可能导致锚固剂软化、锚杆材料强度下降；低温环境可能导致锚固剂脆化、锚杆材料脆性增加。因此，应选择适合的锚固剂和锚杆材料，提高系统的温度适应性。对于高温环境，可以选择耐高温的锚固剂，如环氧树脂；对于低温环境，可以选择耐低温的锚固剂，如聚氨酯。

3. 抗震性能

在地震活动区，锚杆系统必须具有良好的抗震性能，能够在地震作用下保持稳定性。设计时需要进行抗震分析，确保锚杆系统在地震作用下不会失效。

（1）抗震分析：通过数值模拟和试验研究，分析锚杆系统在地震作用下的应力分布和变形情况，确定锚杆的抗震性能。可以采用有限元分析软件进行数值模拟，模拟地震作用下锚杆系统的动态响应，确定锚杆的应力和变形分布。

（2）抗震设计：在抗震设计中，应选择具有较高延性和良好抗震性能的锚杆材料和锚固剂，提高锚杆系统的抗震能力。可以采用双排或网格式布置的锚杆，提高系统的整体稳定性。此外，还可以在锚杆周围增加缓冲层，如橡胶垫片，以减缓地震作用的冲击。

（3）抗震加固措施：在地震高风险区，可以采用抗震加固措施，如增加锚杆数量、增加锚杆长度、提高锚固剂强度等，提高锚杆系统的抗震能力。还可以采用多层次、多形式的支护措施，如将锚杆与喷射混凝土、钢架等结合使用，提高系统的整体抗震性能。

4. 冗余设计

冗余设计是提高系统安全性的有效手段。通过增加锚杆数量或采用多层次、多形式的支护措施，可以增强系统的整体稳定性，减少单点失效对整体结构的影响。

（1）增加锚杆数量：通过增加锚杆数量，可以提高系统的承载能力和稳定性。合理布置锚杆，确保每根锚杆都能发挥其最大效用。例如，在高应力区可以适当增加锚杆布置密度，减少每根锚杆的受力，降低失效风险。

（2）多层次支护：采用多层次支护措施，可以提高系统的整体稳定性。比如，在锚杆支护的基础上，增加喷射混凝土、钢筋网、钢架等多种支护措施，形成多层次支护体系，提高系统的整体承载能力和稳定性。

（3）多形式支护：采用多形式支护措施，可以增强系统的适应性和冗余性。例如，在锚杆支护的基础上，结合使用锚索、预应力钢绞线等多种形式的支护措施，提高系统的整体稳定性和安全性。

3.1.3 经济性原则

在保证安全的前提下，经济性是岩石锚杆设计中需要重点考虑的原则，具体包括以下几个方面：

1. 材料选择

选择适当的材料，不仅要考虑其力学性能，还要考虑其经济性和可获得性。高强度钢材、耐腐蚀材料等虽然性能优越，但成本较高，应根据实际需要和预算合理选材。

（1）钢材选择：高强度钢材如钢筋、钢绞线等是常用的锚杆材料。应根据工程具体要求，选择适当的钢材强度等级和规格。对于一般工程，选用常规钢筋即可；对于有特殊要求的工程，如要求高耐久性和抗腐蚀性能，可以选用镀锌钢筋或不锈钢材料。

（2）锚固剂选择：锚固剂的选择应综合考虑其力学性能、硬化时间和环境适应性。水泥砂浆价格低廉，适用于一般环境；环氧树脂粘结强度高、硬化时间短，适用于快速施工和高强度要求的工程；聚氨酯适用于低温环境和特殊化学环境。

（3）配件选择：锚杆系统的配件如垫板、螺母、锚头等也应选择合适的材料和规格。一般选用碳钢材料即可，对于需要高耐腐蚀性能的工程，可以选用不锈钢或镀锌配件。

2. 施工工艺

施工工艺直接影响工程成本和施工周期。采用简便、高效的施工工艺，可以减少施工难度和时间，从而降低成本。例如，选择合适的钻孔设备和锚固剂注入方法，可以提高施工效率，降低材料和人工成本。

（1）钻孔设备：选择合适的钻孔设备，可以提高钻孔效率，减少施工时间和成本。对于一般岩体，选用常规钻孔机即可；对于硬岩或特殊地质条件，可以选用液压钻孔机或潜孔钻机，提高钻孔效率和精度。

（2）锚固剂注入方法：选择合适的锚固剂注入方法，可以提高锚固效果，减少材料浪费。常用的注入方法有重力注入、泵送注入和真空注入等。对于一般环境，重力注入即可满足要求；对于复杂地质条件或特殊环境，采用泵送注入或真空注入，可以提高锚固剂的渗透性和均匀性。

（3）施工工艺改进：不断改进施工工艺，采用新的施工技术和设备，可以提高施工效率，降低成本。例如，采用预制锚杆或模块化施工，可以减少现场作业时间，提高施工质量。

3. 优化设计

通过优化设计，合理选择锚杆数量和间距，可以在保证支护效果的同时，减少材料和施工成本。采用数值模拟和现场试验相结合的方法，可以更精确地确定锚杆的最佳布置方案。

（1）数值模拟：采用有限元分析软件进行数值模拟，分析锚杆系统在不同荷载条件下的应力分布和变形情况，优化锚杆的布置方式和数量。数值模拟可以模拟复杂的地质条件和工程环境，提供精确的设计数据和分析结果。

（2）现场试验：在实际工程中，通过现场试验验证数值模拟结果，调整锚杆设计方案，确保设计的合理性和经济性。现场试验可以包括锚杆拉拔试验、锚固剂粘结试验等，通过试验数据确定锚杆的承载能力和布置方式。

（3）优化布置：根据数值模拟和现场试验结果，优化锚杆的布置方式和数量。合理布置锚杆，可以在保证支护效果的前提下，减少材料和施工成本。例如，在高应力区增加锚杆密度，在低应力区减少锚杆密度，优化整体布置。

3.1.4　适应性原则

适应性原则要求锚杆设计能够适应复杂多变的地质条件和环境因素，确保工程的稳定性和安全性，具体包括以下几个方面：

1. 地质适应性

设计时需要充分考虑地质条件的多样性，包括岩体的类型、结构、强度和应力状态等。不同类型的岩体需要采用不同的锚杆类型和布置方式。例如，对于软弱岩体，可以采用全长锚固的化学锚杆；对于硬岩，可以采用端部锚固的机械锚杆。

（1）岩体类型：岩体类型包括岩石和土体，其力学性质和结构特征差异很大。对于软土、碎石和砂岩等软弱岩土体，需选择具有较高承载力和变形能力的锚杆；对于花岗岩、石灰岩等硬岩，选用普通承载力的锚杆即可。

（2）岩体结构：岩体的结构特征如裂隙、层理和节理等，对锚杆的支护效果有重要影响。裂隙发育的岩体，其整体性较差，需采用密集布置的锚杆，增加锚固力；对于层理发育的岩体，锚杆应尽量与层理方向垂直布置，提高锚固效果。

（3）应力状态：岩体的应力状态包括自重应力、构造应力和地震应力等。设计锚杆时，应充分考虑岩体的应力分布情况，选择合适的锚杆类型和布置方式。例如，在高应力区可采用预应力锚杆，提高岩体的承载能力和稳定性。

2. 环境适应性

锚杆系统应能够适应各种环境条件，如高温、低温、高湿和腐蚀环境等。选择耐高温、耐低温和耐腐蚀的材料和锚固剂，可以提高锚杆系统的环境适应性。

（1）高温环境：在高温环境中，锚固剂可能会软化，影响锚杆的承载能力。选择耐高温的锚固剂，如环氧树脂，可以提高锚杆的高温适应性。此外，还可以采用耐高温的钢材，如耐热钢，提高锚杆系统的整体性能。

（2）低温环境：在低温环境中，锚固剂可能会脆化，影响锚杆的承载能力。选择耐低温的锚固剂，如聚氨酯，可以提高锚杆的低温适应性。此外，还可以采用耐低温的钢材，如低温钢，提高锚杆系统的整体性能。

（3）高湿环境：在高湿环境中，锚杆容易受到腐蚀，影响其使用寿命和承载能力。选择耐腐蚀材料，如不锈钢或镀锌钢材，可以提高锚杆的耐湿性能。此外，还可以在锚杆外包覆一层防腐材料，如塑料护套，防止湿气侵入。

3. 施工适应性

设计时需要考虑施工条件和施工难度，选择适合的施工方法和设备。例如，在狭小空间或复杂地形条件下，选择灵活、便捷、适应性强的施工方法，可以提高施工效率和质量。

（1）狭小空间施工：在狭小空间中，施工难度较大，选择灵活、便捷的施工设备和方法，可以提高施工效率和质量。例如，采用小型钻孔机或手持钻孔机，可以在狭小空间中灵活操作，提高钻孔效率和精度。

（2）复杂地形施工：在复杂地形条件下，施工难度较大，选择适应性强的施工设备和方法，可以提高施工效率和质量。例如，采用液压钻孔机或潜孔钻机，可以在复杂地形条件下高效钻孔，提高施工质量。

（3）施工工艺改进：不断改进施工工艺，采用新的施工技术和设备，可以提高施工效率，降低成本。例如，采用预制锚杆或模块化施工，可以减少现场作业时间，提高施工质量。

3.1.5 综合设计原则

在实际工程中，岩石锚杆的设计往往需要综合考虑安全性、经济性和适应性等多个方面的因素。通过综合分析和权衡，选择最佳的设计方案，确保锚杆系统在满足工程要求的同时，具有良好的经济性和适应性。

1. 多因素分析

在设计过程中，需要综合分析岩体的地质条件、环境因素、施工条件和经济因素等，进行全面的评估和优化设计。

（1）岩体地质条件：通过地质勘察和试验研究，详细了解岩体的类型、结构、强度和应力状态等特性，为锚杆设计提供基础数据。

（2）环境因素：分析工程所在区域的环境条件，如温度、湿度、腐蚀性介质等，选择适应环境条件的锚杆材料和锚固剂，提高系统的适应性和耐久性。

（3）施工条件：评估施工现场的条件和难度，选择适合的施工方法和设备，提高施工效率和质量。

（4）经济因素：综合考虑材料成本、施工成本和维护成本，选择经济性最优的设计方案。

2. 多方案比较

在确定最终设计方案之前，可以对多个设计方案进行比较分析，选择最优的设计方案。例如，可以通过数值模拟和现场试验，对不同锚杆类型和布置方式进行比较，选择最佳方案。

（1）数值模拟：采用有限元分析软件进行数值模拟，分析不同设计方案在各种荷载条件下的应力分布和变形情况，提供科学的设计依据。

（2）现场试验：通过现场试验验证数值模拟结果，确定设计方案的实际效果和可行性。

可以进行锚杆拉拔试验、锚固剂粘结试验等，获取真实数据，指导设计优化。

（3）方案比较：综合数值模拟和现场试验结果，对多个设计方案进行比较分析，选择安全性、经济性和适应性最优的设计方案。

3. 动态调整

在工程实施过程中，随时监测锚杆系统的工作状态，根据实际情况进行动态调整和优化设计，确保系统始终处于最佳工作状态。

（1）应力监测：通过安装应力计，实时监测锚杆的应力变化情况，及时发现应力异常，进行调整和优化设计。

（2）位移监测：通过安装位移计，实时监测锚杆的位移变化情况，及时发现位移异常，进行调整和优化设计。

（3）动态调整：根据监测数据和现场实际情况，进行动态调整和优化设计，确保锚杆系统在各种工况下都能稳定、安全地运行。

通过以上详细的设计原则和方法，可以确保岩石锚杆系统在各种复杂条件下，保持良好的安全性、经济性和适应性，从而有效支护和稳定岩体结构。

3.2　岩石锚杆材料的种类和特点

岩石锚杆是岩土工程中常用的支护构件，根据所用材料的不同，岩石锚杆可分为多种类型。每种类型的锚杆都有其独特的优点和缺点，具体如下：

3.2.1　钢制锚杆

钢制锚杆（图 3-1）主要包括普通钢锚杆、高强度钢锚杆和钢绞线锚杆三种。

图 3-1　钢制锚杆

1. 普通钢锚杆

普通钢锚杆通常由碳素钢或低合金钢制成，具有较高的强度和良好的延展性。

（1）优点

①成本低廉：普通钢材的价格相对较低，使得普通钢锚杆成为一种经济实惠的选择。

②安装简便：普通钢锚杆可以通过传统的钻孔和锚固方法快速安装，施工工艺成熟，施工难度较小。

③适用范围广泛：适用于多种岩土条件和工程环境，如隧道支护、边坡稳定等。

（2）缺点

①耐腐蚀性能较差：在潮湿或腐蚀性环境中，普通钢锚杆容易生锈，影响使用寿命和安全性，需要采取额外的防腐措施，如涂层或镀锌处理。

②重量较大：钢材本身较重，增加了运输和安装的难度，可能影响施工效率。

2. 高强度钢锚杆

高强度钢锚杆采用高强度合金钢制造，具有更高的抗拉强度和屈服强度，适用于需要承受较大荷载的工程。

（1）优点

①承载能力强：高强度钢锚杆具有更高的抗拉强度和屈服强度，能够承受较大的荷载，适用于高应力区域和重载工程。

②耐疲劳性能好：在反复荷载作用下，高强度钢锚杆具有良好的疲劳性能，延长了使用寿命，保证长期稳定性。

（2）缺点

①成本较高：高强度合金钢的生产成本较高，增加了工程总费用。

②对防腐要求更高：在腐蚀性环境中，仍需进行镀锌或其他防腐处理，增加了施工和维护成本。

3. 钢绞线锚杆

钢绞线锚杆由多股钢丝绞合而成，具有良好的柔韧性和较高的强度，常用于预应力锚固。

（1）优点

①强度高：钢绞线锚杆由多股钢丝绞合而成，具有极高的强度和韧性，适用于高负荷环境。

②柔韧性好：由于由多股钢丝绞合而成，具有良好的柔韧性，适用于复杂地形和不规则地质条件。

③可用于预应力锚固：可以施加预应力，显著增强锚固效果和结构稳定性。

（2）缺点

①成本较高：钢绞线的生产和安装成本较高，可能增加工程预算。

②安装工艺复杂：需要专门的设备和技术，安装过程较为复杂，对施工人员的要求较高。

综上所述，各类钢制锚杆在不同工程环境下具有不同的优势和局限性。选择适合的锚杆类型需根据具体的工程要求和环境条件，综合考虑其强度、耐腐蚀性、安装难度和成本等因素。

3.2.2　树脂锚杆

树脂锚杆（图 3-2）主要由环氧树脂、酚醛树脂等材料制成，通常与钢筋或其他增强材料结合使用，具有优良的粘结性能和耐腐蚀性能。树脂锚杆的常用锚固剂包括以下几种材料：

环氧树脂：常用于树脂锚杆的锚固剂，具有良好的粘结性、耐化学腐蚀性和机械性能。环氧树脂可以在常温下固化，也可以通过加入固化剂加速固化过程。环氧树脂锚固剂的配方包括环氧树脂基体、固化剂（如胺类固化剂）、增韧剂、填料和添加剂等。

不饱和聚酯树脂：另一种常用的锚固剂材料，具有良好的机械性能和耐化学腐蚀性能。通常与过氧化物类固化剂配合使用。

聚酯树脂锚固剂：其配方包括不饱和聚酯树脂基体、固化剂（如过氧化苯甲酰）、促进剂、填料和添加剂等。

聚氨酯树脂：在某些情况下使用，具有优异的粘结性能和弹性模量，但成本较高，主要用于有特殊需求的工程。

图 3-2　树脂锚杆

优点：

（1）粘结性能优异：树脂锚杆具有卓越的粘结性能，能够在各种复杂地质条件下提供可靠的锚固效果。

（2）优异的耐腐蚀性：树脂材料不受化学腐蚀影响，适用于潮湿和腐蚀性环境，延长了使用寿命。

（3）适应性强：树脂锚杆可以根据工程需求进行定制，适用于各种特殊要求的工程，如高温、高压或特殊化学环境。

缺点：

（1）成本较高：树脂材料及其制造工艺的成本较高，这会增加工程总费用。

（2）施工工艺要求高：施工过程中需要严格控制温度和压力，以确保锚杆的粘结质量和强度。

（3）施工过程复杂：树脂锚杆的安装和固化过程较为复杂，需要专业的设备和技术支持，这可能影响施工效率。

（4）对施工工艺要求高：施工过程中需要严格控制温度和压力，确保锚杆的粘结质量和强度。

3.2.3 玻璃纤维增强塑料锚杆

玻璃纤维增强塑料（GFRP）锚杆（图 3-3）由玻璃纤维与树脂复合材料制成，具备高强度、耐腐蚀性能优良及轻质等特性。

图 3-3 玻璃纤维增强塑料锚杆

优点：

（1）耐腐蚀性强：玻璃纤维具有优异的耐腐蚀性能，不受潮湿、酸碱等腐蚀性环境的影响，使其适用于海洋环境及化学腐蚀性环境。

（2）重量轻：玻璃纤维锚杆的密度远低于钢锚杆，便于运输和安装，从而降低施工难度和成本。

（3）不导电：玻璃纤维材料不具有导电性，适合于电力工程和轨道交通工程等需要电绝缘的环境。

缺点：

（1）高温环境下性能下降：在高温条件下，玻璃纤维的性能会有所降低，这限制了其在高温环境中的应用。

（2）初期成本较高：与普通钢锚杆相比，玻璃纤维锚杆的初期材料成本较高。

（3）抗冲击性能较差：玻璃纤维的抗冲击性能较差，可能在强烈冲击下发生断裂。

玻璃纤维增强塑料锚杆凭借其优异的耐腐蚀性和轻质特性，在特定环境中表现出显著的优势。然而，其在高温下性能的降低、初期成本较高以及较差的抗冲击性能同样是需要考虑的关键因素。在实际应用中，应根据工程需求综合评估这些优缺点。

3.2.4 碳纤维增强塑料锚杆

碳纤维增强塑料锚杆（碳纤维锚杆，CFRP 锚杆）由碳纤维与树脂复合材料制成，具有极高的强度和刚度，同时重量极轻，并且展现出卓越的耐腐蚀性能。

优点：

（1）高强度和高刚度：碳纤维锚杆具有极高的抗拉强度和刚性，使其适用于需要承受高负荷的工程项目，如大型地下结构和深基坑。

（2）重量轻：碳纤维锚杆的轻质特性便于运输和安装，有效降低了成本。

（3）优异的耐腐蚀性能：碳纤维材料对化学腐蚀及环境因素具有优良的抵抗能力，适用于腐蚀性环境。

缺点：

（1）成本非常高：碳纤维材料及其制造工艺的成本较高，显著增加了工程总费用。

（2）施工工艺复杂：碳纤维锚杆的安装需要专门的设备和技术，施工过程较为复杂。

（3）高温环境下性能受限：在极高温度下，碳纤维的性能可能会降低，这限制了其在高温环境中的应用。

碳纤维锚杆凭借其高强度、轻质和优异的耐腐蚀性能在特定工程中展现出显著优势。然而，其高成本、复杂的施工工艺以及在极高温环境中的性能限制同样是需要考虑的重要因素。

3.2.5　聚酯纤维增强塑料锚杆

聚酯纤维增强塑料锚杆（聚酯纤维锚杆，PFRP 锚杆）由聚酯纤维与树脂复合材料制成，具备较高的强度和良好的耐腐蚀性能，并且成本较低。

优点：

（1）耐腐蚀性强：聚酯纤维具有良好的耐腐蚀性能，能够在潮湿及化学腐蚀环境中保持稳定，适用于多种恶劣环境。

（2）成本较低：相较于碳纤维锚杆，聚酯纤维锚杆的材料和生产成本较低，具有较好的经济性。

（3）重量轻：与钢锚杆相比，聚酯纤维锚杆轻便，便于运输和安装，从而减少施工难度。

缺点：

（1）强度和刚性不及碳纤维锚杆：聚酯纤维锚杆的强度和刚度较低，限制了其在高负荷环境中的应用。

（2）在极端环境下性能受限：在极端高温或低温环境中，聚酯纤维的性能可能会受到一定影响，难以满足某些高性能要求。

聚酯纤维锚杆在耐腐蚀性和经济性方面表现优越，但其较低的强度和刚度以及在极端环境下的性能限制同样是需要考虑的关键因素。

3.2.6　钢-聚合物复合锚杆

钢-聚合物复合锚杆将钢材与聚合物材料结合，充分利用了钢材的高强度和聚合物的优越耐腐蚀性能，表现出综合性能优异的特点。

优点：

（1）强度高：结合了钢材的高强度与聚合物的耐腐蚀性能，钢-聚合物复合锚杆具有优异的综合性能，适用于高负荷及腐蚀性环境。

（2）优异的耐腐蚀性能：聚合物材料能够有效保护钢材，显著延长锚杆的使用寿命，并减少维护成本。

（3）适用于各种复杂环境：该锚杆适用于潮湿、化学腐蚀、高应力等多种复杂环境，显示出广泛的应用前景。

缺点：

（1）生产工艺复杂：钢-聚合物复合锚杆的生产需要复杂的工艺和设备，这增加了生产的难度和成本。

（2）成本较高：由于材料及生产工艺的复杂性，钢-聚合物复合锚杆的成本较高，导致整体工程费用增加。

钢-聚合物复合锚杆凭借其高强度和优异的耐腐蚀性能，在多种复杂环境中表现出色。然而，其生产工艺的复杂性和较高的成本也是需认真考虑的因素。

3.2.7 其他新型材料锚杆

1. 超高分子量聚乙烯锚杆

超高分子量聚乙烯（UHMWPE）锚杆采用超高分子量聚乙烯材料，该材料的分子量通常在300万～600万之间，显著高于普通聚乙烯。其超高的分子量赋予了UHMWPE材料卓越的机械性能和化学稳定性，使其在承受外力和冲击时表现出色。

优点：

（1）耐磨性：UHMWPE在塑料材料中具有最为优异的耐磨性能，其耐磨性是钢材的4～5倍，因此能够在磨损环境下保持长期的使用寿命。其在矿山和隧道工程等磨损严重的环境中表现尤为突出。

（2）耐腐蚀性：UHMWPE对大多数酸、碱、盐及有机溶剂具有优异的耐受性，适用于腐蚀性环境。该材料几乎不吸水，能够在潮湿及水下环境中保持稳定的性能。

（3）轻质性：UHMWPE锚杆重量轻，便于运输和安装，从而降低了成本。

缺点：

（1）生产成本较高：超高分子量聚乙烯的生产工艺复杂，导致其材料成本较高。

（2）施工工艺复杂：其施工过程需要专业设备和技术支持，施工难度较大。

2. 高性能聚合物锚杆

高性能聚合物锚杆利用先进的聚合物材料，具备高强度、耐腐蚀和耐高温的特点，适用于特殊环境下的工程。

优点：

（1）高强度：高性能聚合物锚杆具有极高的抗拉强度，适用于深基坑和大型地下工程等高负荷环境。

（2）优异的耐腐蚀性能：高性能聚合物材料展现出优异的耐腐蚀性能，适用于腐蚀性环境。

（3）良好的耐高温性能：这种锚杆在高温环境下能够保持稳定性能，适用于高温作业环境。

缺点：

（1）成本昂贵：高性能聚合物材料及其生产工艺成本较高，从而增加了工程的总费用。

（2）应用范围较窄：由于其高成本和材料特性，高性能聚合物锚杆主要应用于特殊需求的工程，其应用范围相对有限。

3.2.8　小结

在选择锚杆材料时，应根据具体工程环境和要求进行综合评估。普通钢锚杆适合一般环境下的支护工程，而在腐蚀性较强的环境中，玻璃纤维或碳纤维锚杆则更为合适。高强度钢锚杆和高性能聚合物锚杆则适用于高应力或特殊环境下的工程。

实际应用中，还需要结合锚杆的设计、施工工艺、经济性等因素进行综合评估，以确保锚杆的安全性、耐久性和经济性。例如，在海洋环境或化学腐蚀性环境中，选择耐腐蚀性能优越的材料尤为关键。在高应力区域或需要预应力的工程中，高强度钢锚杆或钢绞线锚杆是更为合适的选择。

不同材料的岩石锚杆各具优缺点和适用场景。选择适当的锚杆材料和类型是确保工程安全和稳定的关键，须根据具体工程条件和要求进行科学合理的选择与应用。

3.3　注浆材料的种类和特点

锚杆注浆材料是地质工程和土木工程中关键的组成部分，用于加固和稳定岩土体，防止地层移动和塌陷。根据不同的工程需求和地质条件，锚杆注浆材料有多种类型，每种材料都有其独特的特点和适用范围。下面将详细介绍各种锚杆注浆材料的种类及其特点。

3.3.1　普通水泥浆

普通水泥浆（图 3-4）是岩土工程和地下工程中广泛使用的一种注浆材料。它主要由水泥、骨料和水混合而成，具有强度高、稳定性好、施工工艺成熟等优点。在锚杆注浆中，普通水泥浆的应用能够有效增强锚杆与周围岩土体的粘结性，提高支护结构的稳定性和安全性。

图 3-4　普通水泥浆

1. 普通水泥浆的组成

（1）水泥：水泥是普通水泥浆的核心成分，决定了浆体的强度和稳定性。普通水泥浆一般使用硅酸盐水泥，其化学成分主要包括硅酸三钙（C_3S）、硅酸二钙（C_2S）、铝酸三钙（C_3A）和铁铝酸四钙（C_4AF）。不同种类的水泥具有不同的强度发展特性和耐久性。

（2）骨料：在某些情况下，水泥浆中可能添加细骨料（如砂），以提高浆体的流动性和稳定性。骨料的粒径和级配直接影响水泥浆的性能。

（3）水：水的质量对于水泥浆的性能至关重要。水的纯净度、pH 值以及含有的杂质都会影响浆体的凝固时间、强度和耐久性。通常，普通水泥浆使用清洁的饮用水或符合标准的工业用水进行配制。

（4）外加剂（可选）：为了改进水泥浆的性能，可能会添加各种外加剂，如减水剂、缓凝剂、早强剂等。这些外加剂能够调节浆体的流动性、凝结时间和强度发展趋势，适应不同的施工需求。

2. 普通水泥浆的主要特性

（1）强度：普通水泥浆在固化后的强度是其最重要的性能指标之一。水泥浆的抗压强度通常用于评价其性能，高强度的水泥浆能够有效提高锚杆与周围岩土体的粘结力。

（2）流动性：水泥浆的流动性决定了其在注浆过程中的充填性。良好的流动性可以确保浆体充分填充锚杆孔隙和裂缝，达到预期的支护效果。

（3）凝结时间：凝结时间是水泥浆从初始混合到固化的时间段。这一时间段对施工进度和质量控制至关重要。过短的凝结时间可能导致施工难度增加，而过长的凝结时间则可能影响浆体的稳定性和强度。

（4）抗渗性：抗渗性是指水泥浆对水分渗透的抵抗能力。优良的抗渗性能够防止地下水对注浆体的侵蚀，保证锚杆的长期稳定性。

（5）耐久性：耐久性是指水泥浆在长期使用过程中对环境变化的适应能力，包括对温度、湿度、化学腐蚀等因素的抵抗能力。

3. 普通水泥浆的制备工艺

（1）材料准备：在制备普通水泥浆时，首先需要准备好所有原材料，包括水泥、骨料（如砂）、水和外加剂（如有需要）。所有材料应符合相关标准和规范的要求，以确保浆体的性能。

（2）配比设计：配比设计是普通水泥浆制备过程中的关键步骤。通常根据工程要求和现场条件，选择适当的水泥、骨料和水的比例。常见的水胶比（水泥与水的质量比）在 0.4～0.6 之间，具体配比需根据实际情况进行调整。

（3）混合：将水泥、骨料和水按照预定比例混合。通常使用搅拌机进行混合，以确保各成分均匀分布。混合时间和速度对浆体的均匀性和性能有重要影响。

（4）质量控制：混合后的水泥浆需要进行质量控制，包括流动性测试、凝结时间测定和强度测试等。这些测试可以确保水泥浆在实际应用中的性能符合设计要求。

4. 注浆技术

在锚杆注浆中，普通水泥浆主要用于填充锚杆孔隙和周围岩土体，形成稳定的支护结构。注浆过程通常包括以下步骤：

（1）钻孔：在岩土体中钻孔，孔径和深度根据锚杆的设计要求确定。

（2）锚杆安装：将锚杆插入钻孔中，确保其位置和方向符合设计要求。

（3）注浆：通过注浆设备将水泥浆注入锚杆孔隙和周围岩土体。注浆过程中需要控制浆体的流速和压力，以确保浆体能够充分填充所有空隙。

（4）固化：注浆后，水泥浆需要一定时间进行固化。固化过程中的温度和湿度会影响浆体的强度和稳定性。

5. 普通水泥浆的性能影响因素

（1）水泥类型：不同的水泥类型对水泥浆的性能有显著影响。例如，普通硅酸盐水泥具有较好的强度和耐久性，而快硬水泥则具有较短的凝结时间。根据工程需求选择合适的水泥类型是确保水泥浆性能的关键。

（2）水胶比：水胶比（W/C）是指水泥与水的质量比，直接影响水泥浆的强度和流动性。较低的水胶比可以提高浆体的强度，但可能降低其流动性；而较高的水胶比则有助于改善流动性，但可能导致强度降低。

（3）外加剂：外加剂的种类和用量对水泥浆的性能有重要影响。常见的外加剂包括：

①减水剂：用于减少水的用量，提高水泥浆的强度和耐久性。

②缓凝剂：用于延长水泥浆的凝结时间，适用于高温环境或长时间施工的情况。

③早强剂：用于加快水泥浆的早期强度发展，提高施工效率。

6. 环境条件

施工环境的温度、湿度和地质条件等因素都会影响水泥浆的性能。例如，在高温环境下，水泥浆的凝结时间会缩短；而在低温环境下，浆体的固化过程可能受到影响，需要采取相应的保温措施。

7. 普通水泥浆的质量控制与检测

质量控制是确保普通水泥浆性能的关键环节。常见的质量控制措施包括：

（1）材料检测：对水泥、骨料和水进行质量检测，确保其符合相关标准。

（2）配比控制：根据设计要求和实际情况，控制水泥、骨料和水的配比，确保浆体的性能。

（3）混合过程监控：监控混合过程中的搅拌时间和速度，确保浆体均匀性。

常见的水泥浆检测方法包括：

（1）流动性测试：通过坍落度试验或流动度测试测定浆体的流动性。

（2）凝结时间测定：通过凝结试验测定浆体的初凝和终凝时间。

（3）强度测试：通过抗压强度试验测定水泥浆的强度。

（4）抗渗性测试：通过渗透试验测定水泥浆的抗渗性能。

3.3.2 膨胀水泥浆

膨胀水泥浆是在普通水泥浆的基础上加入膨胀剂，通过化学反应使浆体体积膨胀，以填充裂隙和空隙，增强锚杆与周围岩土的粘结力。膨胀水泥浆适用于需要高粘结力和抗渗性能的锚杆加固工程，如地下水位较高的基坑、隧道支护、大坝加固等。

膨胀水泥浆的主要组成包括水泥基料、膨胀剂、减水剂和其他添加剂。水泥基料通常采用普通硅酸盐水泥、高铝水泥或其他特种水泥，这些水泥基料为膨胀水泥浆提供了基本的强度和粘结性能。膨胀剂是膨胀水泥浆的核心组成部分，常见的膨胀剂包括硫酸铝、碳酸钙和硅酸钠等。这些膨胀剂能够在水泥浆硬化过程中发生化学反应，产生膨胀效应，从而填补孔隙，提升浆体的稳定性。减水剂的作用是提高膨胀水泥浆的流动性，常用的减水剂包括木质素磺酸盐类、氨基酸盐类和聚羧酸盐类。此外，其他添加剂，如速凝剂、保水剂和防腐剂等也常常被使用，以改善水泥浆的施工性能和耐久性。

膨胀水泥浆的性质决定了它在工程中的应用效果。首先，膨胀性能是膨胀水泥浆最显著的特性之一。膨胀剂的种类和用量对膨胀率有直接影响，而膨胀率又与水泥浆的初凝时间以及最终强度相关。一般来说，膨胀水泥浆在硬化过程中会经历一定的膨胀阶段，这种膨胀现象可以有效填补注浆孔隙，防止由于收缩引起的空隙，从而提高工程的稳定性。其次，膨胀水泥浆的强度特性也非常关键，它的抗压强度、抗拉强度和抗剪强度都是评估其性能的重要指标。良好的强度特性不仅能确保锚固效果，还能提高整体结构的稳定性。再者，流动性是膨胀水泥浆的另一个重要指标，它直接影响到施工的难度和效果。流动度测试能够评估浆体的流动性，而良好的流动性则可以保证注浆过程的顺利进行。此外，耐久性方面，膨胀水泥浆通常表现出较好的抗渗透性、抗冻融循环能力和抗化学侵蚀能力，使其在各种环境下均能保持稳定性能。

膨胀水泥浆在应用过程中存在一些显著的缺点。首先，由于膨胀剂的使用，其成本相较于普通水泥浆显著增加。这一现象主要源于膨胀剂的采购和使用带来的额外经济投入，提高了整体成本。此外，膨胀水泥浆的配制工艺较为复杂。这种复杂性主要体现在需要精确控制膨胀剂的比例及其混合过程，以确保膨胀效果的稳定和可靠。这种工艺要求对操作进行更为细致的管理和监控。最后，尽管膨胀水泥浆在一定程度上解决了传统水泥浆的收缩问题，但其固化时间仍然较长。这一特点使得膨胀水泥浆在需要快速完成的紧急加固工程中不具备优势，因为较长的固化时间不符合迅速施工的要求。

3.3.3 环氧树脂浆

环氧树脂浆（图 3-5）是一种由环氧树脂、固化剂及填料组成的高性能注浆材料，以其卓越的力学性能和化学稳定性，在各类特殊工程中广泛应用。特别是在对加固材料有着极高要求的工程场合，如化工厂、海洋工程以及特种地下工程等领域，环氧树脂浆因其显著的强度和耐腐蚀性，成为理想的选择。

图 3-5　环氧树脂浆

环氧树脂浆的高粘结力是其显著特点之一。环氧树脂浆能够与岩土体形成牢固的结合，从而提供强大的支撑力。这种优越的粘结性能确保了在高应力和动态荷载下，支护系统能够维持结构稳定，防止失效。环氧树脂浆在固化后展现出非常高的抗压强度和抗拉强度，使其在需要承受高负荷的工程中表现出色。这种强度特性不仅确保了结构的长期稳定性和耐久性，也使环氧树脂浆成为高负荷支撑系统中的理想材料。

在耐化学腐蚀性方面，环氧树脂浆表现出优异的耐酸碱和耐腐蚀能力，能够在恶劣的化学环境中维持稳定的性能。这种特性使其特别适用于化学介质浓度较高的环境，为支护结构提供了有效的长期保护。除此之外，环氧树脂浆的施工灵活性也是其重要优点之一。环氧树脂浆的固化时间和流动性可根据施工需求进行调整，从而适应不同的施工条件和要求，这种灵活性保证了各种复杂工况下施工质量的稳定性。

然而，环氧树脂浆也存在一些不足之处。首先，材料和施工成本相对较高，这使得其在大规模普通工程中的应用受到限制。其次，环氧树脂浆的施工对环境和技术要求较为严格，需要使用专业的施工设备和技术人员。施工过程中必须严格控制混合比例和环境条件，以确保材料性能的充分发挥。此外，环保问题也是环氧树脂浆的一大挑战。在固化过程中，环氧树脂可能释放出一定量的挥发性有机化合物（VOCs），对环境和施工人员的健康存在潜在影响。因此，施工过程中须采取适当的环保措施，以降低对环境的负面影响。

为了应对其高成本和环保问题，近年来的研究致力于开发改良型环氧树脂浆，以降低材料成本并提高环保性能。尤其是在低 VOC 环氧树脂及其固化剂的研究方面，已取得了一定进展。此外，行业内也在推动自动化施工技术的应用，以提升施工效率和质量。

3.3.4　聚氨酯注浆材料

聚氨酯注浆材料（图 3-6）是一种高分子注浆材料，以聚氨酯为基材，因其优异的快速膨胀和固化特性，在工程中得到了广泛应用。其主要用途包括紧急加固和封堵工程，特别适合需要快速处理的工程场景，如抢险救灾、突发性漏水封堵及地质灾害防治等。

图 3-6 聚氨酯注浆材料

聚氨酯注浆材料具有显著的优点。首先，其固化速度较快，这使得该材料特别适用于要求迅速加固或封堵的紧急工程。快速固化不仅提高了施工效率，也能够及时解决现场的紧急问题。其次，聚氨酯注浆材料在固化过程中会发生显著的膨胀，能够有效填充空隙和裂缝，从而提供优良的支撑效果。该材料的膨胀性使其在面对不规则和复杂的裂隙时，能够均匀地进行填充，确保了支撑系统的稳定性。

此外，固化后的聚氨酯表现出良好的柔韧性。这一特性使得聚氨酯能够适应地层的微小变形，防止因地层移动导致的锚杆失效。在地质条件变化较大的工程中，这种柔韧性显著提高了支撑系统的适应能力。尽管聚氨酯注浆材料的密度较低，但其固化后的强度却很高，这样既不会增加结构的负担，又能提供足够的支撑力，表现出优良的力学性能。

然而，聚氨酯注浆材料也存在一些缺陷。首先，材料成本较高，使其在大规模普通工程中的应用受到限制。由于其高成本，这种材料通常适用于对材料性能要求极高的工程场景。其次，聚氨酯材料对环境条件具有一定的敏感性。温度和湿度的变化对其固化效果有较大影响，因此在施工过程中需严格控制环境条件，以确保材料性能的稳定发挥。

在化学性质方面，聚氨酯在固化过程中可能释放出有害气体，这对施工人员和环境都存在潜在危害。因此，在施工时必须采取必要的防护措施，以减少对环境和人员健康的影响，包括佩戴适当的防护设备和在通风良好的环境中进行施工。

3.3.5 聚合物水泥浆

聚合物水泥浆（图 3-7）是一种通过将聚合物与水泥混合而制成的复合材料，充分结合了水泥和聚合物的优点。该材料在岩土体加固和防渗工程中表现出色，广泛应用于大坝、隧道、地铁等工程，尤其是在对抗渗性能和耐久性要求较高的场合。

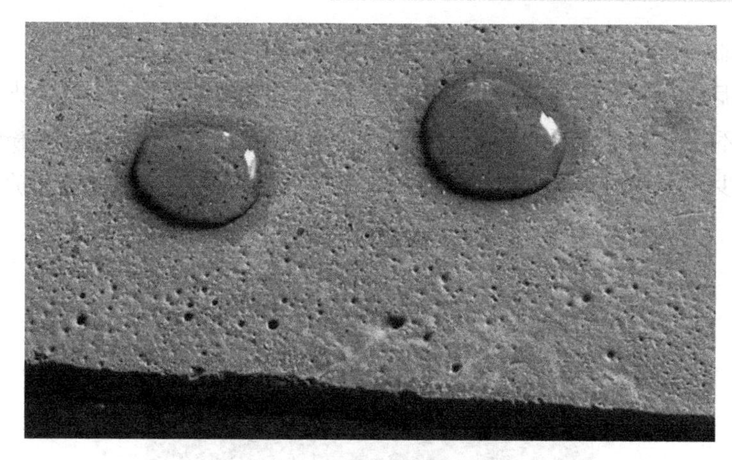

图 3-7　聚合物水泥浆

聚合物水泥浆的优点主要体现在以下几个方面。首先，聚合物的加入显著提高了浆体的粘结力，从而增强了锚杆与岩土体之间的结合强度。这种粘结力的提高对于确保锚杆在动态荷载条件下的稳定性具有重要意义，有效预防了锚杆的滑移或失效。其次，聚合物的掺入使浆体变得更加密实，从而显著提高了其抗渗性能。这一特性在防止水分侵入、保护工程结构方面起到了关键作用，特别是在需要有效阻隔地下水或化学介质的工程中。

此外，聚合物水泥浆在耐久性方面表现优异。聚合物水泥浆具有良好的耐酸碱性和耐磨损性能，使其能够在恶劣环境条件下长期保持稳定的性能。这种耐久性是其在严苛环境中应用的一个重要优势，确保了工程的长期安全性和可靠性。施工方面，聚合物水泥浆的良好泵送性能和施工便利性，使其在复杂地质条件下也能顺利应用。聚合物水泥浆的流动性和可操作性使得其在施工过程中能够更有效地填充裂隙和孔隙，从而提高了施工效率和质量。

然而，聚合物水泥浆也存在一些不足之处。首先，由于其所用材料和施工技术的复杂性，其成本较普通水泥浆高，这使得其在预算有限的工程项目中的应用受到限制。其次，聚合物水泥浆施工过程中需要严格控制聚合物与水泥的配比，以确保混合均匀，施工工艺较为复杂。这一要求增加了施工的难度，需要专业的技术人员和设备。最后，某些聚合物在特定环境条件下可能会发生降解，这可能影响浆体的长期性能。因此，在选用聚合物水泥浆时，需要对使用环境进行充分评估，确保其性能能够满足工程需求。

综上所述，聚合物水泥浆在高要求的岩土体加固和防渗工程中展现出显著的优势，包括高粘结力、良好的抗渗性、优异的耐久性和施工方便性。然而，其较高的成本、复杂的施工要求以及环境条件对性能的潜在影响也是需要认真考虑的因素。未来的研究可以集中于降低材料成本、简化施工工艺以及提高材料在特殊环境下的稳定性，以进一步提升聚合物水泥浆在工程中的应用效果。

3.3.6　粉煤灰水泥浆

粉煤灰水泥浆是一种通过在水泥浆中加入一定比例的粉煤灰制成的复合注浆材料。粉煤灰产生的火山灰反应能够有效提高浆体的性能，使其在地质工程中具有广泛的应用潜力。此类材料特别适用于一般地质条件下的大面积锚杆加固工程，尤其是在对成本控制要求较高的项目中，如大型土木工程、基坑支护和道路建设等领域。

粉煤灰水泥浆的主要优点是其经济性和环保性。粉煤灰（图 3-8）作为火力发电厂的副产品，其使用不仅有助于资源的再利用，还能有效降低环境污染。通过将粉煤灰掺入水泥浆中，可以减少对水泥的需求，从而降低了材料成本，同时促进了环境保护。

图 3-8　粉煤灰

此外，粉煤灰水泥浆的流动性较普通水泥浆显著提升。粉煤灰的加入改善了浆体的流动性和可泵性，使其在施工过程中表现出良好的适应性。这一特性使得粉煤灰水泥浆在复杂施工条件下能够顺利应用，并提高了施工效率。耐久性方面，粉煤灰通过火山灰反应生成的胶凝材料显著增强了浆体的耐久性，确保其在恶劣环境中能够长期保持稳定性能。这一特性使其在长期使用中表现出优良的可靠性。

然而，粉煤灰水泥浆也存在一些局限性。首先，与普通水泥浆相比，粉煤灰水泥浆的强度通常略低，这使其在强度要求高的工程中不尽如人意。在需要承受极高荷载的应用场合中，粉煤灰水泥浆可能无法满足要求。其次，粉煤灰的火山灰反应导致固化时间较长，因此不适合用于需要紧急加固或快速施工的场合。其较长的固化时间需要在工程计划中充分考虑，以避免施工延误。最后，施工过程中的粉煤灰比例和混合均匀性的严格控制是关键。只有在确保混合均匀的情况下，粉煤灰水泥浆才能充分发挥其性能，因此施工控制要求较高，需要技术人员的精准操作。

综合来看，粉煤灰水泥浆在成本效益、环保和施工流动性方面具有显著优势，适用于一般地质条件下的大面积加固工程。然而，其强度较低、固化时间较长以及施工控制要求高等缺点也限制了其应用范围。未来的研究可集中于优化粉煤灰水泥浆的配方和施工工艺，以进一步提升其性能，并扩展其在更高要求工程中的应用潜力。

3.3.7　硅酸盐注浆材料

硅酸盐注浆材料是一种以硅酸盐为主要成分的注浆材料，具有独特的化学和物理性质，广泛应用于特殊环境下的加固工程。这种材料因其优异的性能，特别适合于对化学稳定性和环境适应性有严格要求的工程项目。

硅酸盐注浆材料的优点主要体现在其优异的化学稳定性。由于其对酸碱及腐蚀介质具有高度的耐受性，硅酸盐材料能够在化学环境复杂的工程中保持稳定性能。这种化学稳定性使其在面对腐蚀性强的介质时，依然能够维持结构的完整性和可靠性。硅酸盐材料的另一个显著优点是其环保性。硅酸盐材料对环境友好，无毒无害，不会对周围环境造成污染，符合当前的环保要求。其固化后的材料不仅稳定，而且不释放对环境有害的物质，从而确保了施工和使用过程中的环境安全。

此外，硅酸盐注浆材料的强度也表现出色。其固化后的抗压和抗拉强度较高，能够为工程提供可靠的支撑力。这种高强度性能确保了工程在长期使用中的稳定性和安全性。同时，硅酸盐材料具有较快的固化速度，适用于紧急施工和快速加固需求，能够有效节省施工时间，并提高工程的施工效率。

然而，硅酸盐注浆材料也存在一些不足之处。首先，硅酸盐注浆材料成本较高，价格昂贵，这使其在大规模普通工程中的应用受到限制，高成本也限制了其在预算紧张的项目中的普遍应用。其次，施工过程中对硅酸盐注浆材料的配比和施工工艺要求较高，必须严格控制材料的配比和施工工艺，以确保材料性能的稳定和工程质量的可靠。这一要求增加了施工的复杂性和技术难度。最后，硅酸盐材料对环境条件也较为敏感。在特定环境条件下，如极端温度或湿度变化，材料可能会发生性能变化，因此在实际应用中需要根据具体的环境条件进行调整。

3.3.8 小结

在锚杆注浆材料的选择上，各类材料具有不同的性能和适用范围。普通水泥浆和膨胀水泥浆适用于一般工程，其成本较低且施工工艺相对简单。环氧树脂浆和聚氨酯注浆材料则适合于高要求和特殊环境的工程，提供了优异的强度和快速固化特性。聚合物水泥浆、粉煤灰水泥浆和硅酸盐注浆材料则根据其特有的性能，适用于不同的专业领域和环境条件。正确选择和使用锚杆注浆材料，能够有效提升工程的安全性和稳定性，同时降低施工成本并延长工程寿命。因此，在进行材料选择时，应综合考虑工程的地质条件、施工要求及经济因素，以实现最佳的施工效果和经济效益。

3.4 锚杆表面特性

锚杆作为一种重要的加固装置，其表面特性对其性能和使用寿命有重要影响。锚杆表面特性的主要方面包括粗糙度、硬度、耐腐蚀性和摩擦系数。这些特性通过不同的加工和处理方法得以优化，以满足各种工程需求。

1. 粗糙度

锚杆表面的粗糙度是指表面微观不平整的程度，通常使用表面粗糙度参数（如算术平均粗糙度 Ra、最大高度粗糙度 Rz 等）来表征。粗糙度直接影响锚杆与岩土体之间的界面摩擦力和粘结力。较高的表面粗糙度能够有效增强锚杆的锚固效果。

（1）表面轮廓仪测量粗糙度

试验工具：表面轮廓仪、清洁工具。

试验流程：

①准备工作：使用清洁工具清洁锚杆表面，确保无油污和尘土。

②设备校准：根据表面轮廓仪的说明书进行校准，使用标准样品进行对比校准。

③测量过程：将锚杆放置在测量平台上，确保固定牢固以避免移动。设置测量参数（如扫描速度、扫描长度等），启动仪器进行表面扫描，探针沿锚杆表面移动，记录微观不平整数据。

④数据处理：使用仪器自带软件处理扫描数据，生成表面轮廓图，计算表面粗糙度参数，如 Ra 和 Rz 等。其中 Ra 的计算公式为：

$$\mathrm{Ra}=\frac{1}{N}\sum_{i=1}^{N}|Z_i| \tag{3-4}$$

式中：N——测量点数；

Z_i——第i个测量点的轮廓高度值。

（2）接触式粗糙度仪测量粗糙度

试验工具：接触式粗糙度仪、清洁工具。

试验流程：

①准备工作：使用清洁工具清洁锚杆表面，确保无油污和尘土。

②设备校准：按照粗糙度仪说明书进行校准，使用标准样品对比校准。

③测量过程：将探针放置在锚杆表面，确保探针与表面接触良好。设置测量参数（如测量长度、速度等），启动仪器，探针沿表面移动并记录上下位移数据。

④数据处理：仪器自动计算并显示粗糙度参数，如 Ra、Rz 等。

2. 硬度

锚杆表面的硬度指其抵抗压入或划痕的能力。较高的硬度有助于提高锚杆的耐磨性和抗变形能力，从而延长其使用寿命。锚杆的硬度通常通过热处理或表面处理工艺来提高。

（1）维氏硬度测试

试验工具：维氏硬度计、金刚石锥体或金刚石球体、读数显微镜。

试验流程：

①准备工作：确保锚杆表面平整，避免凹坑或凸起。

②设备校准：校准维氏硬度计，使用标准硬度块进行对比校准。

③测量过程：选择合适的负荷（如 0.1kgf、0.5kgf、1kgf 等），在锚杆表面施加负荷，保持一定时间（通常为 10～15s）。通过读数显微镜测量压痕对角线长度。

④数据处理：利用以下公式计算维氏硬度值（HV）：

$$\mathrm{HV}=1.854\frac{F}{d^2} \tag{3-5}$$

式中：F——施加的负荷（kgf）；

d——压痕对角线平均长度（mm）。

（2）洛氏硬度测试

试验工具：洛氏硬度计、金刚石锥体或钢球压头、负荷控制系统。

试验流程：

①准备工作：确保锚杆表面平整。

②设备校准：校准洛氏硬度计，使用标准硬度块进行对比校准。

③测量过程：选择合适的压头和负荷（如 HRC、HRB 等不同标尺）。在锚杆表面施加初负荷（如 10kgf），保持一定时间，随后施加总负荷（如 150kgf），保持一定时间（通常为 10～15s）。记录压痕深度。

④数据处理：根据压痕深度计算洛氏硬度值（HR），计算公式为：

$$\mathrm{HR} = E - e \tag{3-6}$$

式中：E——标尺常数（mm）；

e——压痕深度（mm）。

3. 耐腐蚀性

锚杆的耐腐蚀性是指其表面抵抗环境中腐蚀性介质（如酸、碱、盐等）的能力。具有良好耐腐蚀性的锚杆能够在恶劣环境中长期使用而不失效。

（1）盐雾试验

试验工具：盐雾试验箱、盐溶液（NaCl 溶液）、试样架。

试验流程：

①准备工作：制备待测锚杆样品，确保样品表面清洁。

②设备校准：校准盐雾试验箱，确保温度、湿度和盐溶液浓度符合要求。

③试验过程：配置盐溶液（通常为 5%的 NaCl 溶液），设置盐雾试验箱的温度（如 35°C）和喷雾时间。将锚杆样品置于试样架上，放入盐雾试验箱内，持续喷洒盐雾，在规定时间内（如 24h、48h、72h 等）观察锚杆表面变化。

④数据处理：记录锚杆表面的腐蚀程度（如腐蚀点、腐蚀面积、腐蚀深度等），评价锚杆耐腐蚀性。

（2）电化学测试

试验工具：电化学工作站、电解池、参比电极（如 Ag/AgCl 电极）、辅助电极（如铂电极）。

试验流程：

①准备工作：制备锚杆电极，确保表面清洁。

②设备校准：校准电化学工作站，确保测试数据准确。

③试验过程：在腐蚀介质（如 3.5%的 NaCl 溶液）中配置电解池，连接锚杆电极、参比电极和辅助电极，设置电化学参数。进行开路电位测试，测量锚杆在腐蚀介质中的稳定电位。进行极化曲线测试，测量电流密度与电位的关系。进行交流阻抗测试，测量锚杆电

极在不同频率下的阻抗。

④数据处理：分析开路电位、极化曲线和交流阻抗谱，评价耐腐蚀性。

4. 摩擦系数

摩擦系数是锚杆表面与岩土体接触时的摩擦阻力大小。较高的摩擦系数有助于增强锚杆的锚固效果。

（1）摩擦试验机测试

试验工具：摩擦试验机、模拟材料（如砂岩、混凝土块等）、传感器（力传感器、位移传感器）。

试验流程：

①准备工作：制备锚杆样品和模拟材料块，确保其表面平整。

②设备校准：校准摩擦试验机，确保测试数据准确。

③试验过程：将锚杆样品和模拟材料块固定在试验机中。设置测试参数（如施加负荷、测试速度等），启动试验机，施加水平力并测量摩擦力。记录摩擦力和位移数据，计算摩擦系数。

④数据处理：根据以下公式计算摩擦系数（μ）：

$$\mu = \frac{F_f}{F_n} \tag{3-7}$$

式中：F_f——摩擦力（N）；

F_n——正压力（N）。

（2）拉拔试验：

试验工具：

①拉拔试验设备：用于施加和测量拉拔力的主要设备。

②力传感器：精确测量施加在锚杆上的拉拔力。

③位移传感器：记录锚杆的位移变化。

试验流程：

①准备工作：在现场安装锚杆，确保锚杆与岩土体的接触良好，避免由于接触不良导致测试结果不准确。

②设备校准：校准拉拔试验设备，确保力传感器和位移传感器的准确性，使用已知标准进行校准，以确保测量结果的可靠性。

③试验过程：连接拉拔试验设备，逐渐施加拉拔力，记录锚杆的拔出力和位移数据。确保测试过程中数据记录的完整性，以便后续分析。

根据测试数据，计算摩擦系数（μ）。计算公式为：

$$\mu = \frac{F_b}{A \cdot \sigma_n} \tag{3-8}$$

式中：F_b——拔出力（N）；

A——锚杆与岩土体的接触面积（m^2）；

σ_n——法向应力（Pa）。

3.5　锚杆表面处理技术

锚杆的表面特性受到多种因素的影响，包括材料特性、加工工艺、环境条件以及表面处理技术等。

1. 加工工艺

加工工艺在锚杆表面特性的形成中起着重要作用。锚杆的表面粗糙度、硬度和摩擦系数等特性可以通过不同的加工工艺进行调整。

（1）机械加工：车削、铣削、磨削等工艺可以直接改变锚杆表面的几何形状和粗糙度。通过选择合适的加工参数和工艺方法，可以获得预期的表面特性。

（2）热处理工艺：包括淬火、回火、渗碳等。通过控制热处理的温度和时间，可以改变锚杆表面的硬度和耐磨性。淬火可以增加表面硬度，而渗碳处理可以在表面形成高硬度的碳化物层，提高表面耐磨性。

（3）化学处理：如酸洗、磷化、氧化等，可以提高锚杆的表面耐腐蚀性和附着力。例如，酸洗可以去除表面氧化物，增加表面的活性；磷化可以形成致密的磷酸盐保护层，提高耐腐蚀性。

2. 环境条件

锚杆所处的环境条件对其表面特性有显著影响。湿度、温度、酸碱度等环境因素会加速锚杆表面的腐蚀和磨损，降低其使用寿命。在腐蚀性环境中，锚杆表面容易形成锈蚀层，影响其机械性能和锚固效果。因此，必须根据具体环境条件选择合适的表面处理方法和材料。

3. 表面处理技术

表面处理技术是提高锚杆表面特性的重要手段。常用的表面处理技术有镀锌、喷涂、防腐涂层、电镀等。这些技术可以在锚杆表面形成保护膜，增强其耐腐蚀性和耐磨性。

（1）镀锌：在锚杆表面覆盖一层锌，以提高其耐腐蚀性。锌层不仅可以防止锚杆表面氧化，还能通过牺牲阳极作用保护基材不被腐蚀。镀锌工艺包括热浸镀锌和电镀锌两种方法，其中热浸镀锌效果较好，但成本较高。

（2）喷涂：在锚杆表面喷涂一层保护性涂层，常用的喷涂材料有环氧树脂、聚氨酯、聚乙烯等。喷涂层可以提高锚杆的耐腐蚀性、耐磨性和耐候性，同时改善锚杆的表面粗糙度和摩擦系数。

（3）防腐涂层：通过在锚杆表面涂覆一层防腐蚀材料来提高其耐腐蚀性能。常用的防腐涂层有环氧树脂涂层、聚氨酯涂层和防腐油漆等，这些涂层可以有效防止水分、氧气和腐蚀性介质与锚杆表面接触，从而延长其使用寿命。

（4）电镀：利用电解原理在锚杆表面沉积一层金属膜的方法。常用的电镀材料有镍、铬、铜等。电镀层可以提高锚杆的硬度、耐磨性和装饰性。电镀工艺操作相对复杂，但可以获得高质量的表面特性。

复习思考题

1. 请讨论岩石锚杆设计的安全性、经济性和适应性原则，并给出工程实例。

2. 钢制锚杆和树脂锚杆的材料特性有哪些不同？请分析各自的优缺点。

3. 比较几种常见的注浆材料，如普通水泥浆、膨胀水泥浆和环氧树脂浆，在不同工程环境下的适用性。

4. 锚杆表面的粗糙度和摩擦系数如何影响锚固效果？请结合试验数据说明。

5. 设计一个试验，测试不同表面处理技术对锚杆剪切性能的影响。

第 4 章

岩石锚杆剪切力学特性

岩石锚杆剪切
支护机理与锚固机制

4.1　锚杆剪切试验概述

现代工程建设中，支护结构已成为确保工程安全的关键措施，尤其是在地下空间开发与地基开挖等领域，其作用尤为显著。由于岩土材料的非均质性和各向异性，评估工程项目的安全性和质量往往面临巨大挑战。在地下岩石工程中，极端地应力条件下，岩体中的结构面或节理破碎带容易成为软弱区，导致岩体在这些薄弱区域发生滑动，从而对地下工程的整体稳定性构成威胁，如图 4-1 所示。

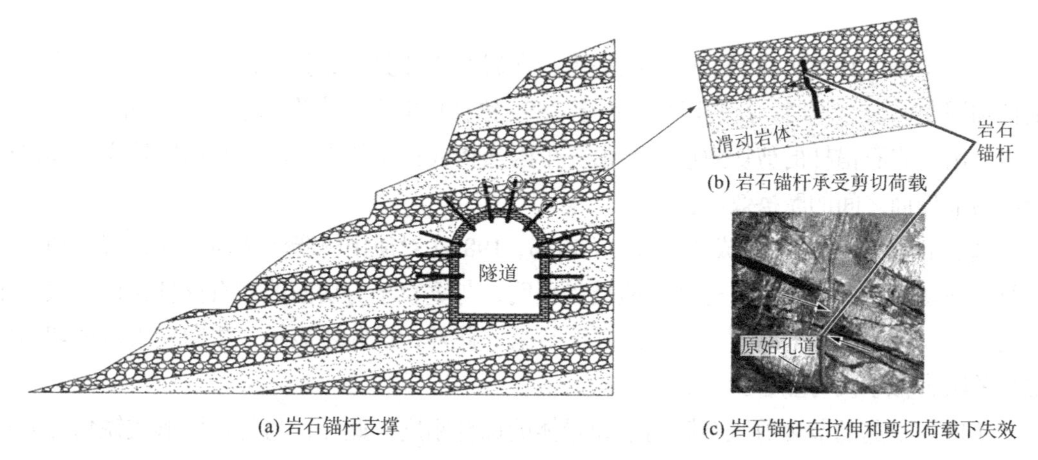

(a) 岩石锚杆支撑　(b) 岩石锚杆承受剪切荷载　(c) 岩石锚杆在拉伸和剪切荷载下失效

图 4-1　岩石锚杆在地下建筑中的应用

在土木工程和采矿工程中，试验是研究材料或结构力学性能及其内部机理的最直接和有效的手段。锚杆剪切试验作为其中的重要组成部分，已被广泛应用于揭示锚杆的剪切力学机制和性能，为工程实践提供了可靠的理论依据与数据支持。迄今为止，研究者在各种条件下开展了大量的锚杆剪切试验，显著提升了对锚杆工作机制和力学性能的理解。

根据剪切面数量的不同，锚杆剪切试验通常分为单剪试验和双剪试验两种类型。单剪试验涉及单一剪切面，例如在直剪试验中，两块通过锚杆连接的岩样沿剪切面发生相对滑动（图 4-2）。相比之下，双剪试验则包括两个剪切面，其通常采用三个并排布置的锚固岩块样品，通过在中间岩块上施加荷载以模拟双剪剪切效应（图 4-3）。

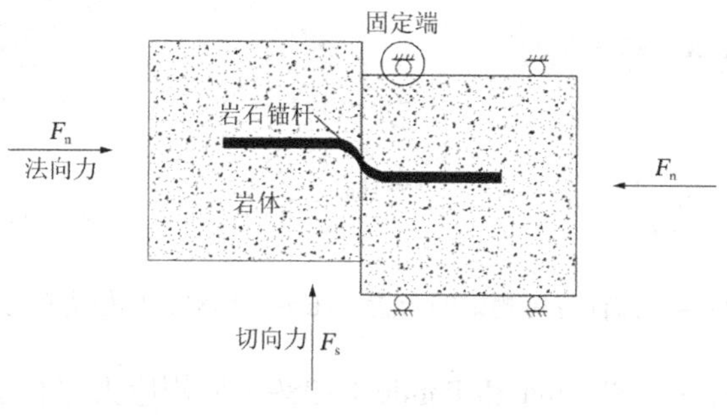

图 4-2　单剪试验示意图

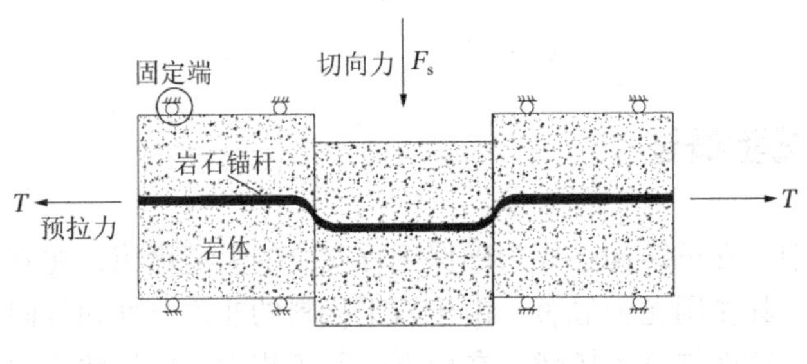

图 4-3　双剪试验示意图

4.2　单剪试验

Bjurstrom（1975）在研究中首次提出，在岩石锚杆剪切试验中，当使用完全注浆的钢锚杆加固花岗岩样本时，若剪切角度小于 35°，锚杆可能在拉力作用下发生剪切失效。他进一步指出，岩石锚杆的剪切效应主要由三个因素构成：①加固效应；②销钉效应；③锚杆介质与节理面之间的摩擦效应。

基于 Bjurstrom 的研究成果，Hass（1976，1981）对使用树脂注浆加固的石灰石和片岩进行了剪切试验（图 4-4）。这些试验结果表明，与垂直于剪切面的岩石锚杆相比，倾斜布置的锚杆展现出更大的刚度和显著的强度贡献。此外，试验还显示，法向应力对剪切面内锚杆的阻力似乎没有显著影响。

正应力引起的节理剪胀会影响锚固岩体的锚杆刚度。此外，与剪切面形成锐角的岩石锚杆表现出更优的性能。岩石锚杆的整体抗剪强度是通过其本身的贡献以及沿剪切面的摩擦强度之和来确定的，Azuar（1977）的研究证实了这一点。同时，剪胀性也会增强锚固剪切面的抗剪切位移能力。在 Dight（1982）的研究中，准备试验试样时使用了包括石膏、玄武岩和钢在内的多种材料，研究发现节理膨胀效应与岩石锚杆的倾斜效应相似，都会导致锚杆因剪切而变形，此变形程度与岩石的变形能力相关，而全注浆锚杆的抗剪能力与点锚杆的销钉效应显示出明显差异。

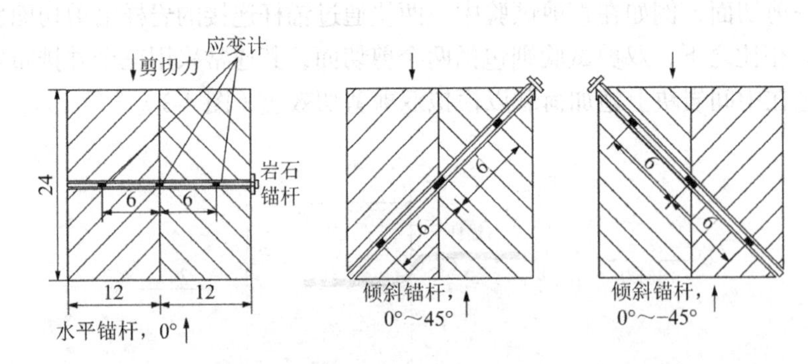

图 4-4　锚杆剪切测试的布置（Haas，1981，单位为英寸）

在边坡稳定性研究中，Sharma 和 Pande（1989）应用应力路径法对节理岩体进行完全注浆的被动加固研究，发现垂直于节理方向的锚杆有最佳的加固效果。另外，Yoshinaka 等

（1987）则建议锚杆相对于节理平面的倾角在 35°～55°之间最为有利。

Schubert（1984）对附着在岩石锚杆上的混凝土和石灰岩块进行了剪切试验（图 4-5）。研究结果显示，围岩的变形能力对锚杆的力学响应具有显著影响。与软岩中的锚杆相比，硬岩中的锚杆在达到相同的抗剪强度之前所需的位移相对较小。此外，使用软钢可以显著提高软岩中锚杆系统的变形能力。这些发现为锚杆在不同地质条件下的设计和应用提供了宝贵的指导，并强调了在设计锚固系统时必须考虑岩体特性和锚杆材料的选择。

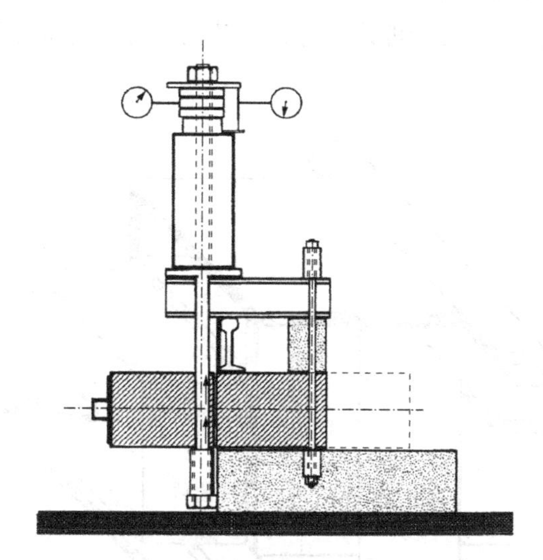

图 4-5　剪切测试装置（Schubert，1984）

在对砂岩、混凝土和花岗岩的注浆岩石锚杆进行的一系列试验室与现场试验中，Spang 和 Egger（1990）的研究得出了以下关键结论：

（1）锚杆的横截面积增大时，最大剪力呈线性增长。此外，在最大荷载下，剪切位移与锚杆直径呈正比关系。换言之，较大直径的岩石锚杆在承受相同剪切力时所需的位移较小。

（2）剪切面的摩擦角对于确定岩石锚杆连接的性能至关重要，显著影响连接的抗剪强度和刚度。在剪切面无摩擦的情况下，最大剪切阻力可达到最大拉伸荷载的 80%，但摩擦角对剪切位移的影响不显著。

（3）在软岩中，岩石锚杆表现出较高的抗剪能力，但同时也存在锚杆切入岩石的风险。这种现象可能会削弱锚杆的支护效果。

（4）相较于垂直布置的锚杆，倾斜布置的岩石锚杆具有更高的强度。研究表明，随着倾斜角度的增加，锚杆的最大抗剪强度也相应增加。同时，倾斜角度越大，剪切位移也随之增大。

Egger 和 Zabuski（1993）对小直径岩石锚杆进行了剪切试验，结果显示，由于剪切力和轴向力的综合作用，这些锚杆最终发生失效。然而，该试验未考虑法向压力和预应力的影响，导致剪切面内的荷载分布不均匀，从而使得试验结果在高强度条件下的适用性受到限制。因此，该试验结果主要适用于低强度钢材。

Ferrero（1995）的研究旨在验证不同加固方式和岩石特性对锚杆抗剪性能的影响（图 4-6）。试验结果显示，使用延性钢筋和软岩时，锚杆系统的抗剪强度达到最大。相较之下，在较硬岩石中，钢筋在剪切面上产生更大的剪应力，导致整体抗剪强度的降低。此外，对锚杆施加预应力主要影响剪切面附近钢筋的应力-应变行为，对于整体抗剪强度的提升并不显著。此外，还识别了两种主要的岩石锚杆失效机制：一种是由剪切面内的剪切应力和拉应力共同作用引起的失效；另一种是由拉应力和弯矩共同作用引起的失效。这些发现为锚杆系统的优化设计提供了重要的理论基础，尤其在考虑岩石特性与锚杆配置时，有助于提高工程结构的整体稳定性。

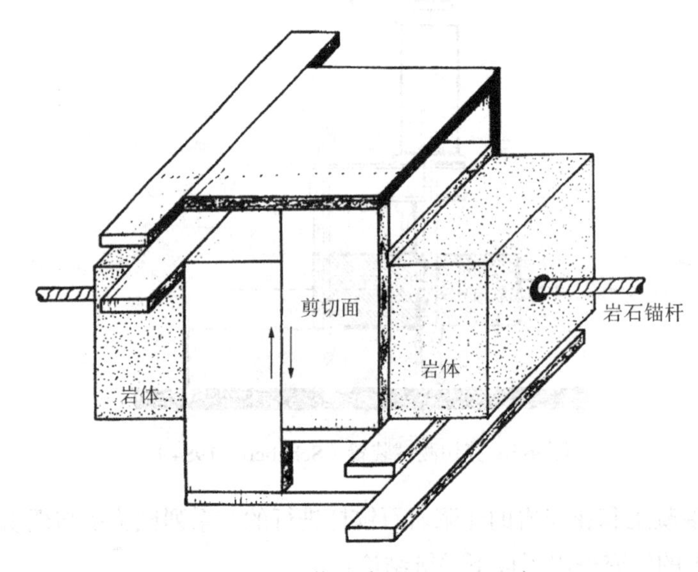

图 4-6　测试装置（Ferrero，1995）

Goris 等（1996）进行的单剪试验产生了较高的抗剪阻力。这一现象主要归因于剪切面上的应力分布不均匀，同时锚索前端块体的集中荷载将两块岩石紧密拉紧，进一步增强了抗剪阻力。

McHugh 和 Signer（1999）利用自主研发的仪器对 17 个矿洞顶部的岩石锚杆在不同轴向荷载下的性能进行了研究（图 4-7）。研究结果表明，轴向荷载对锚杆的抗剪荷载影响较小，这是由于锚杆的屈服强度与轴向荷载之间的相关性较弱。然而，尽管轴向荷载的影响有限，但锚杆的极限剪切强度未受到显著影响。此外，研究还发现，在剪切面附近，注浆材料的分离和塑性破坏会使弯曲力沿着岩石锚杆传播至更远的距离，从而对整体结构的稳定性产生潜在影响。

在过去十余年间，研究人员对锚杆的剪力特性进行了广泛而深入的研究。通过一系列试验，他们详细分析了不同强度岩体在剪力作用下的变形和力学特性，尤其是锚杆加固前后岩体的剪切变形行为。研究还深入探讨了岩石强度、预应力施加以及不同锚固方法对节理受剪承载力的影响。

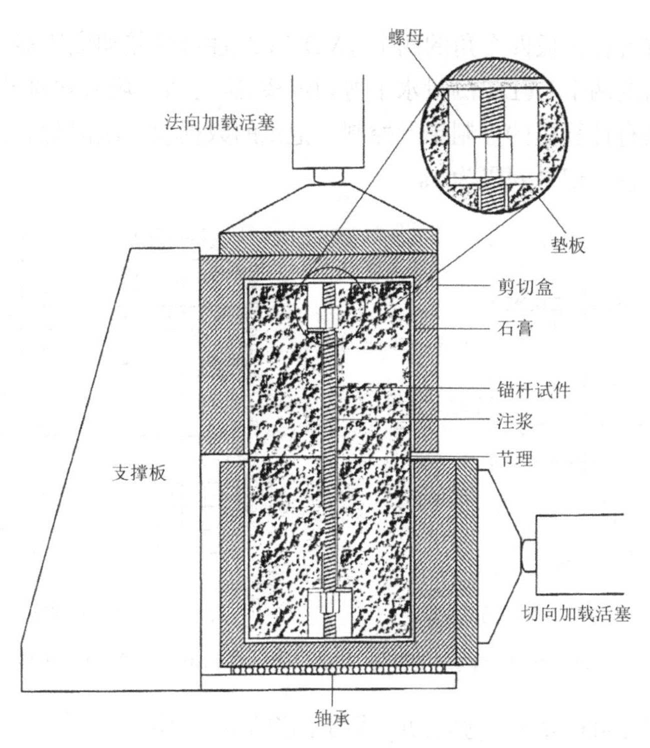

图 4-7　岩石锚杆剪切仪（McHugh 和 Signer，1999）

近年来，许多学者已深入研究了锚杆在剪切作用时的轴向力学机理及剪切变形特性（Zhang 和 Liu，2014）。通过大规模直剪试验，Srivastava 和 Singh（2015）及 Srivastava 等（2019）对全长注浆被动锚杆对块体质量中节理剪切强度的影响参数进行了研究。研究进行了未加固和加固块体质量的剪切强度响应试验，以探究全长注浆被动锚杆对块体中节理剪切强度参数的影响。研究中使用的大尺寸直剪试验装置见图 4-8。剪切盒的尺寸为 750mm × 750mm × 1000mm。机器的最大剪切加载能力为 2000kN，最大法向加载能力为 1500kN。装置通过连接到剪切盒下半部分的长液压缸拉出剪切盒，剪切盒的移动通过轨道进行。剪切盒可以从加载框架中拉出，然后再将岩体试样放入盒中后再推回到位。法向和剪切荷载通过伺服控制的液压千斤顶施加，荷载通过荷载传感器进行测量。整个机器的操作步骤包括拉出剪切盒，将其推回到位，以及施加法向和剪切荷载，都可通过安装有计算机的控制单元完成。

图 4-8　伺服控制大尺寸直剪试验机（Srivastava 和 Singh，2015）

未经加固的块体（U）试样通过堆积尺寸为 150mm × 150mm × 150mm 的混凝土立方体块制备。试样的配置如图 4-9 所示。制备的试样尺寸为 750mm × 750mm × 900mm。为制备块体试样，将剪切盒从加载框架中拉出，混凝土块堆积在剪切盒内，然后将剪切盒推回到加载框架中。将尺寸为 750mm × 750mm × 100mm 的钢板放置在试样顶部。通过液压千斤顶对该钢板施加法向荷载；对于剪切过程，使用剪切作动器推动剪切盒下半部分。在剪切过程中，通过放置在顶板四个角的四个 LVDT（线性可变差动变压器）测量膨胀量，通过放置在水平方向的两个 LVDT 测量水平剪切位移。法向和剪切荷载通过荷载传感器测量，机器的操作由安装有计算机的控制单元控制。记录的数据包括法向荷载、水平剪切位移、剪切荷载和垂直位移，记录间隔为 1s。

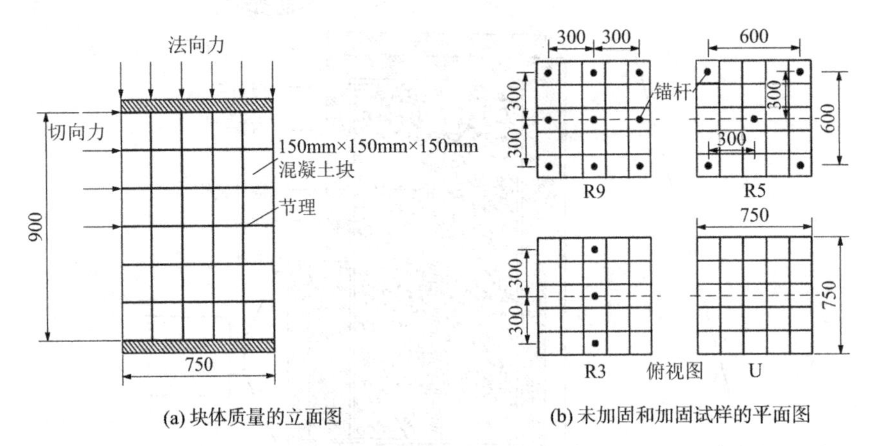

图 4-9 未经加固和加固试样的配置（Srivastava 和 Singh，2015，单位为 mm）

如图 4-10 和图 4-11 所示，剪应力随剪切位移的增加而增加，并在大多数情况下表现出明显的峰值，未加固块体在低法向应力（0 和 0.5MPa）下的试验除外。在该研究中所有法向应力水平下，峰值剪应力随加固水平的提升而增加。对于与峰值剪应力相对应的水平剪切位移的观察表明，随着加固量的增加，水平剪切位移减少，并在使用五根锚杆时达到最小值。

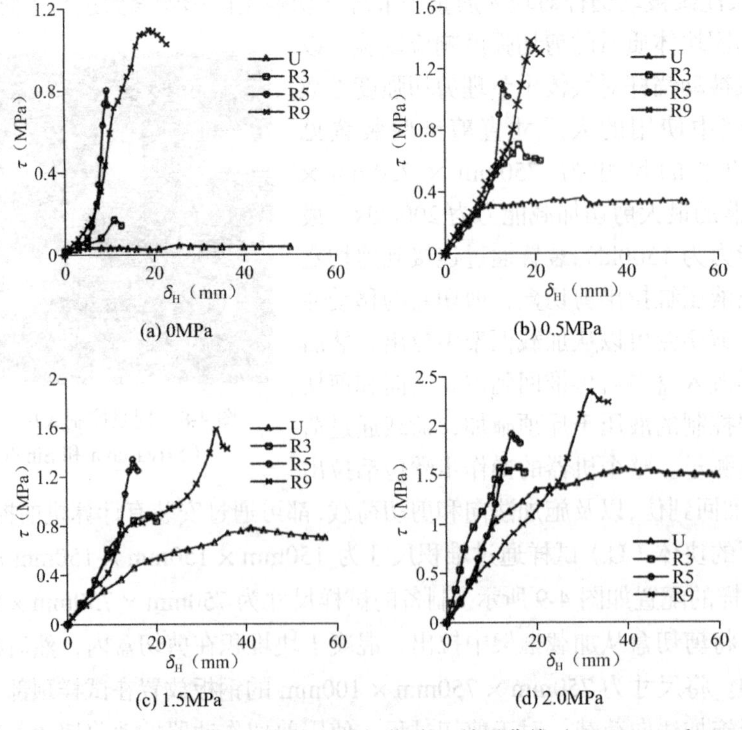

图 4-10 不同法向应力水平下剪应力τ与水平剪切位移δ_H关系曲线（Srivastava 和 Singh，2015）

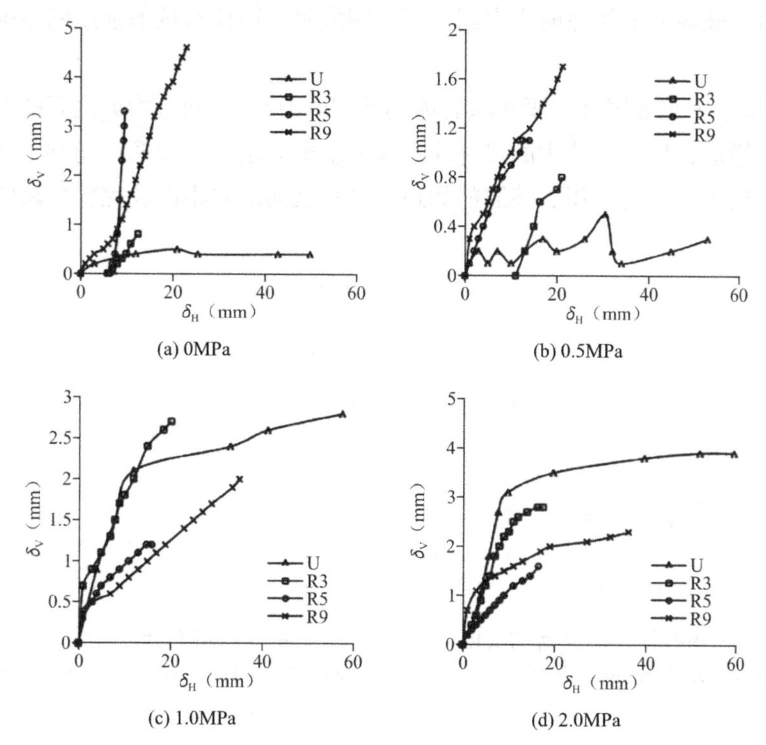

(a) 0MPa　(b) 0.5MPa

(c) 1.0MPa　(d) 2.0MPa

图 4-11　不同法向应力水平剪切位移δ_V与水平下垂直位移δ_H关系曲线
（Srivastava 和 Singh，2015）

膨胀角定义为峰值剪应力时体积应变与剪应变的比值，通过对垂直位移与水平位移曲线至峰值剪应力数据点的最佳拟合直线的梯度进行计算。膨胀角随法向应力的变化如图 4-12 所示。对于 R5 和 R9 试样，在零法向应力时膨胀角较高，而在较高法向应力下，膨胀角下降并达到几乎恒定的值。对于 U 和 R3 试样，在零法向应力时膨胀角较低，并随法向应力水平的增加而增加。法向应力的施加使节理紧密闭合，当沿节理面剪切时，这些紧密节理表现出更大的膨胀。因此，法向应力的增加导致膨胀角增大。对于 R5 和 R9 试样，块体连接良好，在较高法向应力水平下膨胀较小。这些试样中的加固防止了滑动，块体有旋转倾向。如果法向应力较低，则旋转会较大，导致膨胀角较大；如果法向应力较高，则会限制旋转，因此膨胀较小。

块体的变形行为可以通过其剪切刚度来表征，剪切刚度被定义为引起单位水平位移所需的剪应力。加固试样的剪应力与水平剪切位移曲线表现出两个明显的阶段；第一阶段相对平缓，刚度较低，第二阶段陡峭，刚度较高（图 4-13）。初始平缓部分（第一阶段）表示由于块体之间的相互作用而导致的剪应力的启动，这在该阶段结束时导致锚杆中的拉应力的发展。第二阶段表示通过锚杆启动的剪应力，块体变得更加坚硬。随着法向应力的增加，剪切刚度总体上呈现增加趋势。

图 4-14 展示了抗剪强度增强与法向应力的关系曲线。研究得出，最大抗剪强度增强出现在零法向应力时。随着法向应力的增加，抗剪强度增强逐渐减小。当法向应力超过某一临界值时，由被动锚杆所带来的抗剪强度增强几乎可以忽略不计。这一发现表明，在实际

工程中，当潜在破坏面上的法向应力超过某一阈值时，锚杆对抗剪强度的增强作用将变得微乎其微。

图 4-15 展示了无加固和加固块状岩体的剪切应力τ与法向应力σ_n之间的关系曲线。随着锚杆数量的增加，块状岩体中的接缝面沿线的黏聚力增加，而摩擦角则下降。同时，黏聚力的增强取决于锚杆的面积、接缝的间距、锚杆之间的间距以及完整材料的黏聚力。

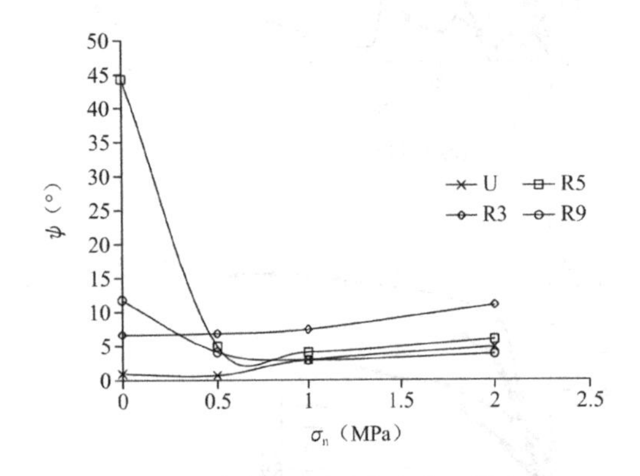

图 4-12 膨胀角ψ随法向应力σ_n的变化（Srivastava 和 Singh，2015）

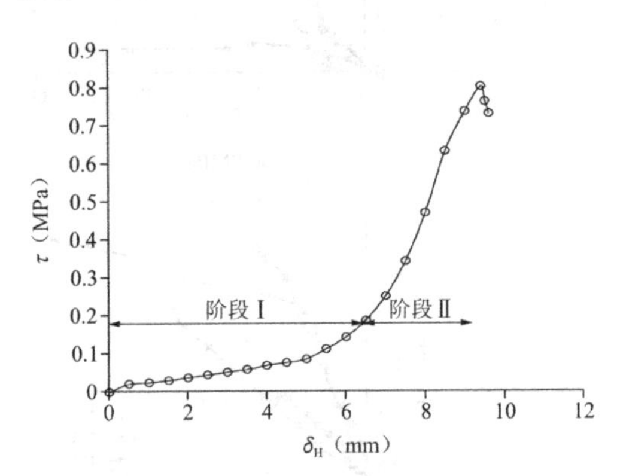

图 4-13 剪应力τ与水平位移δ_H曲线的两个明显阶段（Srivastava 和 Singh，2015）

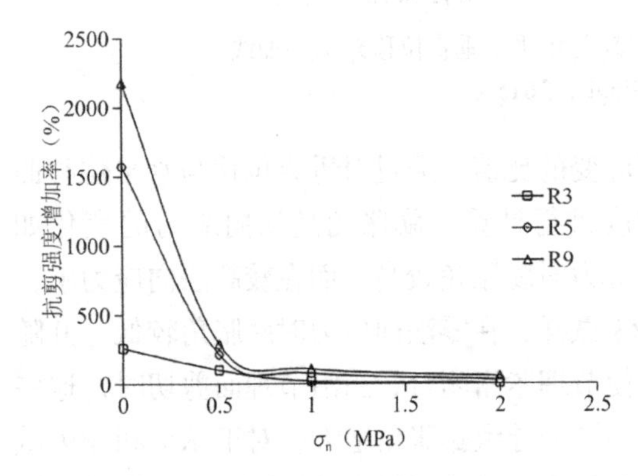

图 4-14 锚杆设置对抗剪强度的增强作用（Srivastava 和 Singh，2015）

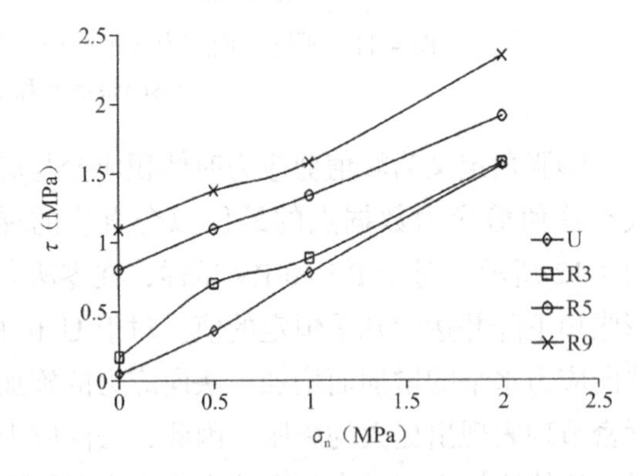

图 4-15 无加固和加固块状岩体的法向应力σ_n与剪切应力τ关系曲线（Srivastava 和 Singh，2015）

Chen 等（2018）的研究表明，与非锚固试件相比，锚固试件的峰值剪切强度（PSS）和残余剪切强度（RSS）均显著增加。尤其是随着表面粗糙度的提高，等效黏聚力的增加率也相应提升。这表明锚杆在提高岩体剪切强度方面具有重要作用，且表面粗糙度对锚固效果有显著影响。Wu 等（2018）通过对不同 JRC 值的锚固岩体进行一系列剪切试验，证实了节理面粗糙度对节理面剪切行为的显著影响。Li 和 Liu（2019）的研究发现，随着锚杆安装角度的增大，锚杆对抗剪强度的贡献呈现出先增大后减小的抛物线关系。他们建议，为了最大化锚杆的支护效果，锚杆的安装角度相对于节理面的角度应设定在 40°～50°之间。这一发现为工程设计中锚杆的优化配置提供了有价值的参考。

Pinazzi 等（2020）对岩石锚杆在复合荷载条件下的力学性能进行了研究。该研究旨在探讨在复合荷载条件下未注浆岩石锚杆的性能，评估了两种加载模式：初始剪切位移对抵抗轴向荷载能力的影响，以及轴向位移对抵抗剪切荷载能力的影响。在带有间隙的剪切试验（图 4-16）中，复合荷载有两种主要来源：当施加剪切荷载时，因弯矩产生轴向荷载；对岩石锚杆直接施加的多个荷载。

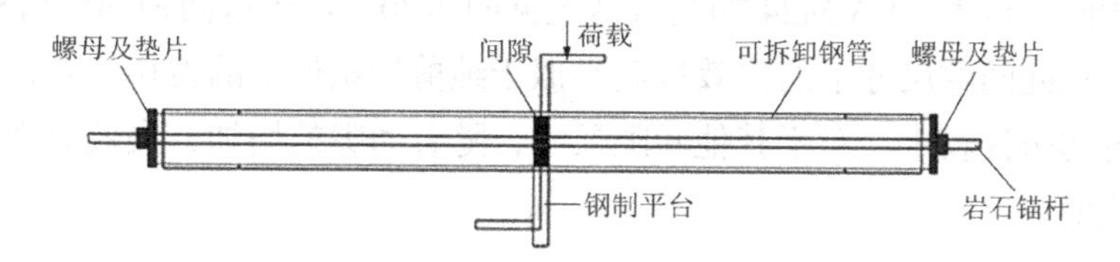

图 4-16　带间隙的剪切试验（Pinazzi 等，2020）

采用图 4-17 所示的设备进行纯剪切试验和带间隙的剪切试验。剪切试验装置由固定侧和可拆卸侧组成。设备内部由可拆卸钢管组成，其中放置了岩石锚杆。岩石锚杆被插入钢管中，并在钢管一侧施加荷载，直至岩石锚杆失效。在带间隙的试验中，岩石锚杆被插入钢结构中，调整钢结构内部的可拆卸钢管以符合试验要求的间隙（5mm、10mm、15mm 和 20mm）。对于间隙试验，为防止施加荷载时锚杆移动，在每侧用螺母和垫片进行手动拧紧。

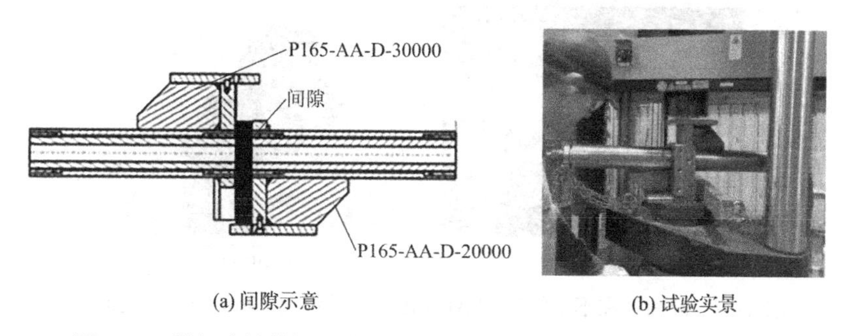

(a) 间隙示意　　(b) 试验实景

图 4-17　带间隙的剪切试验示意图和实际设置（Pinazzi 等，2020）

带间隙剪切试验用以评估两种岩石锚杆类型——AUS R27 和 SA M24 的性能。共进行了 26 次试验，评估了在不同间隙尺寸（5mm、10mm 和 15mm 的 SA M24 和 AUS R27，以及 20mm 的 AUS R27）下的剪切能力。间隙尺寸的增加导致剪切能力下降，总位移增加（图 4-18）。总位移的增加是由于失效机制，即局部剪切、轴向荷载和弯曲的结合，这在纯剪切试验中未出现。

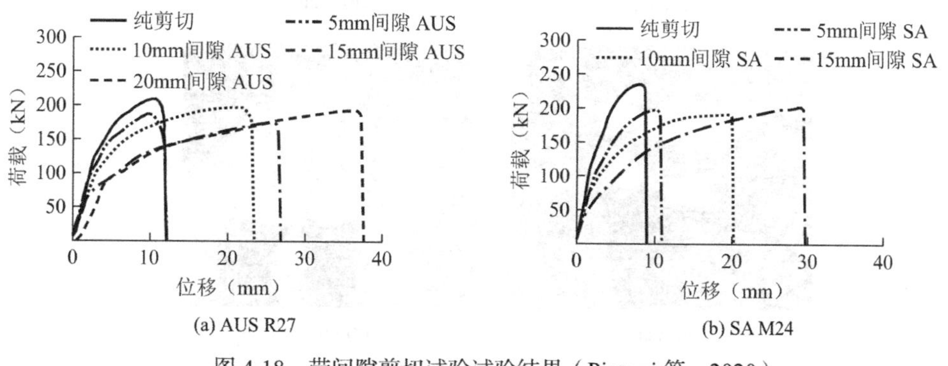

(a) AUS R27　　(b) SA M24

图 4-18　带间隙剪切试验试验结果（Pinazzi 等，2020）

在带间隙试验中，复合荷载条件可以从 AUS R27 的杆件失效情况（图 4-19）中识别出来。当施加带间隙的剪切荷载时，岩石锚杆在失效前会发生弯曲，失效界面处岩石锚杆会因剪切和轴向荷载而失效。此外，随着间隙的增加，弯曲效应也会增加。SA M24 岩石锚杆的失效表现出相同的行为。SA M24 的失效情况见图 4-20。对于这两种锚杆材料，5mm 间隙的影响最小。在此间隙尺寸下的失效机制类似于纯剪切条件下的剪切失效，但也可以观察到弯曲较纯剪切条件较小。对于其他间隙尺寸，随着间隙的增加，失效界面处的弯曲和剪切效应也相应增加。

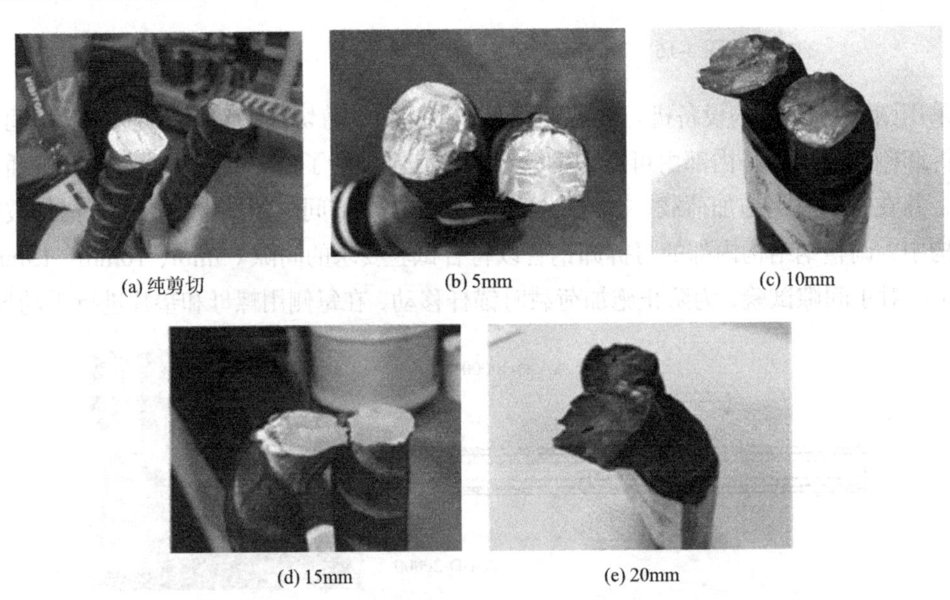

(a) 纯剪切　(b) 5mm　(c) 10mm　(d) 15mm　(e) 20mm

图 4-19　带间隙和不带间隙的 AUS R27 失效情况（Pinazzi 等，2020）

(a) 纯剪切　(b) 5mm　(c) 10mm　(d) 15mm

图 4-20　带间隙和不带间隙的 SA M24 失效情况（Pinazzi 等，2020）

图 4-21 展示了在剪切位移为 0mm、2mm（20%）、4mm（39%）、6mm（59%）、7.5mm（74%）和 9mm（88%）时，岩石锚杆的剪切位移和轴向荷载、轴向位移的关系。施加剪切位移从 2mm 到 6mm 对最终抗拉强度的影响较小，但对锚杆的位移能力有显著影响。然而，随着剪切位移的增加，抗拉强度和位移能力均受到影响。施加 9mm（终极剪切位移的 88%）的剪切位移时，轴向延伸减少了 92%，这表明剪切作用显著降低了锚杆的轴向延伸能力。这种情况表明，当锚杆处于剪切状态时，荷载会集中在最弱的点，即 9mm 剪切位移下的剪切界面。因此，施加轴向荷载时，荷载将分布在锚杆的一半，从轴向荷载施加处源到剪切界面。因此，总的锚杆位移将受到最大影响，因为其受到张力下锚杆长度缩短的影响。

各工况下的失效情况有所不同，如图 4-22 所示。在较低剪切位移（2～6mm）下，主要失效情况为锚杆受轴向荷载，杆件在螺母和剪切界面之间断裂。当剪切位移增加到 7.5mm 时，主要失效情况为锚杆受轴向荷载，杆件在剪切界面断裂。在 6mm 的剪切位移下，三次试验中杆件在螺纹处断裂。由于螺纹处的承受荷载能力因螺纹加工而降低，因此在本研究中，螺纹失效被认为可能导致错误结果。将剪切位移增加到 9mm 时，杆件的拉伸性能下降，主要的荷载机制为剪切。在这一最后工况中，岩石锚杆在失效前经历了其总剪切位移的 88%，这解释了失效响应。

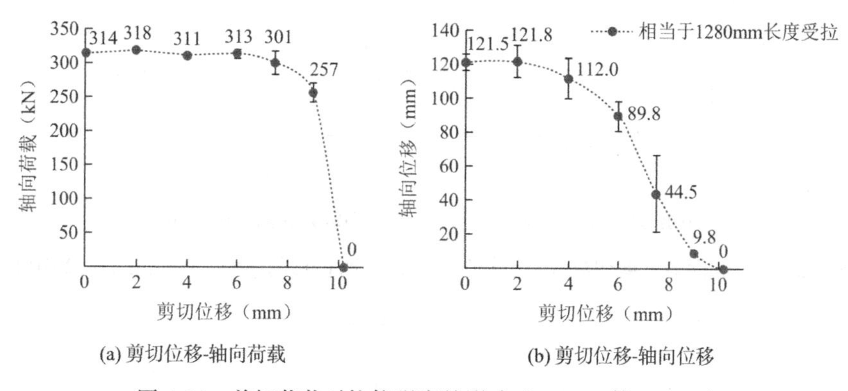

(a) 剪切位移-轴向荷载　　(b) 剪切位移-轴向位移

图 4-21　剪切荷载对抗拉强度的影响（Pinazzi 等，2020）

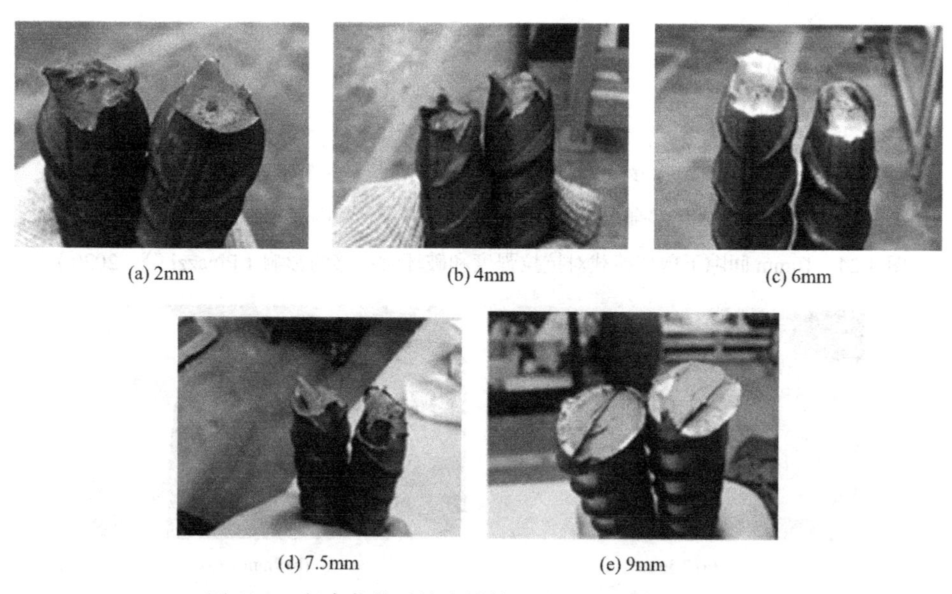

(a) 2mm　(b) 4mm　(c) 6mm

(d) 7.5mm　(e) 9mm

图 4-22　复合荷载下的失效情况（Pinazzi 等，2020）

在 5mm 间隙的试验中，施加了 7.5mm（69%）和 9mm（86%）的剪切位移；在 10mm 间隙的试验中，施加了 9mm（50%）和 12mm（66%）的剪切位移。随着间隙的增加，岩石锚杆可能经历更大的剪切位移。抗拉强度和破坏时的位移分别如图 4-23 和图 4-24 所示，显示了 5mm 和 10mm 间隙试验的结果。

试件带间隙且承受复合荷载，意味着岩石锚杆受两种复合荷载机制作用，其失效情况见图 4-25、图 4-26。当以间隙作为首要荷载因素施加剪切荷载时，岩石锚杆会经历更多的轴向变形和弯曲。初始间隙部分会因弯曲而变形，随着剪切变形的增加，杆件也会因轴向荷载而变形。因此，杆件的失效机制将是剪切荷载和轴向荷载的结合。对于施加相同总位移的杆件，间隙尺寸越小，杆件开始轴向变形的时间越早。这解释了施加轴向荷载至失效时，杆件与施加剪切荷载后的液压缸之间的轴向位移差异。因此，随着间隙的增加，岩石锚杆在复合荷载下的轴向变形情况得到改善。

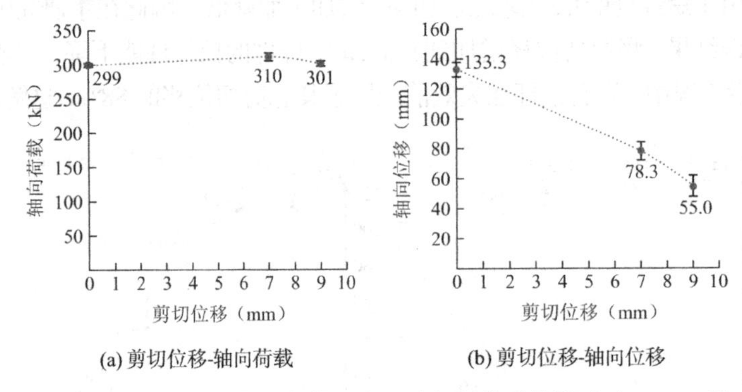

(a) 剪切位移-轴向荷载　(b) 剪切位移-轴向位移

图 4-23　5mm 间隙下剪切荷载对抗拉强度和破坏时位移的影响（Pinazzi 等，2020）

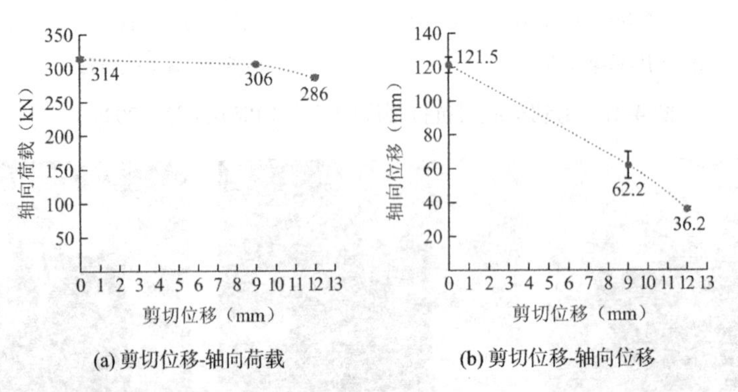

(a) 剪切位移-轴向荷载　(b) 剪切位移-轴向位移

图 4-24　10mm 间隙下剪切荷载对抗拉强度和破坏时位移的影响（Pinazzi 等，2020）

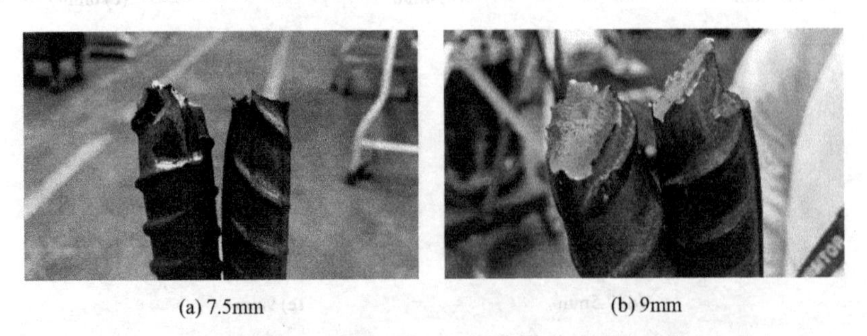

(a) 7.5mm　(b) 9mm

图 4-25　5mm 间隙、复合荷载下的失效情况（Pinazzi 等，2020）

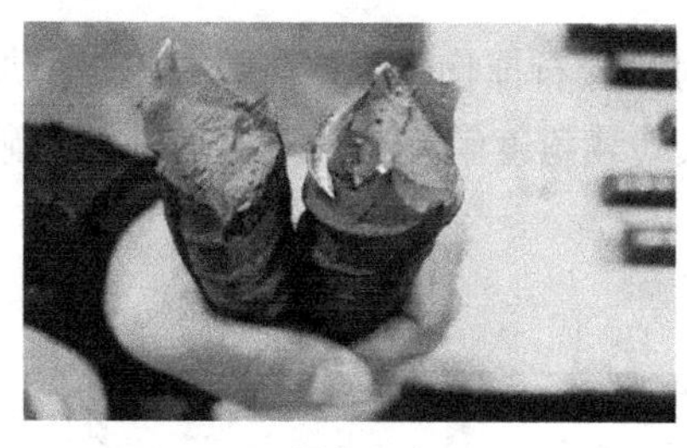

(a) 9mm

(b) 12.5mm

图 4-26　10mm 间隙、复合荷载下的失效情况（Pinazzi 等，2020）

Ding 等（2017，2021）通过一系列试验发现，弱夹层的厚度、单轴抗压强度以及倾角显著影响单自由面样品的峰值强度和弹性模量。这些因素还极大地改变了通过内部开发的试验系统进行测试的样品的裂纹分布和损伤模式。此外，He 等（2022a，2022b）深入研究了准 NPR 钢锚杆在不同法向应力条件下的剪切性能，揭示了剪切行为与法向应力之间的复杂关系。

随着试验设备的不断进步，一些研究者开始从微观角度探讨界面剪切过程的影响。Zhang 等（2020a）在研究锚杆-注浆界面的剪切行为和失效机制时，分析了在恒定法向荷载条件下锚杆轮廓和注浆混合物对机械行为和失效模式的影响。研究表明，通过优化锚杆轮廓和注浆混合物，可以显著提升锚杆的性能，尤其是在峰值剪切强度和变形能力方面。此外，他们提出了“剪切-压碎”破坏模式，其中注浆材料在带肋锚杆的肋之间逐渐压碎，导致界面的最终失效。在进一步的研究中他们还探讨了边界条件对锚杆-注浆界面剪切行为的影响，发现初始法向应力和刚度对界面剪切行为具有显著影响，并揭示了声发射参数与剪切应力曲线之间的相关性（Zhang 等，2020b）。

此外，Zhang 等（2022）通过直剪试验深入研究了梯形断裂条件下岩石锚杆的锚固效应，特别是对比了吸能（EA）岩石锚杆和常规钢（CR）岩石锚杆在该条件下的表现。他们的研究进一步揭示了梯形断裂的剪切损伤结构和锚杆变形机制，并对锚杆断裂位移的预测及其贡献进行了详细讨论。研究得出的关键结论包括：①梯形断裂的剪切过程可以分为两个主要阶段：开裂阶段（阶段 1）和剪切滑移阶段（阶段 2）。②岩石锚杆显著增强了梯形断裂的剪切强度。③吸能岩石锚杆和传统钢质岩石锚杆均表现出显著的扩张抑制作用。④梯形断裂表现出三种不同的剪切损伤结构，解释了不同锚杆变形机制的观察结果。⑤变形因子可以有效表征锚杆的变形特性，并用于预测锚杆的断裂位移。

随着深地工程的推进，工程面临的动力效应变得越来越显著，研究者们开始从动力响应的角度分析锚杆系统的性能。Wang 等（2018）研究了不同粗糙度和锚固方式下锚杆-节理的剪切特性、损伤机理及声发射行为，为静态剪切损伤研究提供了重要参考。

进一步的研究中，Wu 等（2018a，2019a）利用锚杆循环剪切试验装置（图 4-27）探讨了能量吸收和封装岩石锚杆的循环剪切特性，并引入了剪切能量损失率（SELR）作为评估吸能岩石锚杆性能的重要指标。研究结果表明，与封装锚杆相比，吸能锚杆在循环剪切性能方面表现更优异。此外，节理粗糙度系数（JRC）被认为是影响循环剪切下节理和锚杆性能的关键因素，较高的 JRC 值显著增强了系统的抗剪切变形能力（Wu 等，2023）。

此外，Kang 等（2020）开发了一种试验装置，用于评估岩石锚杆在包括预拉力、拉力、扭转、弯曲、剪切和冲击在内的复杂荷载条件下的机械行为。李等（2023）在直剪试验

（图 4-28）中分析了锚杆的应力、变形、声发射和岩石损伤现象。该研究比较了加筋花岗岩节点面和加筋岩石锚杆的剪切损伤特征，并从动载角度解释了加筋岩石锚杆对硬岩结构面动态损伤的影响（图 4-29）。

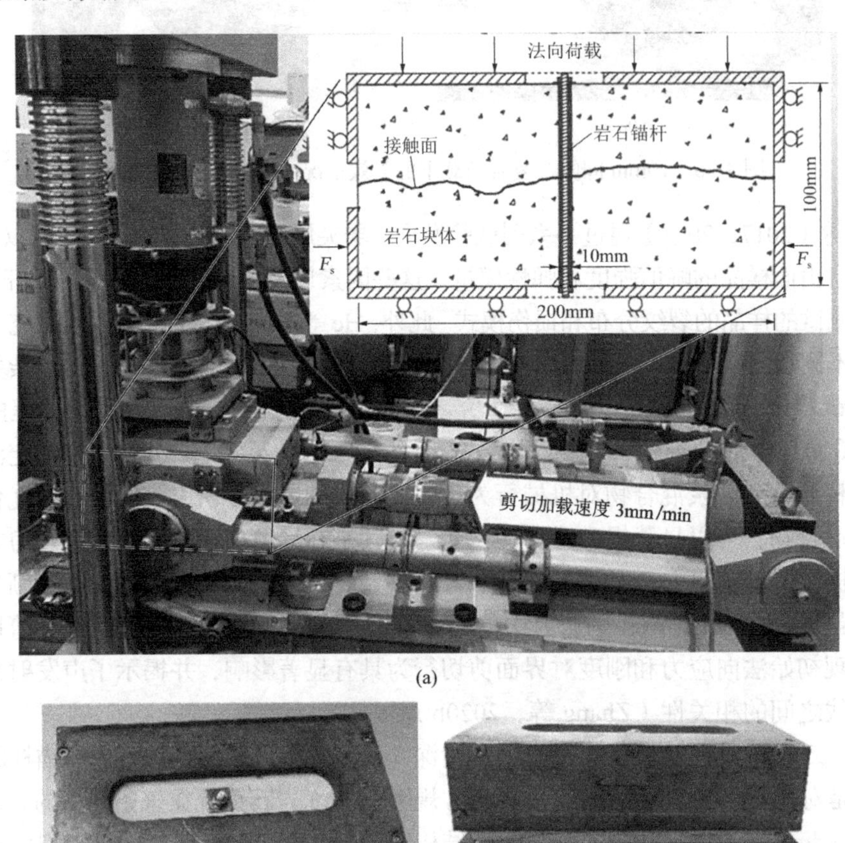

图 4-27　锚杆循环剪切试验装置（Wu 等，2018a，2019a）

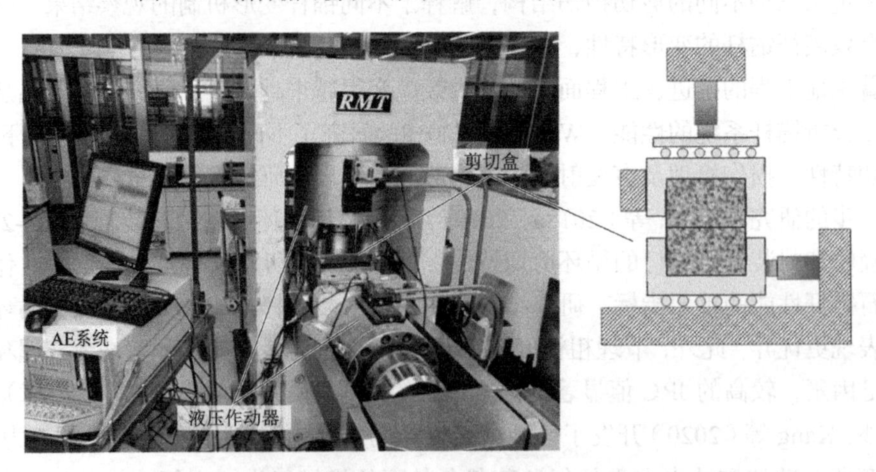

图 4-28　岩石锚杆剪切试验装置（李等，2023）

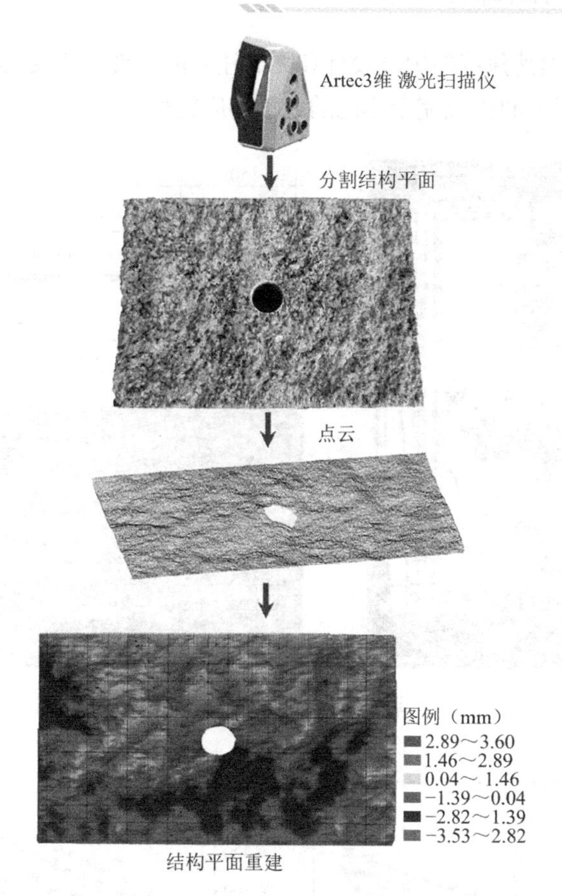

图 4-29　试验中激光扫描所获得的结构面形态特征示意图（李等，2023）

4.3　双剪试验

除了进行单剪试验外，有多位学者进行了岩石锚杆的双剪试验，以更深入地了解剪切机制和岩石锚杆支撑的贡献（Aziz 等，2003，2005；Jalalifar 等，2004，2005，2006b，2006a；Jalalifar 和 Aziz，2010a，2010b）。双剪试验提供了一种评价多层加固锚杆在工程应用中的效果的有效手段。Aziz 等（2003，2005）在剪切状态下，对安装在两种不同类型的三个混凝土块中的完全注浆的岩石锚杆进行了一系列试验，部分锚杆施加了预紧力，部分则没有（图 4-30、图 4-31），目的是评估注浆树脂厚度对岩石锚杆抗剪强度以及岩石锚杆-注浆材料-混凝土相互作用的影响。试验结果表明，在考虑剪切强度和剪切位移时，周围混凝土的强度比注浆厚度更为关键。当树脂厚度稍微增加时，观察到：

（1）岩石锚杆的拉伸和压缩应变略有下降；

（2）剪切位移减小；

（3）垂直于岩石锚杆轴线的注浆材料内的塑性应变减小；

（4）沿锚杆轴线的混凝土界面的压缩应变和拉伸应变略有下降。

Grasselli（2005）对全注浆螺纹锚杆和 Swellex 锚杆加固的混凝土块进行了足尺（1：1）双剪试验（图 4-32），试验显示了这两种岩石锚杆在变形上的差异及其对剪切荷载的不同机械响应。Swellex 锚杆因其独特的中空设计和无需注浆的特性，表现出与全注浆岩石锚杆因两个塑料铰点间的牵引力而失效完全不同的力学响应特性。

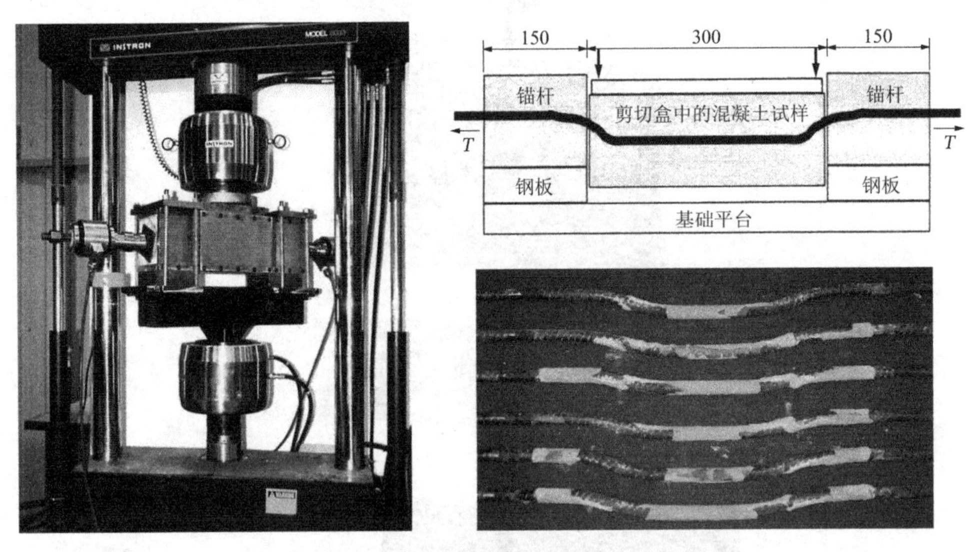

图 4-30　Instron 测试机（Aziz 等，2003）

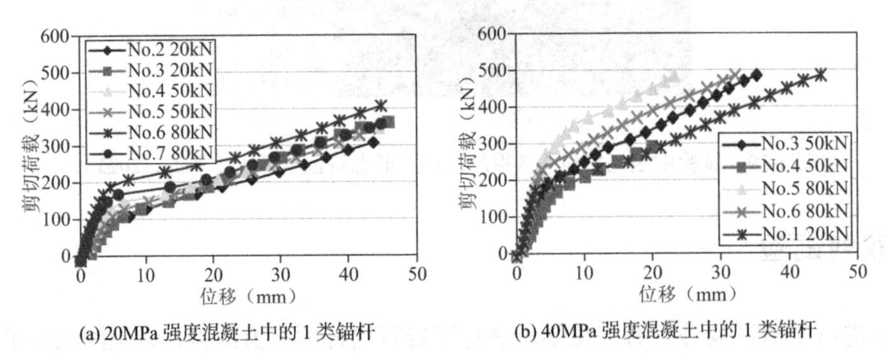

(a) 20MPa 强度混凝土中的 1 类锚杆　　(b) 40MPa 强度混凝土中的 1 类锚杆

图 4-31　在 20MPa 和 40MPa 强度混凝土中不同拉伸荷载条件下测试的锚杆的剪切荷载与位移关系（Aziz 等，2003）

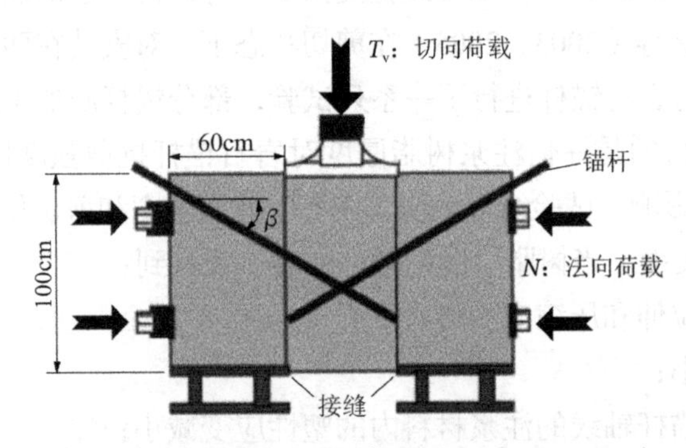

图 4-32　用于双剪试验的装置（Grasselli，2005）

试验所用的混凝土块和试验装置如图 4-33 所示，两条接缝的表面经过处理，使其在宏观上保持光滑，以避免接缝粗糙度带来的不确定性。接缝粗糙度会在剪切过程中引起胀缩效应，进而在加固体中产生难以控制的轴向力，并改变锚杆的受力行为。接缝粗糙度还会通过改变滑移面的方向，影响剪切试验的结果，具体表现为滑移面会根据接缝粗糙度的分布及所施加的法向荷载发生“旋转”。

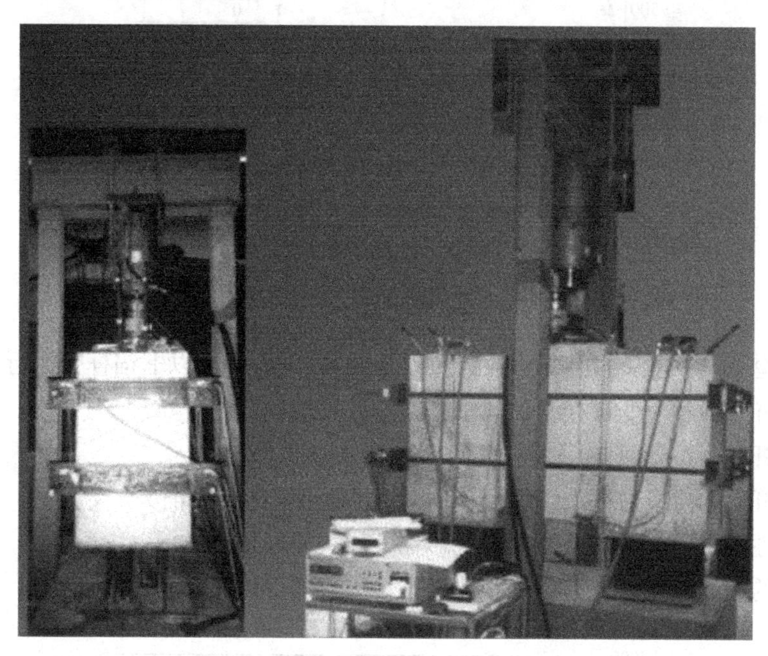

图 4-33　用于双剪试验的混凝土块和试验装置（Grasselli，2005）

试验结果表明，锚杆的抗力与总锚杆截面积成正比。因此，理论上，两个锚杆提供的抗力为单一锚杆的两倍（图 4-34）。实际上，同时安装两个锚杆时，其破坏位移略大于单个锚杆，表明锚杆在同一时间内无法同时发挥其 100%的最终抗力，这可能是由于内部缺陷和/或锚杆安装时的误差所致。事实上，由于试验设置模拟了现场锚杆安装的情况，锚杆的倾斜角度并非完全一致，可能存在几度的偏差，从而导致其力学反应存在细微差异。

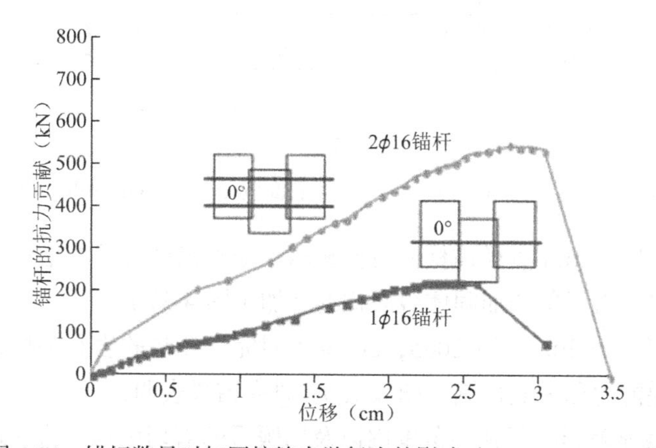

图 4-34　锚杆数量对加固接缝力学行为的影响（Grasselli，2005）

试验还指出，锚杆倾斜角度β的变化影响了加固体的最大荷载和接缝系统的刚度（图 4-35）。

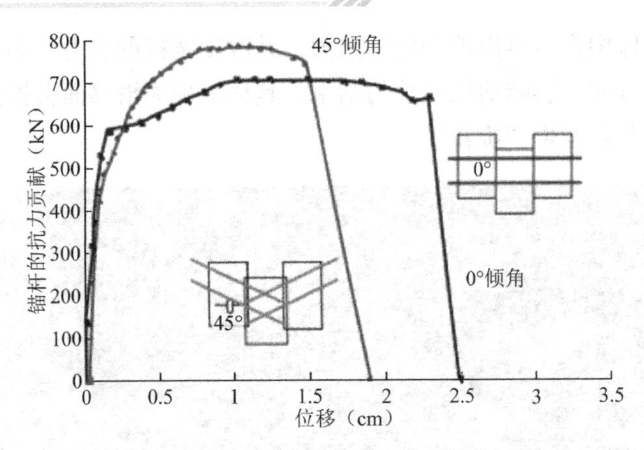

图 4-35　锚杆与接缝夹角对加固接缝力学行为的影响（Grasselli，2005）

分析试验过程中记录的应变片数据（图 4-36），可以得出以下锚杆受力行为的特征：

（1）锚杆应力和应变在接缝面与锚杆交点处呈现反对称分布。

（2）锚杆在距接缝面 8～10cm 处的弯矩可忽略不计。

（3）锚杆上的拉应力在距接缝面 30～45cm 处迅速减小并消失。

（4）塑性铰阻碍应力传播，并使变形在其间大幅增加。

（5）铰的形成显然表现为锚杆一侧受压，另一侧受拉。

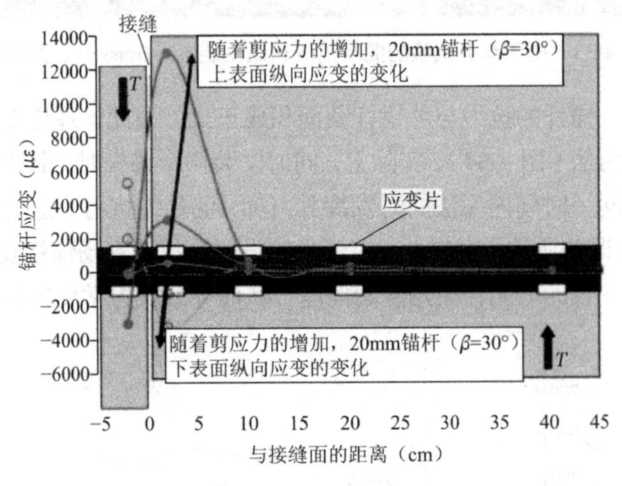

图 4-36　试验过程中记录的锚杆上下表面应变变化（Grasselli，2005）

此外，16mm 与 20mm 直径锚杆的对比显示，随着锚杆直径的增加，加固系统的刚度显著提高，这主要是由于单个加固体截面积的增加（图 4-37）。

基于这些发现，Jalalifar 等（2005，2006b）对完全注浆的岩石锚杆进行了双剪试验，以评估其荷载传递能力和失效机制（图 4-38）。研究结果表明：

（1）预加荷载显著影响了弹性范围内以及屈服后的剪切位移。这一现象表明了预加荷载在剪切过程中的重要性。

（2）材料强度对铰接点的距离产生了显著影响，而预紧力对这一距离的影响则相对较小。

进一步的研究中，Jalalifar 和 Aziz（2007）探讨了在两个剪切面处垂直安装的岩石锚杆的剪切行为。该研究指出，岩石锚杆的设计形状对锚杆、注浆材料以及岩石之间的荷载传递能力具有显著影响（Jalalifar 等，2006a）。此外，混凝土的强度对抗剪承载力和剪切变形也表现出显著的影响。在大多数情况下，初始预紧力越高，最大摩擦粘合强度极限下的剪切荷载也随之增加。

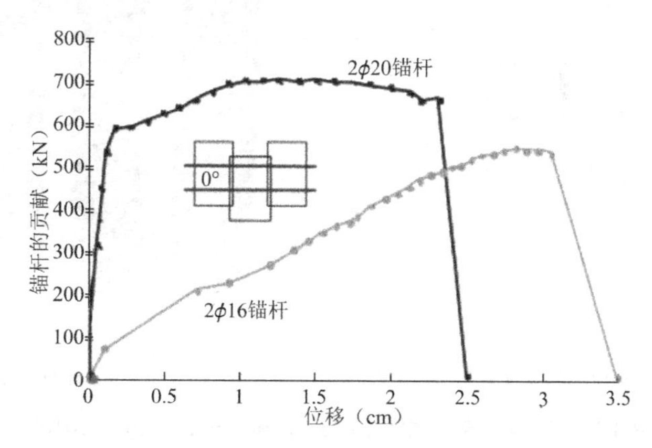

图 4-37　锚杆直径对加固接缝力学行为的影响（Grasselli，2005）

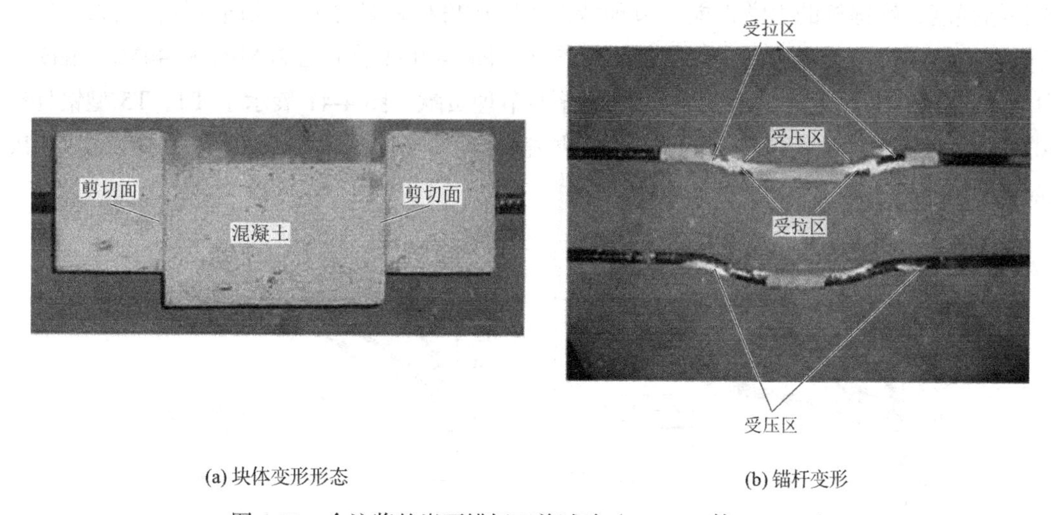

(a) 块体变形形态　(b) 锚杆变形

图 4-38　全注浆的岩石锚杆双剪试验（Jalalifar 等，2006a）

随着研究的深入，Jalalifar 和 Aziz（2010a，2010b）针对加固节理的剪切试验进行了进一步的研究。试验在不同类型的锚杆上进行，分别为 T1、T2、T3（高强度钢）和 T4、T5（低强度钢）。剪切测试在三块强度分别为 20MPa、40MPa 和 100MPa 的预制混凝土块上进行。混凝土被用来模拟不同的岩石，因为它更易于准备且可以模拟不同的强度。12mm 和 22mm 的锚杆被安装在直径分别为 18mm 和 27mm 的混凝土孔洞中，并使用混合灌注树脂注浆。图 4-39 显示了在 500t 压缩试验机中的组装双剪盒的总体布置，以及研究中使用的各种锚杆的剖面。试验分别在 0、5kN、10kN、20kN、50kN 和 80kN 的不同预紧力下进行。剪切试验分别在以下条件下进行：在 500t 压缩试验机中进行测试，从而在需要时使锚杆在剪切节理平面处断；在更高强度的混凝土中进行剪切测试；使用低强度钢进行测试，使锚杆在较低的剪切负载下发生破坏。

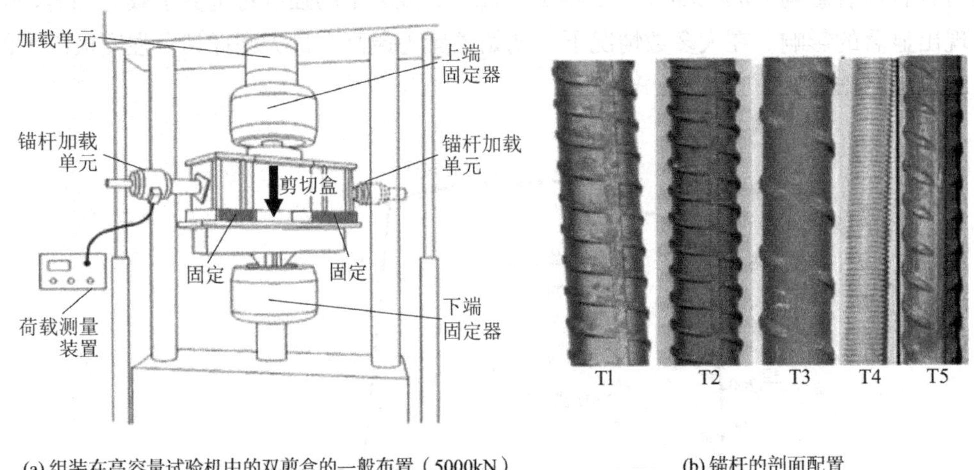

(a) 组装在高容量试验机中的双剪盒的一般布置（5000kN）　(b) 锚杆的剖面配置

图 4-39　试验系统与试件（Jalalifar 和 Aziz，2010a，2010b）

锚杆对加固节理平面剪切强度的贡献取决于岩石/混凝土强度、注浆材料强度、界面间的粘结强度、钢锚杆的力学性能、节理特性（摩擦角和黏聚力）以及锚杆的预紧力。这些参数在剪切阻力和破坏机制中都起着重要作用。图 4-40 展示了在 20MPa 和 40MPa 混凝土中 T1、T2 和 T3 型锚杆在剪切位移下的锚杆-节理贡献。图 4-41 展示了 T4、T5 型锚杆在 40MPa 混凝土中的剪切位移下的锚杆-节理贡献，以及不同预紧力的 T1 型锚杆在 100MPa 混凝土中的表现。

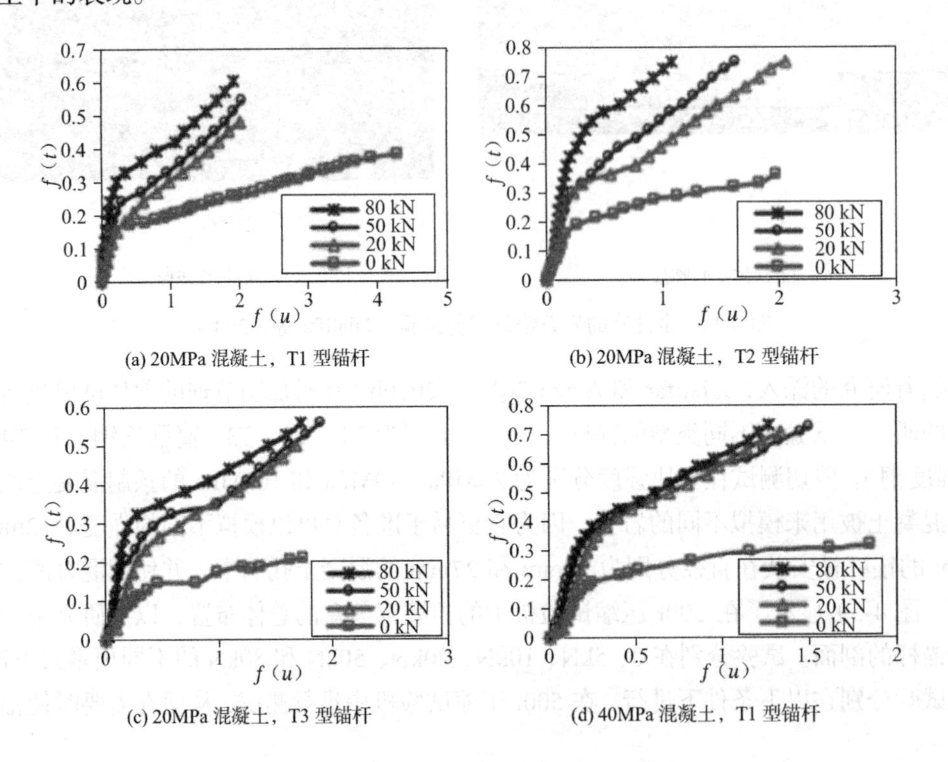

(a) 20MPa 混凝土，T1 型锚杆　(b) 20MPa 混凝土，T2 型锚杆

(c) 20MPa 混凝土，T3 型锚杆　(d) 40MPa 混凝土，T1 型锚杆

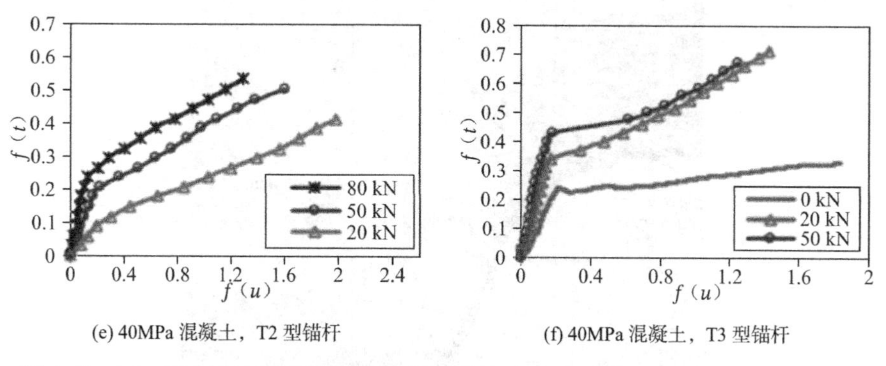

(e) 40MPa 混凝土，T2 型锚杆　　(f) 40MPa 混凝土，T3 型锚杆

图 4-40　T1、T2 和 T3 型锚杆的锚杆-节理贡献（Jalalifar 和 Aziz，2010a，2010b）

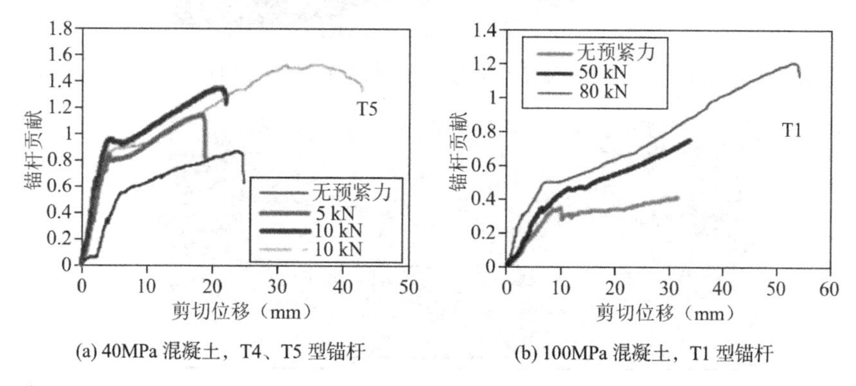

(a) 40MPa 混凝土，T4、T5 型锚杆　　(b) 100MPa 混凝土，T1 型锚杆

图 4-41　T4、T5 和 T1 型锚杆的锚杆-节理贡献（Jalalifar 和 Aziz，2010a，2010b）

图 4-42 和图 4-43 分别展示了 T4、T5 和 T1 型锚杆的失效位置。在这三种情况下，失效都发生在剪切节理附近的铰接点之间的锚杆段。

图 4-44 展示了在 100MPa 混凝土中失效后的混凝土块纵向视图。锚杆失效处位于节理交点附近的铰接点之间，弯曲的树脂注浆上的锚杆印记显示出注浆受到压应力的影响。反作用力分布在锚杆上，与剪切节理平面距离约 90mm，处于外部块体中，在这个区域内混凝土大面积破碎。

图 4-45 展示了在 20kN 预紧力下嵌入在 20MPa 混凝土中的失效锚杆的侧面轮廓。对失效的加固锚杆的检查显示，失效表面导致轴向和剪切失效，而且从中心开始产生小裂缝。不过，推测在屈服点之后，加固钢筋在剪切节理附近产生的剪切应力几乎保持恒定。随着轴向荷载的增加，锚杆由于弯曲和剪切荷载的共同作用而失效，失效锚杆的剪切唇形成了一个椭圆形。

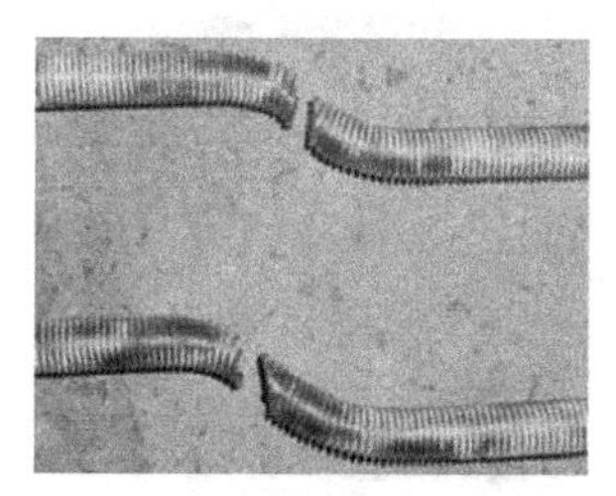

(a) T4 型锚杆在 40MPa 混凝土中的失效情况

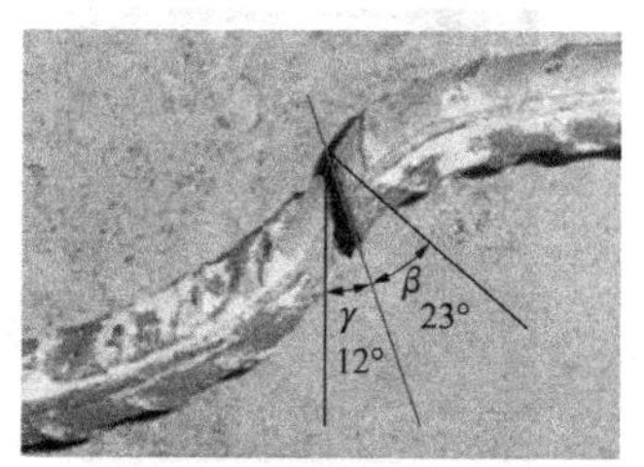

(b) T5 型锚杆在 40MPa 混凝土中的失效情况

图 4-42　锚杆试件的失效情况（Jalalifar 和 Aziz，2010a，2010b）

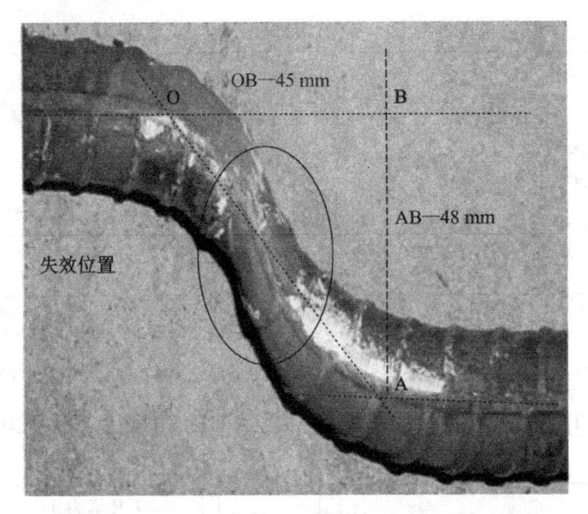

图 4-43　T1 型锚杆在 100MPa 混凝土和 80kN 预紧力下的失效和收缩情况（Jalalifar 和 Aziz，2010a，2010b）

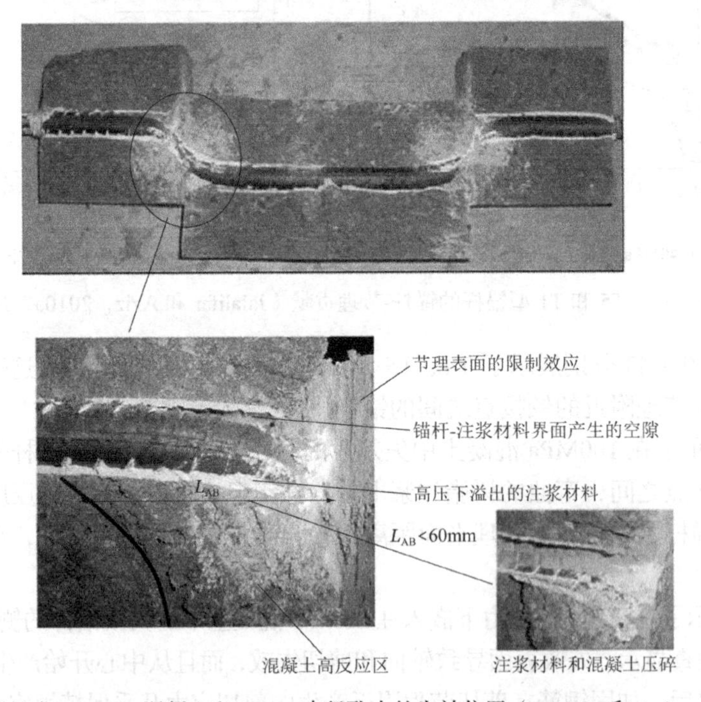

图 4-44　T1 型锚杆在 100MPa 混凝土和 27mm 直径孔中的失效位置（Jalalifar 和 Aziz，2010a，2010b）

(a) 在 20kN 预紧力下，T1 型锚杆在 20MPa 混凝土中的侧面轮廓

(b) 末端轮廓

图 4-45　锚杆试件的失效情况（Jalalifar 和 Aziz，2010a，2010b）

对该组试验详细分析，得出以下结果：

（1）铰接点到剪切面的距离受到周围介质的强度和施加的轴向力的影响。对于承受较高轴向荷载的岩石锚杆，铰接点的位置相对更靠近，而在强度较低的介质中，铰接点的距离会增加。

（2）铰接点到剪切面的距离随着锚杆直径的增加而增加，并且这种增加随周围介质的强度而变化。

（3）当锚杆处于塑性状态时，铰接点与剪切面之间的距离增大。

（4）对于给定的剪切荷载，复合锚杆混凝土的挠度在较弱的介质中较高。

（5）一般来说，锚杆的剪切荷载随着锚杆轴力的增加而增加。

（6）锚杆的贡献取决于锚杆的最大抗拉强度和混凝土强度。

近年来，众多学者对不同材料、不同结构组合的岩石锚杆的剪切性能进行了研究。Li 等（2016b）开发了一种双剪试验设备，能够单独和组合评估岩石支撑系统的行为差异。该系统包括岩石锚杆、喷射混凝土和薄喷射混凝土衬砌（加入纤维增强塑料 TSL）。在该研究中，双剪试验是指将三个块体通过全长注浆锚杆按不同角度进行加固，两个端块固定，通过对中间块施加荷载来引发剪切作用。在试验块表面施加喷射混凝土和 TSL，试验的布置情况见图 4-46。测试中使用了嵌入式管，最小厚度为 10mm，该测试被视为单刃剪切试验。

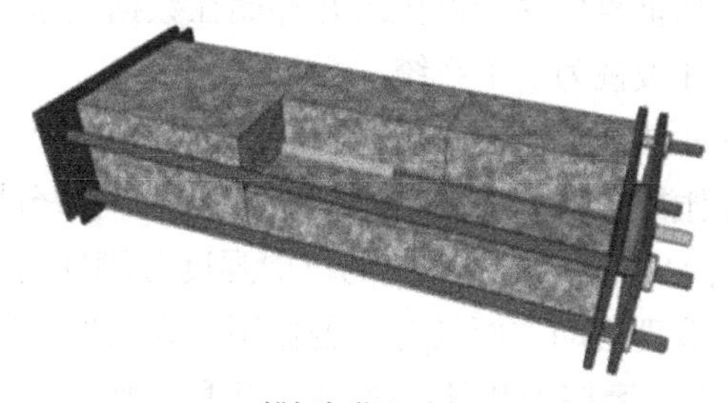

(a) 锚杆与节理面成 90°

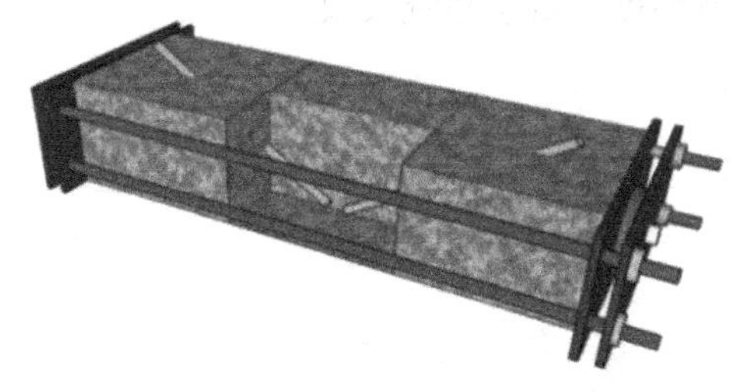

(b) 锚杆与节理面成 45°

(c) 顶部表面喷射混凝土的布置情况

图 4-46　双剪试验布置情况示意图（Li 等，2016b）

如图 4-47 所示，在静荷载下采用容量为 3600kN 的液压万能试验机进行双剪试验。该试验机由指示/控制台、液压泵单元和阀门装置、刻度盘指示器和电控装置组成。主活塞位于气缸壁内，液压油从活塞的顶部和底部进入缸体，从而施加荷载。在试验中，使用四根直径为 24mm 的连续螺纹杆和两块钢板作为端部约束。这种设计不同于完全封闭的试样布置，其中假设试验块在围压下模拟无限岩体；而在本研究中，当试验块尺寸不够大时，假设其不产生膨胀。为了确保岩石在剪切荷载下进行测试，三个厚度为 20mm 的钢板被放置在块体下方，以确保荷载均匀分布并避免样品在锚杆屈服前破坏。

图 4-47　试验加载装置（Li 等，2016b）

在试验块的两端安装了两个 2.5t 量程的荷载传感器，用于监测初始轴向围压，以及因剪切引起的沿锚杆的法向荷载。另外安装两个 LVDT 用于测量试验中的剪切位移。需要注意的是，测得的位移并不是锚杆的挠度。剪切荷载是指从样品底部施加的垂直力。剪切荷载、法向荷载和垂直位移均被记录并存储在数据记录器中以供后续分析。在本研究中，试验块和支护元件被视为一个系统。

图 4-48 显示了在 20kN 法向荷载下，三种表面支护系统在抵抗双剪作用时的相应结果。TSL、喷射混凝土以及喷射混凝土和 TSL 组合的峰值剪切荷载分别为 41.3kN、95.4kN 和 106.6kN。相对于无支护样品，三种支护系统的抗剪强度分别提高了 42%、75%和 78%。结果表明，表面支护在阻止节理运动方面具有显著作用。在初始加载期间，施加的剪切力主要克服了 TSL/喷射混凝土的摩擦力和粘结强度。当垂直剪切位移发生时，喷射混凝土和 TSL 开始发挥其抗拉和抗弯强度，直至系统失效。

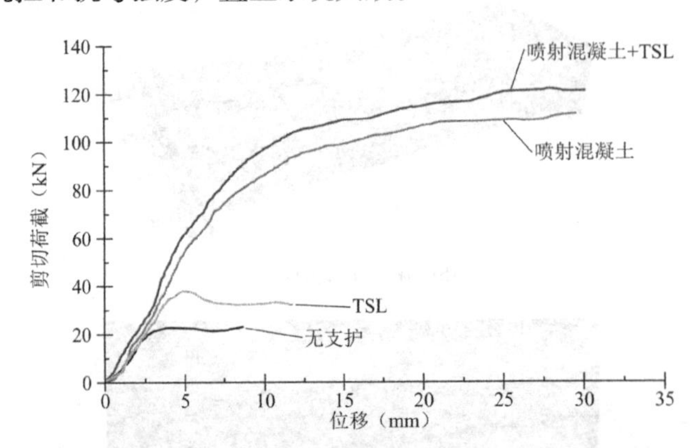

图 4-48　不同表面支护组合在双剪试验中的剪切荷载与位移关系（Li 等，2016b）

图 4-49 显示了不同锚杆与表面支护系统组合的静态双剪试验结果，并与仅使用锚杆的双剪试验进行比较。锚杆、锚杆与 TSL 组合、锚杆与喷射混凝土组合，以及锚杆与喷射混凝土和 TSL 组合的峰值剪切荷载分别为 167kN、185kN、219kN 和 232kN。每次试验均施加 20kN

的法向荷载以紧密夹持节理面。与仅使用锚杆相比，额外的表面支护提供了更高的抗剪强度，增幅分别为 10%、24%和 28%。当锚杆与表面支护系统组合时，抗剪强度的增加量低于仅使用表面支护系统的情况。表面支护的应用使锚杆在双剪试验系统中抗剪作用的发挥最大化。相比于单个支护元件，组合支护元件的抗剪强度有所提高。由于表面支护的应用，原本的二维应力状态转变为现场的三维应力状态。表面支护在双剪试验中更像是一种约束。此外，组合支护元件的残余强度高于单一锚杆。仅使用锚杆的情况下，在 20mm 垂直位移后吸收的能量为 2.3kJ。在初始加载阶段，能量由表面支护和锚杆共同耗散。喷射混凝土和 TSL 的大覆盖范围为能量耗散提供了良好的缓冲。图 4-49 中曲线的斜率表示支护系统的刚度，并且可以看出系统的峰值剪切荷载增加。由于表面支护系统的大量能量耗散，强化元件可以充分发挥其作用。

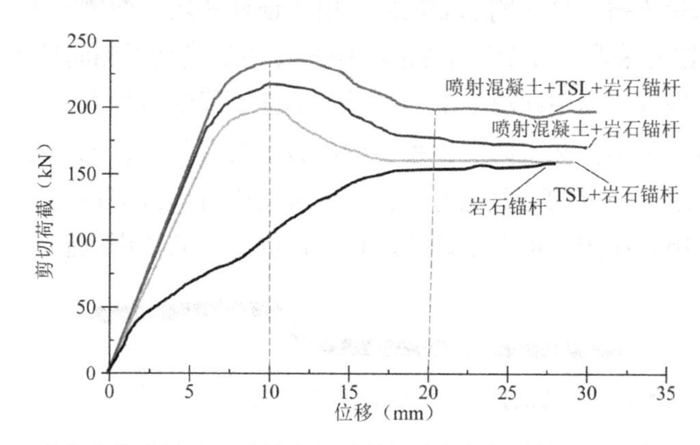

图 4-49　组合支护系统在双剪试验中的剪切荷载与位移关系（Li 等，2016b）

在相同围压条件下，图 4-50 比较了未施加预应力的不同方位锚杆的抗剪性能。锚杆在初始倾角为 30°～60°范围内时，锚杆的峰值剪切荷载明显提升。锚杆倾角的变化不仅影响了峰值剪切荷载，还影响了节理系统的刚度。

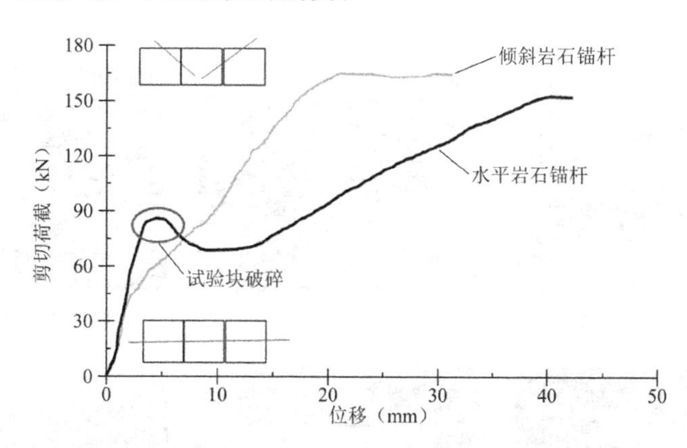

图 4-50　不同锚杆倾斜角度下剪切荷载与位移关系的比较（Li 等，2016b）

试验过程中可以观察到，试验块在节理面两侧发生了破碎，如图 4-51 所示，锚杆周围产生了间隙。破碎可能发生在中间块和侧块上，裂缝扩展至试验块的外表面。一旦裂缝扩展到块体内部，支护系统的抗剪强度就会下降，因为能量会通过这些裂缝消散。由此系统无法再承受进一步的剪切荷载。通过本次试验中的样品破坏模式，可以看到该脆弱区域与实际现场情况类似。

图 4-51 剪切过程中由于弯曲作用导致锚杆周围试样的破碎情况（Li 等，2016b）

图 4-52 展示了直径为 16mm、置于倾角为 45°钻孔中的锚杆在剪切试验后的变形情况。研究人员在每次试验中测量了两个铰接点 A 与 B 之间的距离和锚杆的α角。铰接点的形成特征为锚杆一侧承受压缩，另一侧承受拉伸。由于锚杆从块体两侧突出，锚杆的伸长率可以忽略不计。尽管锚杆采取了完全注浆加固，倾斜孔还是受到了侧向挤压和剪切力的作用，导致浆液被压碎并失效。当中间块向上移动时，锚杆不仅受剪切力的影响，还受到了弯矩作用。双剪试验显示出锚杆和表面支护系统在抗剪中的有效性，无论是锚杆还是表面支护的单独使用，均展示了一定的抗剪能力；且在组合使用时，抗剪强度显著提高。通过进一步研究支护系统的组合使用，可以更好地理解其在抗剪中的作用机制。

图 4-52 剪切试验后 16mm 锚杆的变形实例（Li 等，2016b）

喷射混凝土和 TSL 通过化学方式与岩石表面结合，从而能够更早地发挥支护作用。表面支护在增强支护中的作用是与锚杆互补的，它有助于岩体自稳。剪切试验中识别出了不同的失效机制，图 4-53 展示了表面支护的失效模式。拉伸强度和粘结强度对表面支护至关重要。在剪切试验过程中，随着中间块体的上升，喷射混凝土逐渐被切断，纤维增强了其拉伸强度和韧性。

(a) 喷射混凝土开始破碎　(b) 喷射混凝土断开　(c) 喷射混凝土 + TSL 弯曲

(d) 喷射混凝土破损　(e) 岩石锚杆突出　(f) TSL 穿入剪切面

图 4-53 表面支护失效的不同模式（Li 等，2016b）

在图 4-54 中，表面支护和岩石锚杆组成的集成支护系统的第一个阶段表现为弹性行为，此阶段在小位移下能够承受较大的荷载增加。在这一阶段，试块和表面支护中均未出现裂缝。随着位移的增加，表面支护的机械性能开始发挥作用，导致接缝间发生一定的相对位移。在实际应用中，这一阶段非常重要，锚杆能够发挥其峰值抗力的 85%，表明其能够抵抗试块之间可能发生的任何差异性位移。

集成支护系统的第二个阶段特征为非线性行为，表现为锚杆的屈服、锚杆周围岩石的破碎以及表面支护的开裂。在这一非弹性变形阶段，锚杆与注浆材料之间的界面开始失效，尤其是在节理附近发生脱离。一旦达到峰值荷载，锚杆开始屈服，在剪切荷载不再增加时，变形继续发生。虽然表面支护的承载能力由于开裂有所下降，但由于喷射混凝土中的纤维的存在，支护系统仍保留了一定的抗剪能力。

在第三个阶段，集成支护系统保持了稳定的抗剪能力。这是由于块体的侧向约束和接缝处的表面摩擦作用。尽管施加的残余荷载恒定，但锚杆仍会继续屈服，这一点从岩石接缝处的位移增加和注浆材料及岩石周围的破碎中可以明显看出。

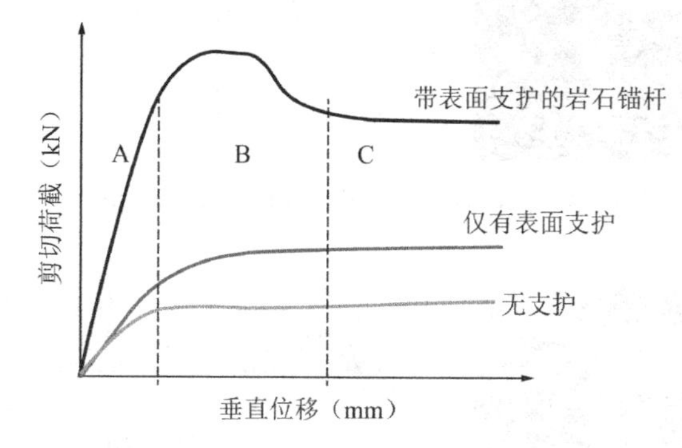

图 4-54　不同支护系统下剪切荷载与垂直位移关系（Li 等，2016b）

因此，在岩石支护系统中，各个支护元素的行为会有所不同，其中锚杆会在初期经历弹性变形，并在施加足够荷载后发生塑性变形；而试块则会在加载下以脆性方式破坏，几乎不发生变形。因此，在没有外部约束的情况下施加荷载，锚杆会屈服，而周围的块体（代表岩石）则保持不变。总体而言，该研究通过试验研究和数值模拟，系统分析了不同支护系统在节理岩体双剪试验中的抗剪贡献，这些研究成果为优化支护系统设计提供了重要的理论依据。

此外，Forbes 等（2017）采用一种新型光学应变传感技术来监测完全注浆的岩石锚杆的应变曲线，该技术的空间分辨率达到 0.65mm。通过对双剪切加载等试验进行研究，展示了该技术在岩石锚杆加载条件下捕捉锚杆行为的潜力。如图 4-55 所示，系统包括三个独立的混凝土块（400mm × 400mm × 400mm，单轴抗压强度 46.8MPa，劈裂抗拉强度 4.2MPa）。固定试验的外部两个混凝土块，中间块则使用伺服控制的 500kN 加载框施加垂直位移。在浇筑阶段，还在各个混凝土块之间放置了一个 3mm 厚的尼龙薄膜，以促进块之间剪切位移的无摩擦和非膨胀。

双剪切试验在 0.5mm/min 的恒定位移速率下进行。与之前的研究一样，测试期间始终监测了作动器的负载和行程，得出了装置剪切荷载和相应剪切位移的测量结果。此外，还在中间混凝土块上安装了一个弹簧加载的LVDT，以提供剪切位移测量的冗余。锚杆没有施加共轴预张力，也没有监测外部混凝土块上的锚杆的正常位移或负载（其他数据只能从光学传感器推断）。图4-56展示了传感器的方向以及在几个中间混凝土块垂直位移下捕获的光学传感器上的应变分布。

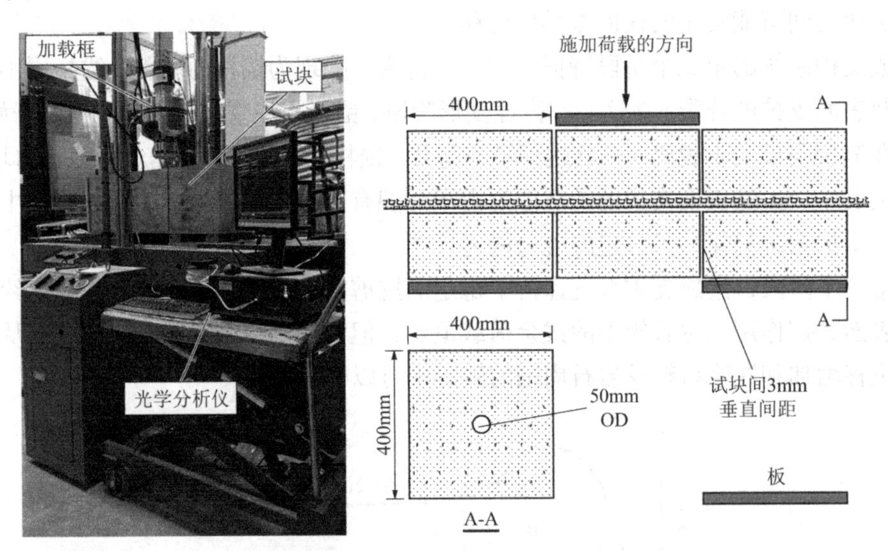

图4-55　锚杆双剪试验装置（Forbes 等，2017）

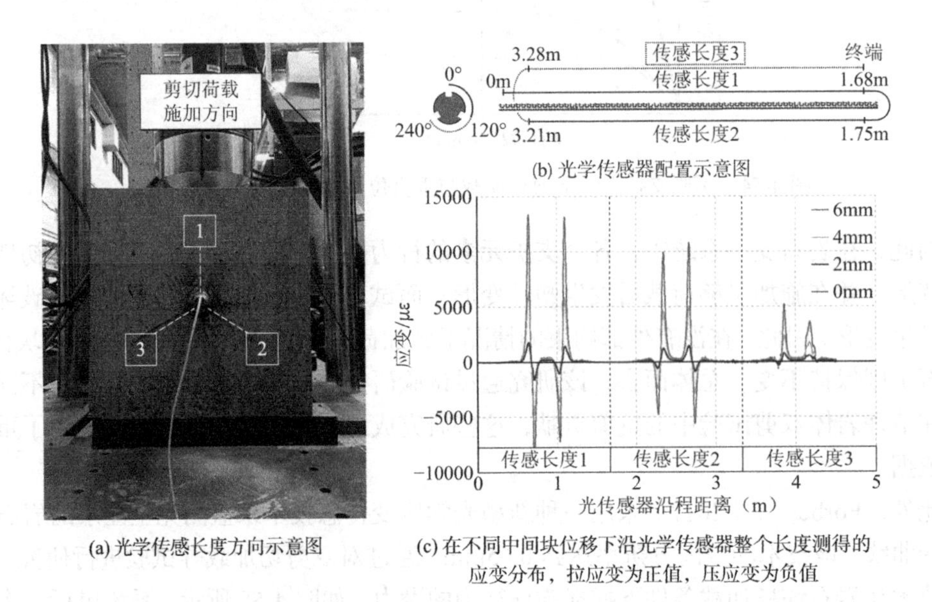

(a) 光学传感长度方向示意图

(c) 在不同中间块位移下沿光学传感器整个长度测得的应变分布，拉应变为正值，压应变为负值

图4-56　传感器方向及应变分布（Forbes 等，2017）

在每个不连续面（即剪切面）处，测量到一个明显的剪切耦合体。该耦合体对应于在剪切位移面上对称的扩展和收缩应变分布，收缩侧锚杆的绝对应变在每种情况下都较小。这一现象可以通过注浆材料在不连续面的收缩侧提供的压缩阻力以及注浆材料在扩展侧提供的相对微小的粘附阻力来解释。锚杆的剪切位移在压缩时受到注浆的阻力，而在扩展时，锚杆会从注浆中分离，从而更容易变形。剪切耦合体在不连续面附近的局部情况可以在

图 4-57 中更直观地看到，该图显示了在中间块位移为 2mm 时沿锚杆的三种传感长度的比较，光学传感器在中间块位移约为 8mm 时失效，记录的应变值超过了 20000με。

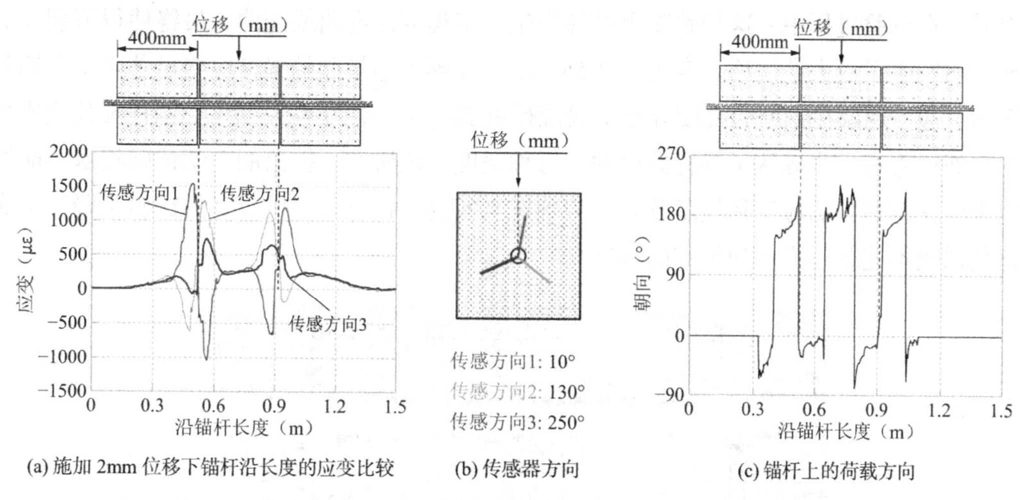

(a) 施加 2mm 位移下锚杆沿长度的应变比较　(b) 传感器方向　(c) 锚杆上的荷载方向

图 4-57　剪切耦合体在不连续面附近的局部情况（Forbes 等，2017）

由图 4-57（a）可知，测量对传感方向具有一定的依赖性。每个传感长度捕捉到一个剪切耦合体，但这些应变分布的幅度差异显著。第二和第三个传感长度得出的应变不等，也揭示了锚杆并未完全按照之前讨论的剪切位移方向（即锚杆的顶部轴线）安装。相反，图 4-57（c）显示的锚杆上的荷载方向表明，锚杆的安装存在约 10°的顺时针旋转误差。锚杆上的荷载方向进一步解释了剪切耦合体机制。在两个剪切不连续面上，方向翻转 180°，这种翻转与应变分布的镜像位置一致。图 4-58（a）展示了弯曲引起的应变分布，观察到剪切锚杆的总应变分布由共轴应变和弯曲引起的应变成分组成。在锚杆的最大应变位置，总应变分布的形状主要由弯曲引起的应变决定。

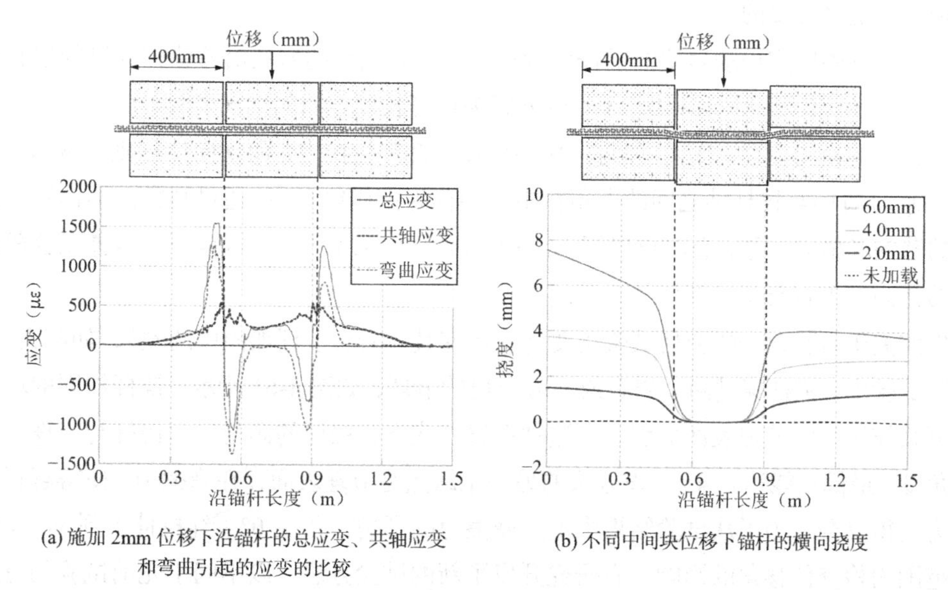

(a) 施加 2mm 位移下沿锚杆的总应变、共轴应变和弯曲引起的应变的比较　(b) 不同中间块位移下锚杆的横向挠度

图 4-58　锚杆的应变分布及横向挠度（Forbes 等，2017）

在这些试验中，双剪切装置的一个独特局限是缺乏对试件的垂直方向约束。外部两个混凝土块固定了垂直向下（即施加荷载的方向）和水平方向的位移，但试件仍可以自由垂直上升。在试验过程中，这导致整个试件产生一定程度的弯曲或翘曲，最终使得节理处的不连续面发生了更大的位移。参见图 4-58（a），左侧不连续面的锚杆应变显著高于右侧不连续面，这一现象在钢筋的挠度分布中表现得更加明显。如图 4-59 所示，锚杆及其注浆材料的后期检查进一步确认了锚杆的这种非对称挠度。该研究所提出的光学传感技术，能够同时观察支撑试件的应变和挠度分布，为确定真实的锚杆行为提供较好的试验手段，可成为评估锚固不连续体强度和位移的标准。

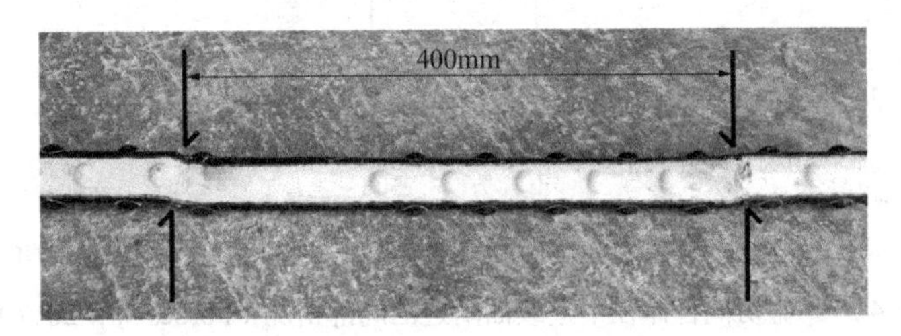

图 4-59　双剪切试验后锚杆及其注浆材料从混凝土块中取出后的情况（Forbes 等，2017）

4.4　拉剪试验

岩石锚杆安装在岩体内部，旨在从内部约束岩体变形。一旦安装，锚杆在现场可能同时承受拉力和剪力。某一位置施加于锚杆上的荷载方向与该位置岩石位移矢量的方向相关。通常情况下，位移矢量的方向并不与锚杆的长度方向一致，这会在锚杆中引起轴向拉力和横向剪力。因此，从理解锚杆与岩石相互作用的角度出发，了解锚杆在拉-剪联合荷载下的岩石锚杆性能是必要的。

以隧道壁中固定松动岩块的锚杆为例（图 4-60）。松动的岩块沿着锚杆穿过的岩石节理向隧道内滑动。总滑动位移（D_{tot}）可以分解为锚杆长度方向的轴向位移（D_p）和垂直于锚杆长度方向的横向位移（D_s）。轴向位移将导致锚杆产生拉力，而横向位移则导致剪力。总位移（D_{tot}）方向与锚杆轴之间的夹角在本书中称为位移角（α）。通过观察破坏位置处失效锚杆的轴向和横向位移，有时可以识别出拉-剪联合荷载条件。了解锚杆在这种联合荷载条件下的行为对于岩石支护设计是有益的。

先前关于岩石锚杆的剪切试验主要旨在研究其在岩石节理加固中的效果，如前文所述。在这些试验中，锚杆穿过两个岩石或混凝土块的节理，如图 4-61 所示。锚杆加固的块体在法向荷载作用下沿节理表面剪切。在这种布置方式下，锚杆的倾角，即锚杆与节理表面之间的角度，最低只能达到 45°。该方法的另一个缺点是节理表面存在摩擦力，使得解释锚杆的行为变得复杂。为了从试验结果中消除摩擦力的影响，并在 0°（纯拉伸）到 90°（纯剪切）范围内检查位移角的影响，有研究开发了新的试验方法，以不同于先前试验的方法对锚杆施加拉力和剪力。

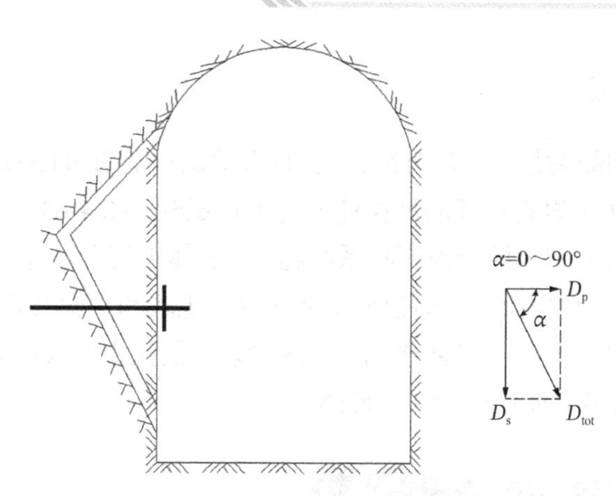

图 4-60　沿不连续面位移时岩石锚杆受载条件的示意图

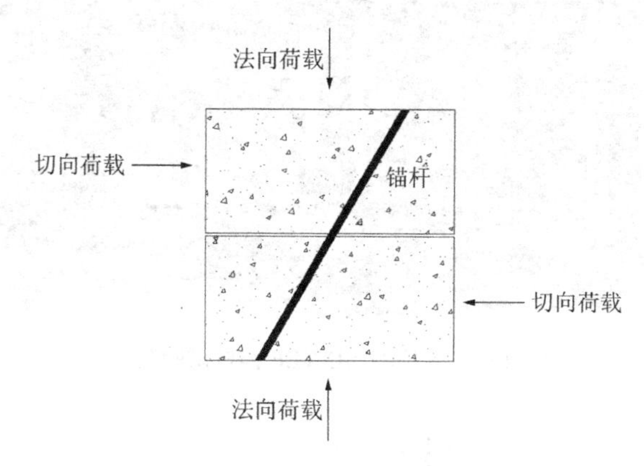

图 4-61　岩石节理加固锚杆的剪切试验布置示意图

地下开挖后，周围岩体会发生位移。当位移方向不在锚杆长度方向上时，岩体位移会在锚杆上产生拉力（F_p）和剪力（F_s）。总位移（D_{tot}）可以分解为沿锚杆长度方向的拉伸位移（D_p）和垂直于锚杆长度方向的剪切位移（D_s）。本章将横向剪切力和轴向拉力之间的角度定义为荷载角，并表示如下：

$$\theta = \arctan\frac{F_s}{F_p} \tag{4-1}$$

拉伸位移和剪切位移之间的角度定义为位移角，并表示如下：

$$\alpha = \arctan\frac{D_s}{D_p} \tag{4-2}$$

在后续的分析部分可以看到，位移角和荷载角并不相等。开发的试验方法旨在考察锚杆在拉-剪联合荷载下的性能。锚杆垂直安装在两块混凝土块的节理上，通过连接到泵控多路阀的液压缸对锚杆施加拉力和剪力。通过阀门将加压油分配到拉伸和剪切液压缸中，位移角从 0°～90°变化。该试验布置的优点在于试验结果中不涉及节理摩擦力，因为测试过程中两块混凝土块是分离的。试验的目标是研究加载条件（位移角和接缝间隙）和岩石强度对两种类型锚杆（钢筋锚杆和 D-Bolt）性能的影响。

1. 试验装置与布置

图 4-62 展示了挪威科技大学（NTNU）岩石力学试验室的 NTNU/SINTEF 锚杆试验装置。该装置最初设计用于岩石锚杆的纯拉伸或纯剪切试验。图 4-63 展示了改进后的试验装置示意图。拉力和剪力分别由两个液压缸系统施加。岩体由两个尺寸为 950mm × 950mm × 950mm 的立方体混凝土块模拟。滚动轴承安装在混凝土块和试验装置框架之间，以消除混凝土块之间的摩擦阻力，并起到导向作用。该试验装置的拉力最大加载能力为 500kN（2 × 250kN 液压缸），剪力最大加载能力为 600kN。

图 4-62　NTNU/SINTEF 锚杆试验装置

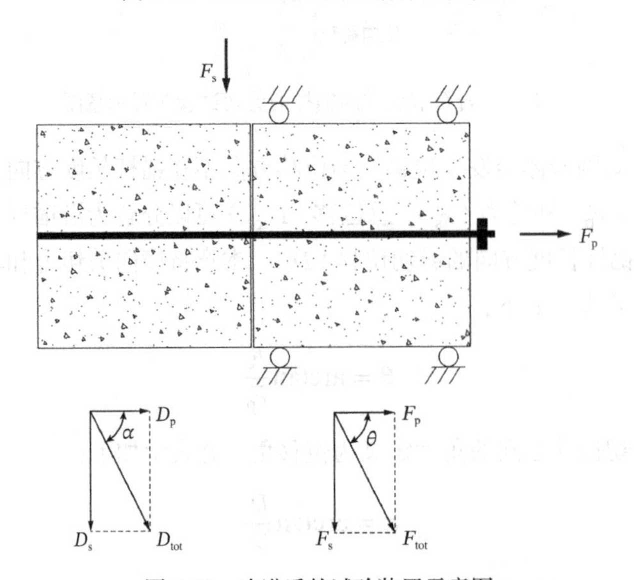

图 4-63　改进后的试验装置示意图

通过调整阀门，以预定比例将加压油分配到各个液压缸中。这种布置保证了施加在锚杆上的总位移在恒定的位移角下进行。由于测试过程中混凝土块相互分离且不接触，试验结果中不涉及两块混凝土块之间的摩擦。混凝土立方体在养护至少 30d 后被放置在试验装置的框架中。然后，用 33mm 的钻头进行气动钻孔。随后，将水灰比为 0.32 的水泥浆泵入钻孔，并将锚杆样品插入孔中。水泥注浆在养护 3d 后的强度大约为 65MPa。在锚杆板下放置一个荷载传感器以监测板荷载。

为了获取关于锚杆沿长度的详细应力情况，应变片按图 4-64 所示的位置安装。在大多数试验中，六对应变片（图 4-64 中的 1、2、5～8）均匀地放置在距加载点 50mm、150mm 和 300mm 处。对于其他一些试验，额外的一对应变片（图 4-64 中的 3、4）放置在距加载点 100mm 处。

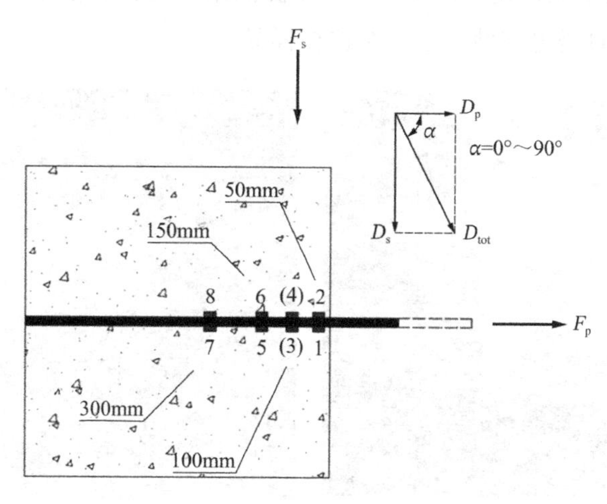

图 4-64　锚杆试件的应变片布设示意图

该试验分为四组。在第 1 组中，锚杆安装在单轴抗压强度（UCS）为 110MPa 的高强度混凝土块中，并通过改变位移角从 0°（纯拉伸）到 90°（纯剪切）进行测试。在第 2 组中，锚杆安装在混凝土-花岗岩块中，以验证锚杆在花岗岩中的表现是否与在高强度混凝土块中的表现相同（图 4-65）。在第 3 组中，使用单轴抗压强度为 30MPa 的弱混凝土块，以研究混凝土块强度对锚杆性能的影响。在第 1 组、第 2 组和第 3 组中，所有样品的测试开始时，两块混凝土块之间的接缝间隙名义上为零。第 4 组的测试在接缝间隙为 30mm 的条件下进行，以考察接缝间隙的影响。第 4 组中使用的混凝土块与第 1 组中使用的类型相同。

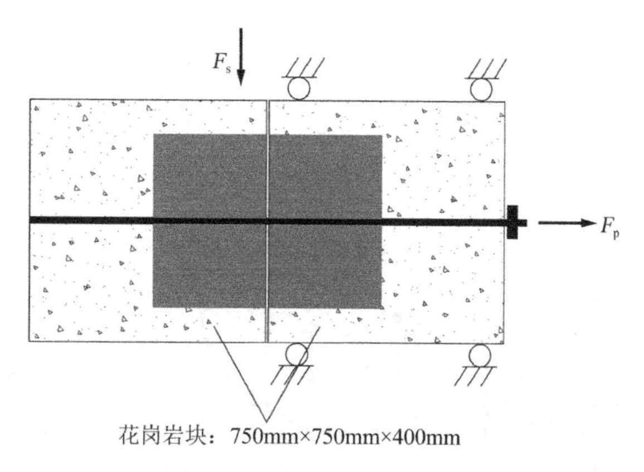

图 4-65　第 2 组布置示意图

通常情况下，试验室中的锚杆测试使用高强度混凝土块。为研究安装在混凝土块中的锚杆与安装在岩石中的锚杆性能有何不同，在第 2 组试验中使用了混凝土-花岗岩块。这些块体是通过将尺寸为 750mm × 750mm × 400mm 的花岗岩块浇筑在混凝土中制成的（图 4-66）。两个块体的花岗岩面相对，使得锚杆在测试过程中受到花岗岩块的加载。花岗岩的单轴抗压强度为 136MPa，混凝土的单轴抗压强度为 110MPa。在第 2 组和第 3 组中，仅使用了 20°和 90°两个位移角。由于第 1 组中测试结果的良好重复性，在这两组试验中，每个位移角和每种锚杆类型仅测试了一个锚杆样品。

(a) 养护前

(b) 准备测试

图 4-66　第 2 组中的混凝土-花岗岩块

通过具有代表性的所有位置的应变和荷载数据，展示了锚杆在拉-剪联合荷载下的响应情况（图 4-67）。在距加载点 50mm、100mm、150mm 和 300mm 处的上部应变片（编号 2、4、6 和 8）显示出轴向应变的增加。正如所有测试中的共同现象所示，靠近加载点的下部应变片，即编号 1（距接缝表面 50mm），响应为明显的应变下降。一些测试结果则显示，编号 3 和 5（分别距加载点 100mm 和 150mm）的应变片在加载初期的应变也是负值。负应变的幅度始终小于锚杆另一侧的正应变，并且在测试继续进行时会发生逆转。

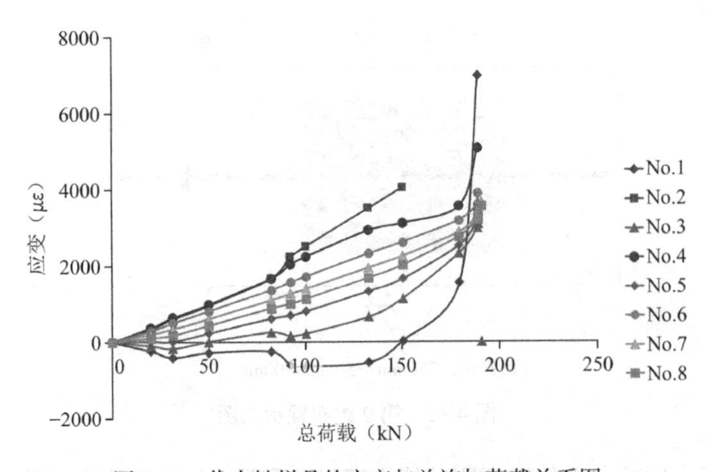

图 4-67　代表性样品的应变与总施加荷载关系图

2. 锚杆的位移角试验

锚杆样品的荷载-位移曲线如图 4-68 所示。每个锚杆样品在破坏前经历四个变形阶段。对于 0°和 20°两个位移角，线性弹性变形和屈服阶段几乎相同。在 60°和 90°的位移角下，位移跃变发生在约 100kN。40°样品的表现为上述两种情况的混合，第一轮中没有发生位移跃变，但在第二轮中发生了，表明 40°可能是位移跃变的过渡角度。除 90°样品外，所有样品的塑性变形阶段相似，最终位移为 30～40mm。90°样品的最终位移略大于其他角度的样品。图 4-68（b）中也显示了所有锚杆样品的最终位移。从 0°到 60°，最终位移几乎没有变化。总体而言，全长锚固锚杆的最终位移不受位移角的显著影响。锚杆的抗拉强度为 217kN。当位移角大于 60°时，锚杆强度下降到约 195kN。这表明位移角对锚杆强度的影响较小。锚杆的最终拉力和剪力变化随着位移角增加到 60°，拉力略有下降，然后在 90°时迅速降为零，而剪力随着位移角的增加近乎线性地增加。锚杆的最终拉力和剪力变化随着位移角增加到 60°，拉力略有下降，然后在 90°时迅速降为零，而剪力随着位移角的增加近乎线性地增加。

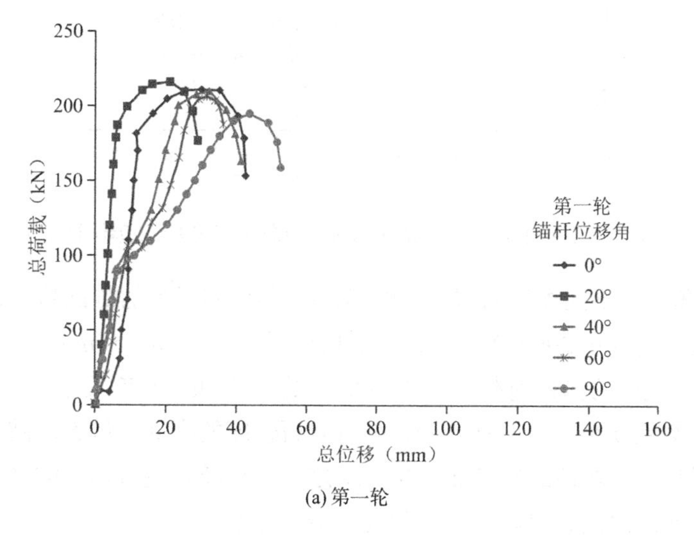

(a) 第一轮

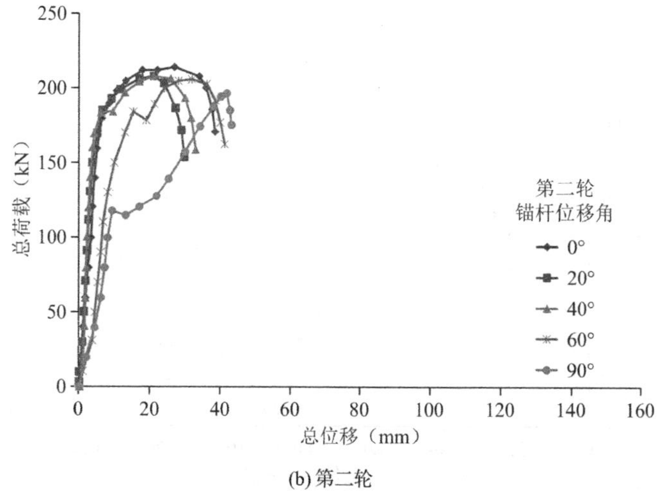

(b) 第二轮

图 4-68　锚杆样品（第 1 组）的总荷载与总位移关系

3. 岩性试验

为了比较锚杆在不同主岩材料中的锚固性能，使用了三种强度不同的材料制作测试块（图 4-69）。这三种测试块分别是弱混凝土块（30MPa）、强混凝土块（110MPa）和混凝土-花岗岩块（136MPa），并用锚杆进行加固。浇筑在混凝土块中的两个花岗岩块模拟了现场的真实岩石条件。

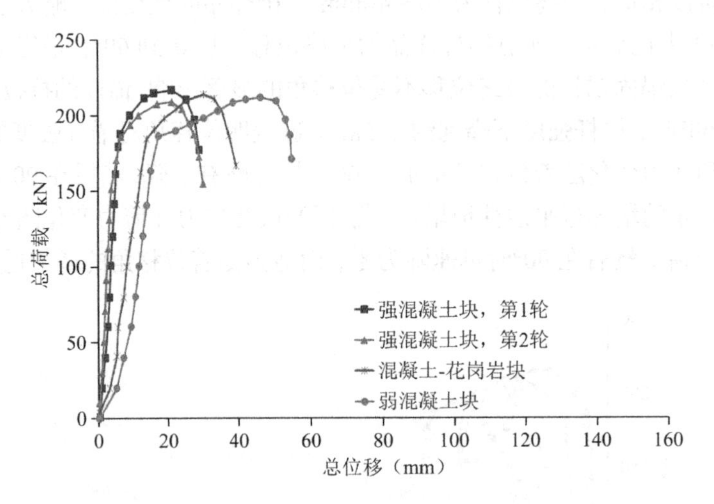

图 4-69　不同主岩材料样品的总荷载与总位移关系（20°位移角）

在 20°位移角下，不同类型测试块中的锚杆荷载-位移行为的测试结果如图 4-69 所示。锚杆的最大总破坏荷载在 209～217kN 之间，总破坏位移在 30～55mm 之间。在 90°位移角下，不同类型测试块中的锚杆荷载-位移行为的测试结果如图 4-70 所示。所有曲线的斜率在位移约 80mm 处突然变小。可以观察到，随着岩石强度的降低，最大总破坏荷载呈现平稳上升的趋势。锚杆总破坏荷载在 188～203kN 之间，且随着主岩强度的降低而增加；总破坏位移在 40～68mm 之间，且随着主岩强度的降低而增加。

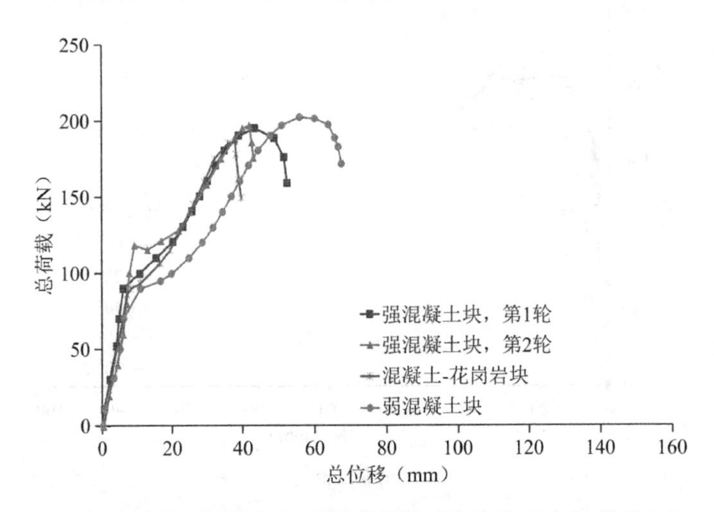

图 4-70　不同主岩材料样品的总荷载与总位移关系（90°位移角）

4. 接缝间隙试验

在 40°位移角下，破坏发生在接缝间隙处，呈现出拉剪复合破坏模式。如图 4-71 所示，锚杆之间的承载能力没有明显差异。锚杆的最大总荷载在 201～209kN 之间。相反，接缝间隙略微增强了两种锚杆的变形能力，锚杆的最大总位移从 33mm 增加到 48mm。

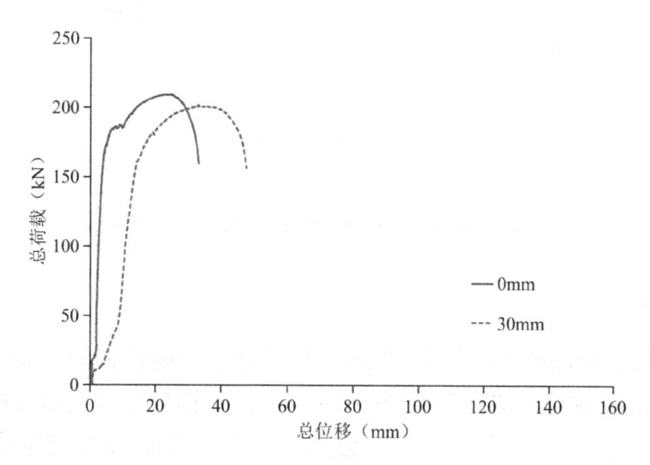

图 4-71　接缝间隙对锚杆破坏荷载和位移的影响（40°位移角）

5. 位移角的影响

锚杆的失效总是发生在混凝土块的接缝处。锚杆的拉伸失效特征为在失效位置处的颈缩，即锚杆杆径在失效前快速变得明显小于其原始直径。锚杆的剪切失效特征为锚杆杆径的弯曲和斜向破裂。在剪切加载下也会发生颈缩，但通常不如纯拉伸情况下显著。在测试过程中要求锚杆在钻孔中牢固锚固。为了监测锚杆的锚固质量，在锚杆板下放置了一个荷载传感器。在测试前将锚杆板拧紧，以便加载点的任何移动都会通过板将荷载传递给荷载传感器。图 4-72 显示了锚杆试样的板荷载。除了一根锚杆外，所有钢筋锚杆的板荷载均记录为零，表明锚杆的封装质量非常好，锚杆末端在测试过程中没有移动。有一根锚杆的板荷载约为 30kN，这意味着该锚杆的封装不够理想。

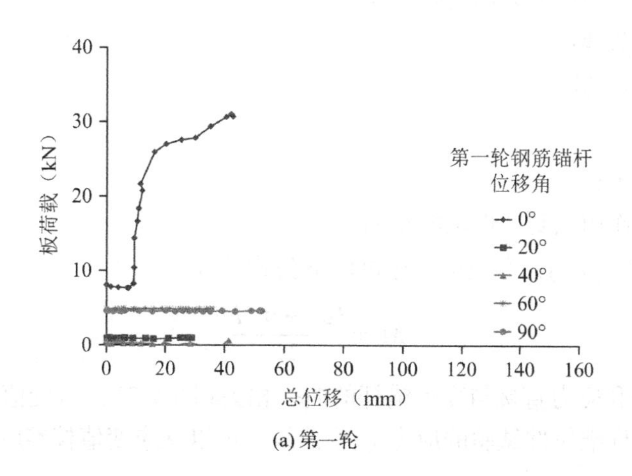

(a) 第一轮

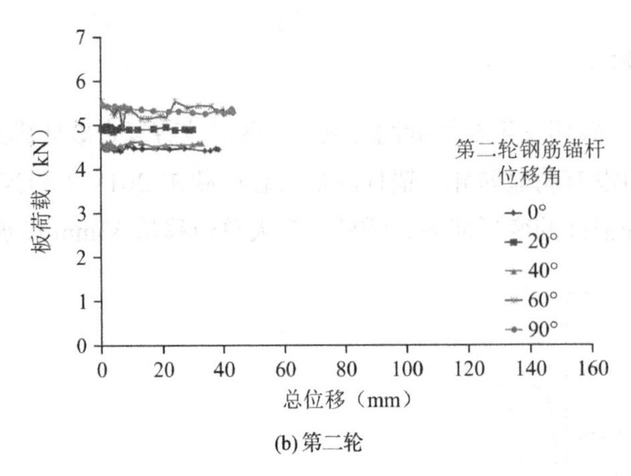

(b) 第二轮

图 4-72　钢筋锚杆试件的板荷载与位移关系曲线

6. 应力分布分析

当锚固岩石接缝承受拉拔和剪切荷载时，锚杆随着接缝位移的增加而变形，这可以调动轴向荷载N和横向荷载Q（图 4-73）。在弹性区域内，锚杆变形呈曲线形状，并有两个关键点：一个在锚杆-接缝交界处，弯矩为零（点O），另一个在剪应力为零的最大弯矩处（点A）（Jalalifar 等，2006a，2006b；Jalalifar 和 Aziz，2010a，2010b）。应力结果由弯矩M、轴向荷载N和横向荷载Q决定。基于梁理论，沿锚杆存在均匀应力分布$\sigma = N/A$。弯矩产生线性变化应力$\sigma = \pm(My/I)$，锚杆上部为拉应力（正），下部为压应力（负）。轴向应力的最终分布如下：

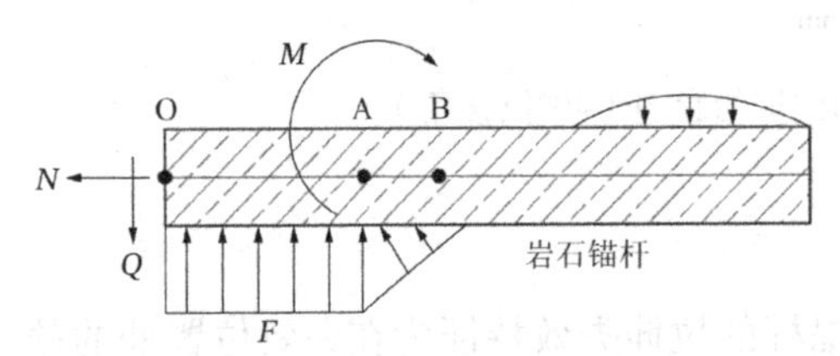

图 4-73　锚杆在拉拔和剪切荷载下的受力情况

$$\sigma_1 = \frac{N}{A} + \frac{My}{I} \tag{4-3}$$

$$\sigma_2 = \frac{N}{A} - \frac{My}{I} \tag{4-4}$$

式中：σ_1——作用在锚杆上表面的轴向应力；

σ_2——作用在锚杆下表面的轴向应力；

N——轴向荷载；

A——锚杆横截面；

M——弯矩；

I——惯性矩；

y——弯矩作用点到中性轴的距离。

结合式(4-3)和式(4-4)，弯矩可以通过以下公式计算：

$$M = \frac{(\sigma_1 - \sigma_2)I}{2y} \tag{4-5}$$

锚杆中的应变和应力直接与变形锚杆的曲率相关（图 4-73）。应变值通过锚杆试验中的应变计记录。根据标准拉伸试验的应力-应变曲线，可以从应变值校准应力值。因此，弯矩通过式(4-5)获得。随着拉拔和剪切荷载的增加，周围介质在锚杆长度上产生反作用力。这种力逐渐增加，直到锚杆达到屈服极限。

7. 位移角度的影响

根据试验期间记录的应变计数据，随着施加荷载的增加，锚杆沿着表面产生应变。图 4-74 比较了在相同位移角度下钢筋锚杆的应力分布。对于钢筋锚杆来说，轴向应力在距离加载点 150mm 以外的上表面和下表面迅速减少。在 300mm 处的应力变化可以忽略不计。一方面，对于 20°～90°位移角度的上表面，随着施加荷载的增加，拉应力也增加。这与岩石锚杆在拔出试验中的理论应力分布非常接近（Li 和 Stillborg，1999）。在 50mm 处，当施加荷载为 100kN 时，20°位移角度的上部应力为 450MPa，这大于其他位移角度的应力。这表明，在 20°位移角度下，钢筋锚杆主要受到拉力而不是弯曲力的作用。另一方面，压应力在 50mm 处观察到，但在 150mm 或 300mm 处从未出现。在 90°位移角度下，当荷载为 100kN 时，50mm 处的下部应力为−171MPa，这意味着锚杆明显偏转。

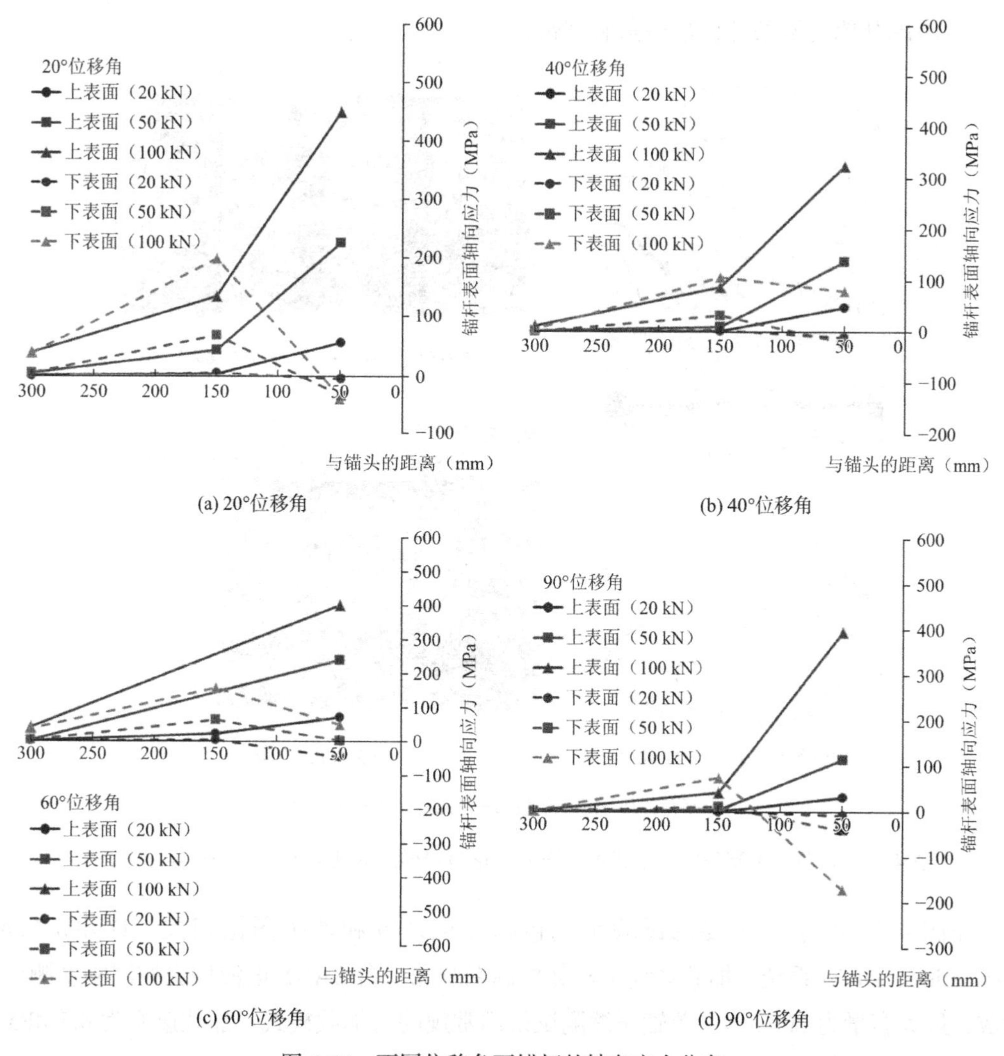

图 4-74 不同位移角下锚杆的轴向应力分布

4.5 岩石单轴压缩条件下的锚杆剪切试验

Wen 等（2023）针对预先存在两条裂隙的锚固花岗岩在单轴压缩条件下的应力特征、裂纹演化及能量转换进行了研究。在该研究中，进行了一系列单轴压缩试验，试验对象为含有两条预先存在裂隙的花岗岩样品，分析了锚杆对其力学行为、裂纹抑制及能量吸收特性的影响，其研究成果有助于理解岩柱的失稳机制及寻找有效的支护措施。为了研究不同节理倾角的花岗岩样品的支护效果，这些样品被随机分为两组：对照组和试验组。试验组样品在预钻孔中用锚固胶安装了锚杆，对照组样品在预钻孔中仅注入了锚固胶。预先存在的裂隙被保持为约 1mm 的开口厚度，其几何形状如图 4-75 所示。以往研究考察了预先存在裂隙几何形状对各种岩石或类岩材料在单轴压缩下的强度和破坏行为的影响。这一研究主要关注节理倾角对力学破坏行为的支护效果，因此试验仅关注裂隙几何形状（角度和长度），不考虑其他变量条件，如桥角和韧带长度。

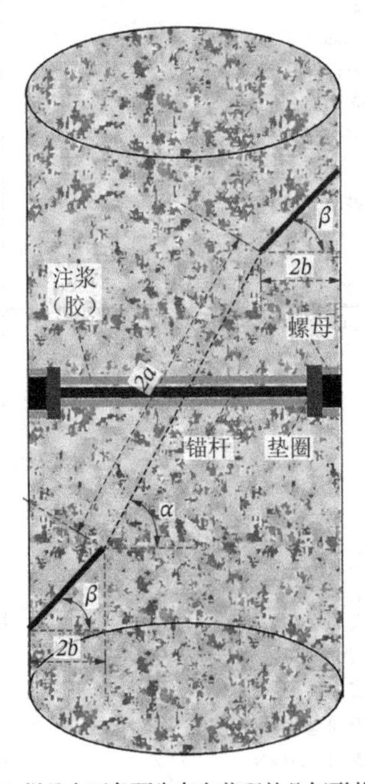

(a) 样品中两条预先存在节理的几何形状

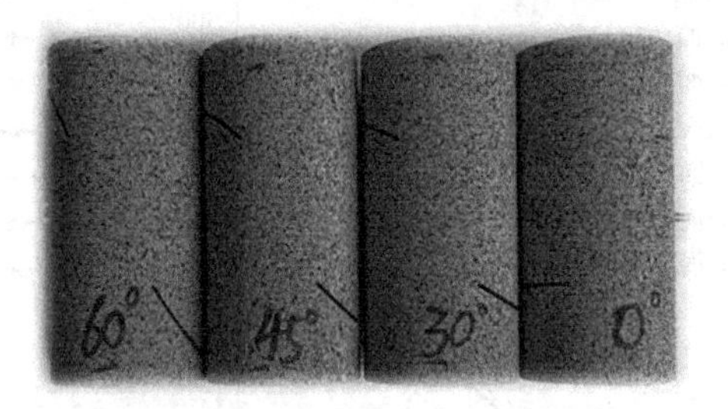

(b) 带有预先存在节理和岩孔的花岗岩样品

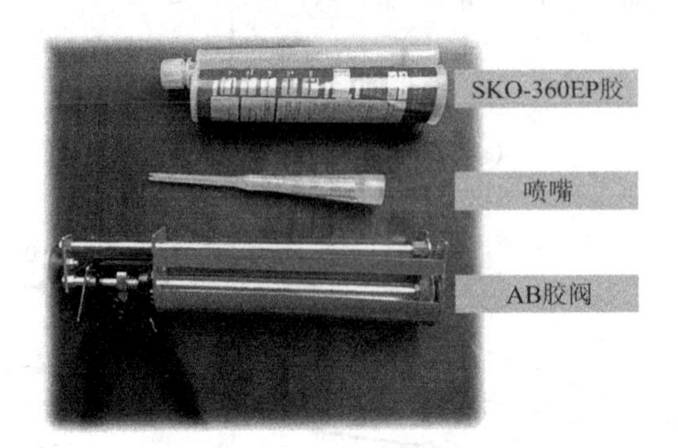

(c) 锚固胶和工具

α—桥角；$2a$—韧带长度；β—裂隙角；$2b$—裂隙长度

图 4-75 含两条预制裂隙且带或不带锚杆的花岗岩样品的几何形状（Wen 等，2023）

如图 4-76 所示，主要的试验系统包括加载系统和数字图像相关（Digital Image Correlation，DIC）系统。加载系统由加载控制系统和一台 SANS 电液伺服控制刚度测试机组成，最大容量为 2000kN。单轴压缩测试采用常规的力加载模式，加载速率为 0.5MPa/s，直至样品发生破坏。

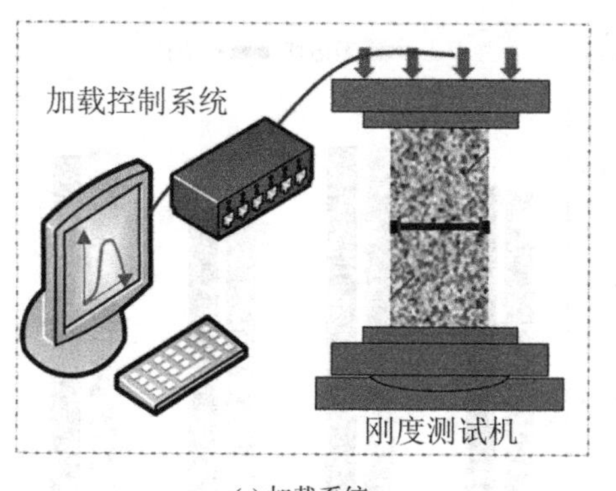

(a) 加载系统

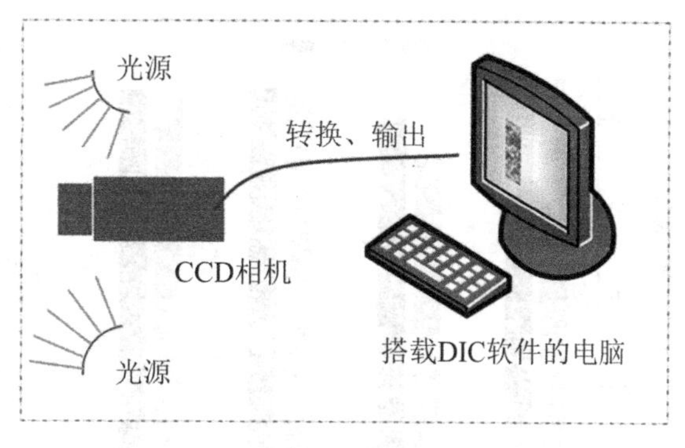

(b) DIC 系统

图 4-76 试验装置的示意图（Wen 等，2023）

为了探讨锚杆对含有两条预先存在裂隙的花岗岩的力学特性的影响，获得了典型的轴向应力-应变曲线，如图 4-77 所示。这些曲线呈现出 S 形，包含中间较陡的直线段和两端较短的曲线段，反映了塑性-弹塑性变形的特征。在具有不同节理倾角的样品中，压缩段长度和弹性变形段的斜率有所不同，但锚杆对压缩段和弹性变形段没有显著影响。在塑性变形段中，没有锚杆的样品在 150～170MPa 轴向应力范围内的轴向应力-应变曲线特征性下降。带有锚杆的样品的曲线更稳定，曲线的斜率逐渐减小，直到轴向应力达到 200MPa。与没有锚杆的样品相比，带有锚杆的样品在 150～170MPa 轴向应力范围内的曲线斜率并没有突然下降。

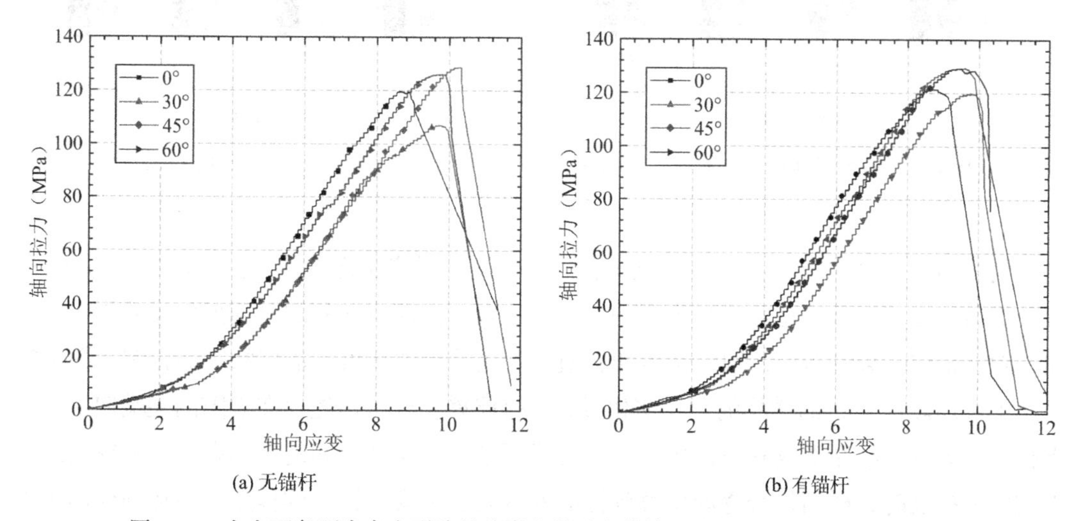

(a) 无锚杆　　(b) 有锚杆

图 4-77 含有两条预先存在裂隙的花岗岩样品在单轴压缩下的轴向应力-应变曲线（Wen 等，2023）

图 4-78 展示了节理倾角对单轴抗压强度、峰值应变、弹性模量和变形模量的影响；单轴抗压强度先随着节理倾角的增加而降低；弹性模量和变形模量也先降低后随着节理倾角的增加而增大，但变形模量的变化范围更广；相比之下，随着节理倾角的增大，峰值应变先增加后减小。

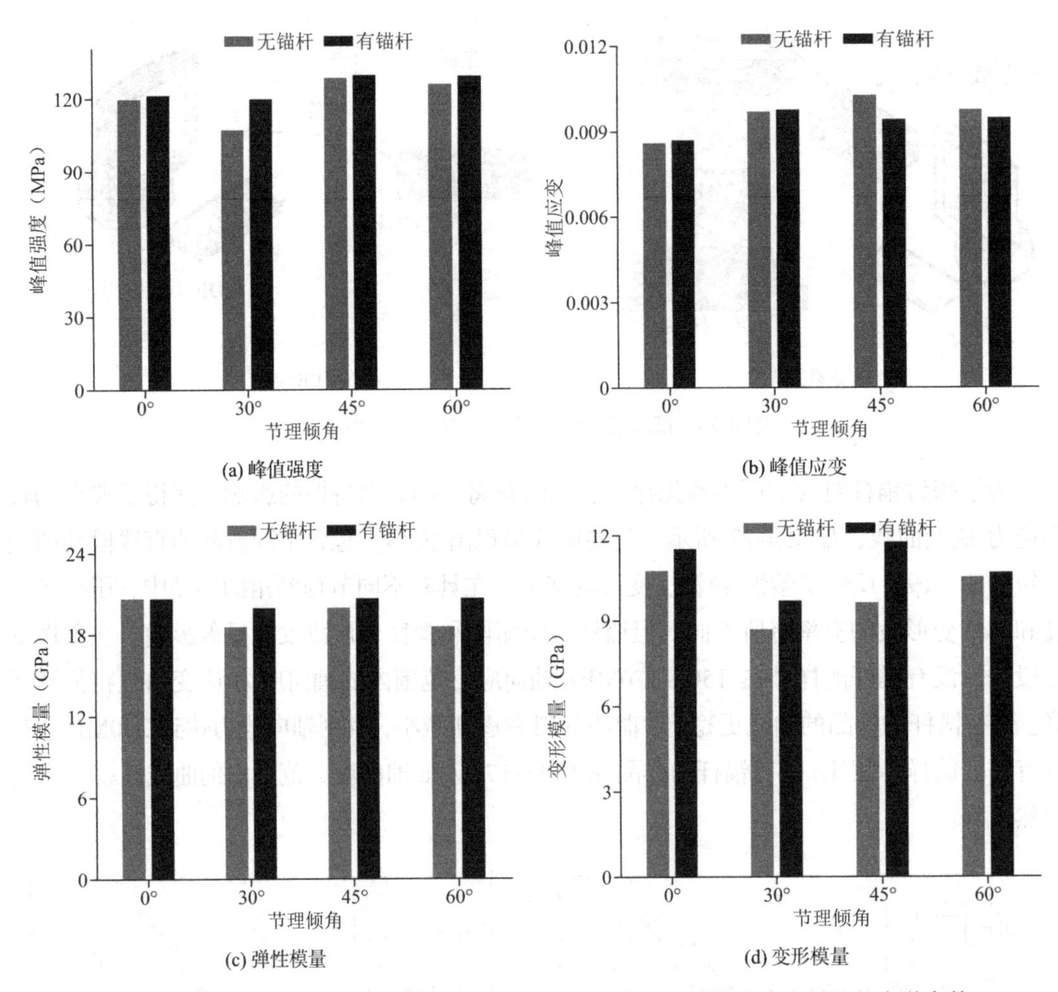

图 4-78 在单轴压缩下含有或不含锚杆的两条预先存在裂隙的花岗岩样品的力学参数（Wen 等，2023）

利用 DIC 方法可分析不同节理倾角花岗岩样品的裂纹演化过程，包括裂纹的起始、扩展及贯通。拉伸翼裂纹总是最早出现的裂纹，这表明锚杆对样品的早期损伤没有影响。然而，随着轴向荷载的增加，裂纹扩展和贯通的模式受节理倾角和锚杆状态的影响。图 4-79 显示了节理倾角为 0°的样品的裂纹演化过程。拉伸翼裂纹从预先存在裂隙的尖端向上或向下扩展，导致样品左上或右下区域剥落。带或不带锚杆样品之间的区别在于拉伸翼裂纹向上或向下扩展时，样品是否逐渐偏移到样品的两侧。未安装锚杆的样品在破坏前经历了大量塌陷，完全暴露了中部区域，并沿岩桥水平方向对称发生剪切破坏。而安装了锚杆的样品在岩桥方向发生剪切破坏。

如图 4-80 和图 4-81 所示，节理倾角为 30°和 45°的样品的裂纹演化过程相似。与节理倾角为 0°的样品相比，拉伸翼裂纹主要从其中一个预先存在裂隙的尖端扩展，破坏前样品的一侧出现大规模塌陷。样品沿岩桥方向发生剪切破坏，但角度值大于岩桥角；而带有锚杆的样品中未出现大规模塌陷。

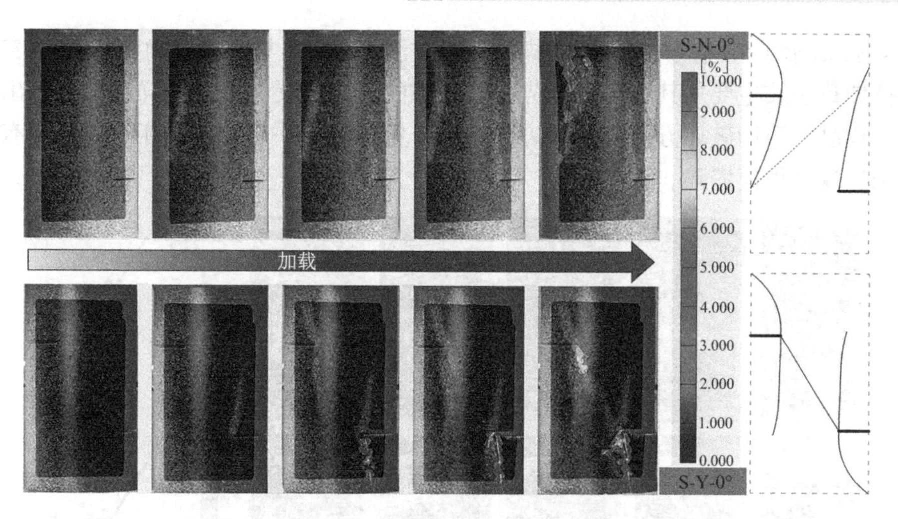

图 4-79　节理倾角为 0°的花岗岩样品的裂纹演化过程（Wen 等，2023）

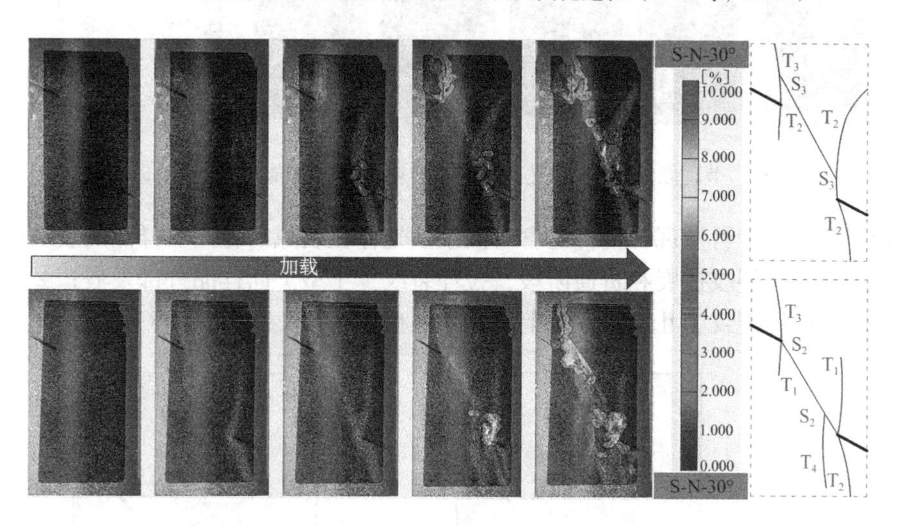

图 4-80　节理倾角为 30°的花岗岩样品的裂纹演化过程（Wen 等，2023）

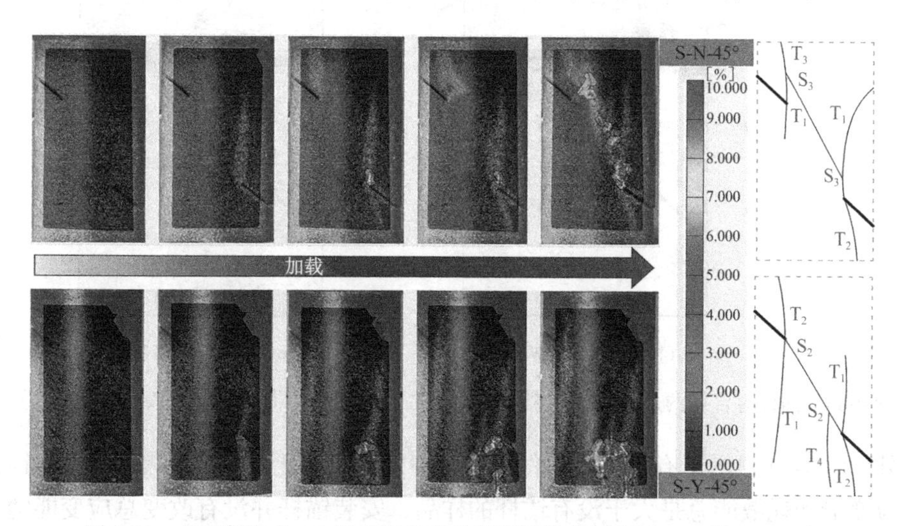

图 4-81　节理倾角为 45°的花岗岩样品的裂纹演化过程（Wen 等，2023）

图 4-82 展示了节理倾角为 60°的样品的裂纹演化过程。与节理倾角为 30°和 45°的样品相比，拉伸翼裂纹主要从其中一个预先存在裂隙的尖端扩展，破坏前样品的一侧出现大规模塌陷。样品的剪切破坏方向与岩桥方向一致，角度值几乎与岩桥角相等，而带有锚杆的样品中未出现大规模塌陷。

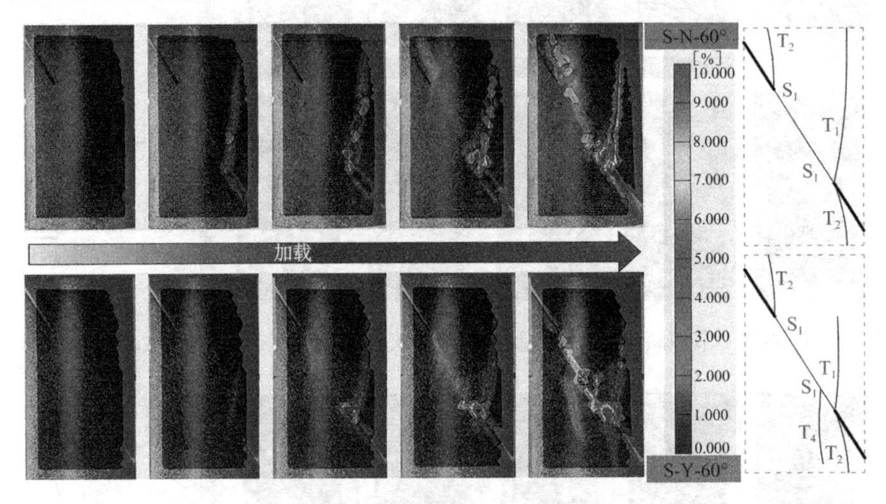

图 4-82　节理倾角为 60°的花岗岩样品的裂纹演化过程（Wen 等，2023）

结合以上的试验可发现，锚杆对含有两条预先存在裂隙的花岗岩样品的裂纹抑制效果主要表现为：①在裂纹扩展和贯通阶段，拉伸裂纹（Ⅰ型）向样品外部发展；②在完全剪切破坏阶段，剪切裂纹（Ⅱ型）通过上下预先存在的裂隙发展（图 4-83）。

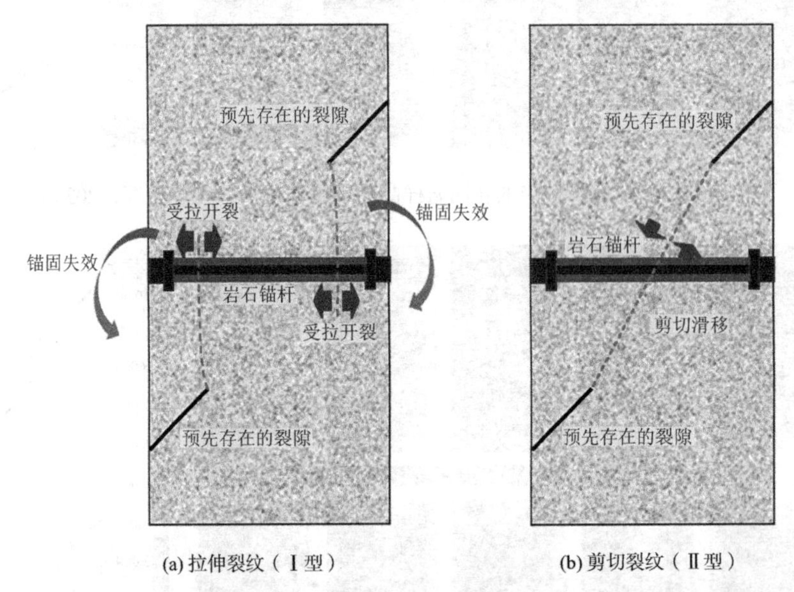

(a) 拉伸裂纹（Ⅰ型）　　(b) 剪切裂纹（Ⅱ型）

图 4-83　锚杆对含有两条预先存在裂隙的样品的裂纹抑制效果示意图（Wen 等，2023）

此外，图 4-84 显示了有无锚杆条件下的各种能量值的比较。结果表明，带有锚杆的样品的总应变能和耗散能总是大于没有锚杆的样品，安装锚杆并没有改变总应变能随节理倾角的变化趋势。因此锚杆可以有效地增加能量吸收量，并且其影响小于节理倾角。节理倾角为 30°和 45°的样品的耗散能大于节理倾角为 0°和 60°的样品，表明耗散能与裂纹贯通模式之间存在关系。节理倾角为 0°或 30°的样品的总应变能显著低于节理倾角为 45°或 60°的样品。节理倾角为 60°的样品储存了较大的弹性能，但其耗散能相对较小。因此，未来的研究可考虑裂隙几何形状的潜在影响，如岩桥角、韧带长度、节理倾角和节理长度。

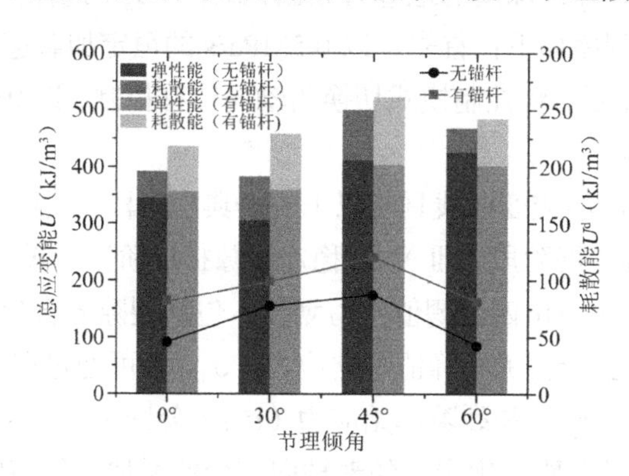

图 4-84　不同节理倾角和锚固状态下的峰值强度下各种能量值的比较（Wen 等，2023）

4.6　岩石三轴压缩条件下的锚杆剪切试验

Wen 等（2024）针对三轴压缩条件下含有两条填充边缘切口裂隙的锚固花岗岩的力学性质和破坏行为进行了研究。先前的研究表明，不连续面的几何特征，如韧带角度（α）、裂隙角度（β）、韧带长度（$2a$）、裂隙长度（$2b$）和裂隙类型，对岩体的变形行为和破坏演化具有重要影响。最优锚固角度定义为锚杆与应力诱导的断裂面之间的角度，通常在 45°～90°之间。因此，按照国际岩石力学学会（ISRM）的建议，制备了 32 个标准圆柱样本，尺寸为ϕ50mm × H100mm。如图 4-85 所示，韧带角度（α）和韧带长度（$2a$）分别固定为 60°和 50mm，并选择了四种不同的裂隙角度（$\beta = 0°$、30°、45°和 60°）。所有裂隙均用由白色波特兰水泥、白色石英砂（80～120 目）和水按质量比 2.33∶1.86∶1 混合的水泥砂浆填充。此外，在花岗岩样本中间钻了一个直径为 5mm 的孔，然后在填充锚固胶的孔中安装了一个直径为 3mm 的锚杆，并用紧固螺母将锚杆两端固定。

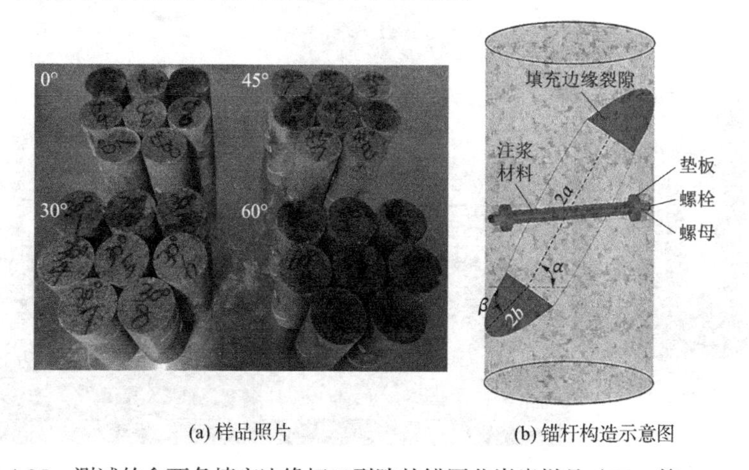

图 4-85　测试的含两条填充边缘切口裂隙的锚固花岗岩样品（Wen 等，2024）

常规三轴压缩试验选择了 MTS-815 岩石力学测试系统。如图 4-86 所示，该测试系统包含三个独立的闭环伺服控制功能：①轴向加载（0～4600kN 的压力和 0～2300kN 的拉力）；②围压（0～140MPa）；③孔隙水压力（0～140MPa）。此外，轴向和周向变形采用 LVDT 同步测量。根据矿业工程开采深度的地应力数据，围压（σ_3）选择为 0、15MPa、30MPa 和 40MPa。本研究的加载程序如下：首先，以 0.5MPa/s 的恒定加载速度施加围压至目标值。然后，围压保持不变。最后，将控制模式切换为轴向位移控制，以 0.04mm/min 的速度加载样本直至花岗岩破坏。

通常，花岗岩的偏应力-应变曲线具有以下五个典型阶段：裂隙闭合阶段（Ⅰ）、线性弹性阶段（Ⅱ）、稳定裂隙扩展阶段（Ⅲ）、不稳定裂隙扩展阶段（Ⅳ）和峰后阶段（Ⅴ）。如图 4-87 所示，这些典型阶段由四个阈值应力划分，包括裂隙闭合应力（σ_{cc}）、裂隙起始应力（σ_{ci}）、裂隙损伤应力（σ_{cd}）和峰值轴向应力（σ_{1f}），可通过严格的应变测量确定。具体来说，裂隙闭合应力（σ_{cc}）和裂隙起始应力（σ_{ci}）分别是线性弹性阶段的开始和结束，可通过裂隙体积应变或轴向刚度确定。随着轴向应变的增加，裂隙体积应变或轴向刚度通常先增加，然后逐渐趋于平缓，最后下降。此平缓阶段可视为线性弹性阶段。裂隙损伤应力（σ_{cd}）对应不稳定裂隙扩展的开始，可估计为最大总体积应变点。峰值轴向应力（σ_{1f}）通常被认为是对应最大轴向应力的点。

图 4-88 展示了围压和裂隙角度对含有两条预裂隙的锚固花岗岩中归一化应力阈值的影响。在裂隙闭合和弹性区域，随着围压的增加，归一化应力阈值的比值略有增加，尤其是在裂隙角度为 30°和 45°的样本中。在稳定裂隙扩展区域，当$\beta = 60°$时，平均最大比值为 38.1%；而$\beta = 0°$时，平均最小比值为 14.3%。相反，在不稳定裂隙扩展区域，当$\beta = 0°$时，平均最大比值为 29.1%；而$\beta = 60°$时，平均最小比值为 12.5%。对于裂隙角度为 30°和 45°的样本，随着围压的增加，不稳定裂隙扩展区域的比值减少。结果表明，围压对裂隙角度为 30°和 45°的样本中归一化应力阈值有显著影响，较大的裂隙角度可能加速花岗岩样本的不稳定破坏。

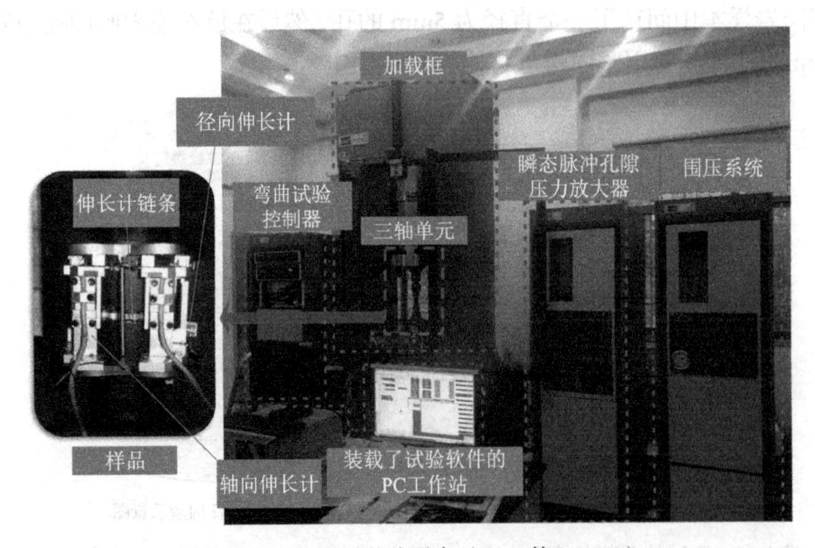

图 4-86　MTS 815 试验平台（Wen 等，2024）

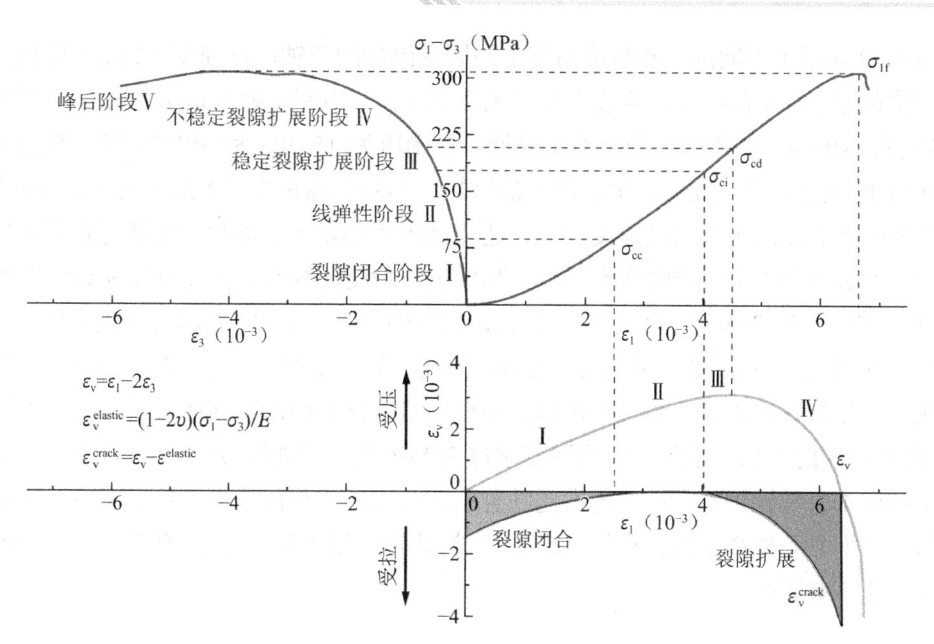

图 4-87　三轴压缩条件下 T-30-45°锚固花岗岩的渐进破坏阶段（Wen 等，2024）

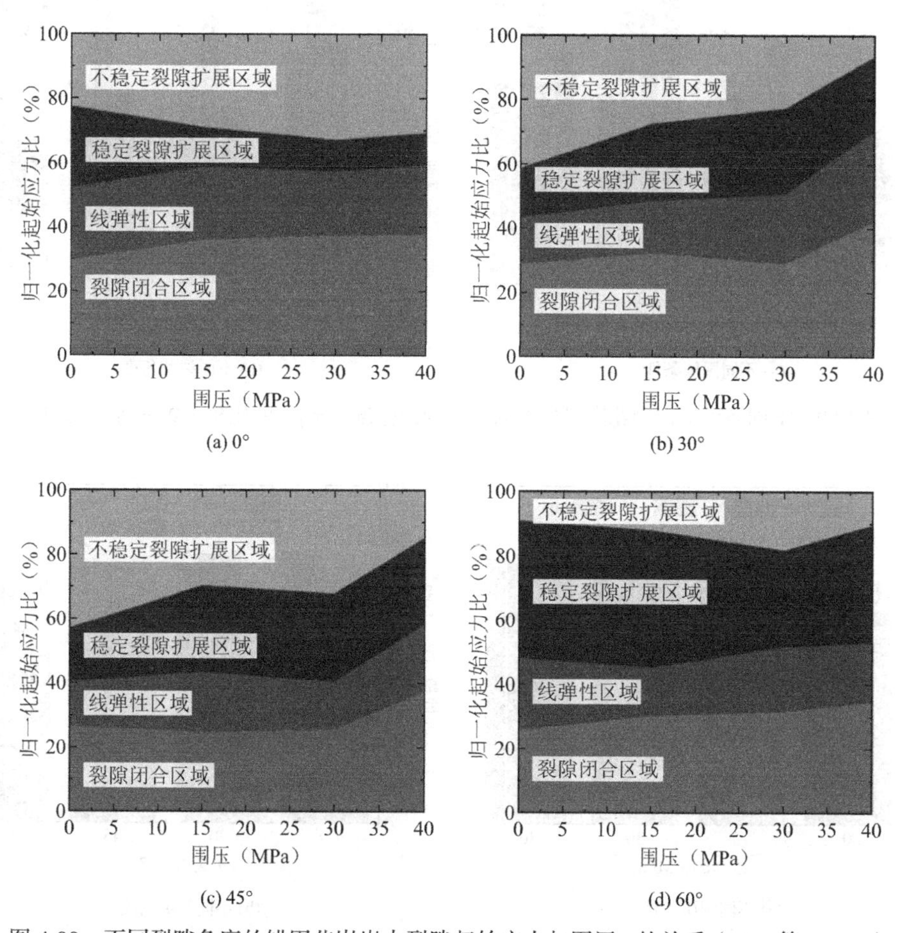

图 4-88　不同裂隙角度的锚固花岗岩中裂隙起始应力与围压σ_3的关系（Wen 等，2024）

图 4-89 显示了不同围压和裂隙角度下锚固花岗岩的三轴压缩强度（TCS）变化。总体而言，裂隙角度为 0°的样本的强度在相同围压下最高。当围压为 0 和 40MPa 时，裂隙角度为 45°的样本的强度在不同裂隙样本中最低。在围压为 15MPa 和 30MPa 时，裂隙角度为 60°的样本的强度最低。此外，随着围压的增加，不同裂隙角度样本之间的强度差异增加，表明裂隙的削弱作用不仅与其角度有关，还受到围压的影响。通常，强度随着围压的增加而增加，如裂隙角度为 60°的样本。对于其他裂隙角度的样本，强度首先随着围压的增加（$\sigma_3=0$、15MPa 和 30MPa）而增加，然后在较高围压（$\sigma_3=40\text{MPa}$）下突然减少。

图 4-90 显示了不同围压和裂隙角度对锚固花岗岩样本弹性模量（E_1）的影响。与完整样本相比，尽管花岗岩样本被锚杆加固，弹性模量因预裂隙的存在而显著减弱。弹性模量（E_1）随着围压的增加而增加，但当围压超过 30MPa 时，增幅减少。此外，除了在 15MPa 围压下的样本，弹性模量（E_1）通常先随着裂隙角度的增加而增加，然后减少。因此，增加围压在初期显著提高了弹性模量（E_1），但当围压过大时效果减弱。此外，裂隙角度对弹性模量（E_1）有影响。

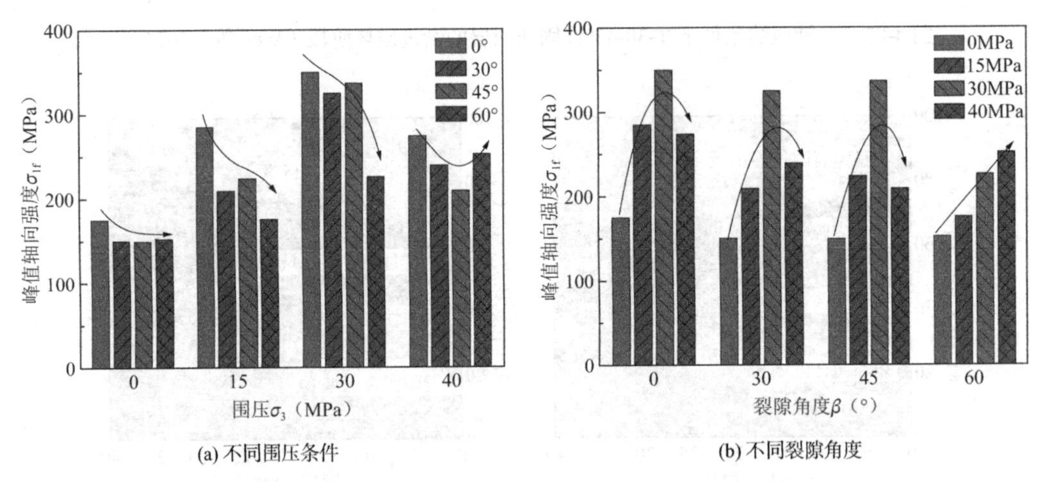

图 4-89　不同条件下锚固花岗岩样本的峰值轴向强度（σ_{1f}）的比较（Wen 等，2024）

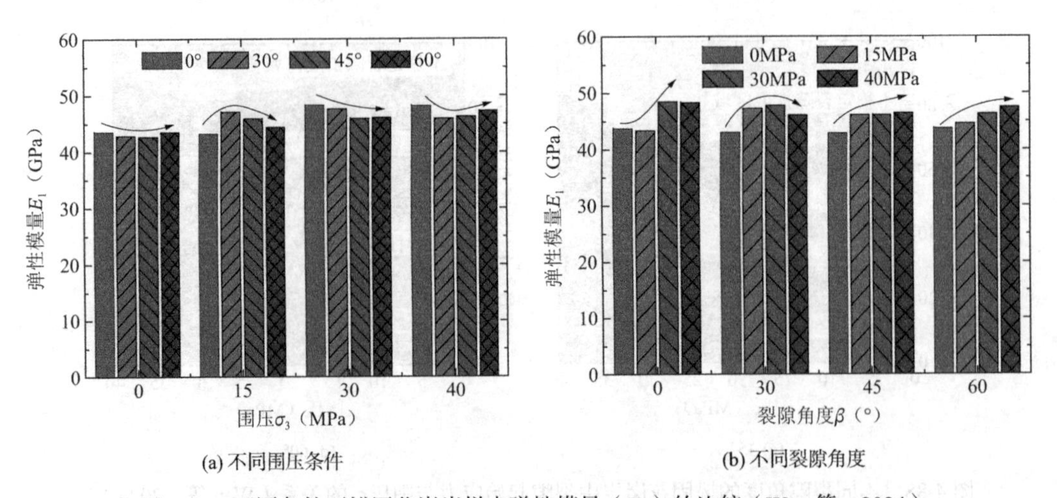

图 4-90　不同条件下锚固花岗岩样本弹性模量（E_1）的比较（Wen 等，2024）

图 4-91 显示了 45°裂隙角度的锚固花岗岩在不同围压下的能量演化。在达到峰值应力之前，随着轴向应变的增加，输入应变能（U_T）和弹性能量（U_E）均增加。输入应变能主要储存为弹性能量，很少转化为耗散能量（U_D）。在裂隙闭合阶段，耗散能量首先线性增加，然后在线性弹性和稳定裂隙扩展阶段缓慢增加，最后在不稳定裂隙扩展阶段急剧增加。通常，耗散能量可促进岩样中裂隙的起始、扩展和联结。因此，随着围压的增加，耗散能量显著增加，这意味着围压有助于裂隙的演化。当轴向应力接近峰值时，弹性能量逐渐达到能量储存极限；因此，输入应变能主要转化为耗散能量，这是岩样最终破坏的关键驱动力。

如图 4-92 所示，锚杆在渐进破坏过程中对接缝样本的力学性质和破坏行为有两个积极影响：①在稳定裂隙扩展阶段，众多微小裂隙开始萌生和扩展，导致横向膨胀增加。锚杆提供的额外紧固力阻止了裂隙的萌生和扩展，其值与横向膨胀成正比。②在不稳定裂隙扩展阶段，滑动运动将样本分成两部分，并引起锚杆的弯曲变形。锚杆提供的额外阻力防止了进一步滑动。因此，锚杆对接缝样本的渐进破坏过程有显著影响。

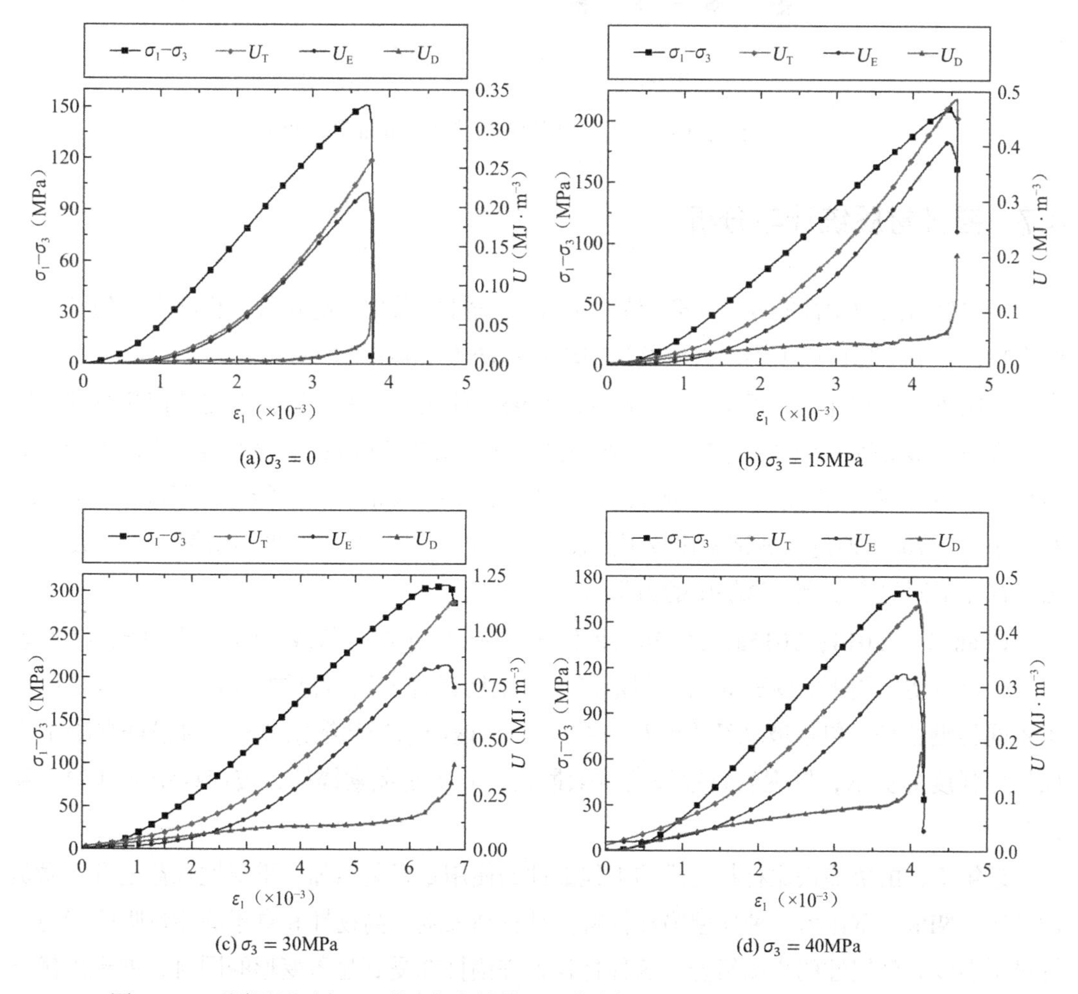

图 4-91　不同围压下含 45°裂隙角度的锚固花岗岩样本的能量演化（Wen 等，2024）

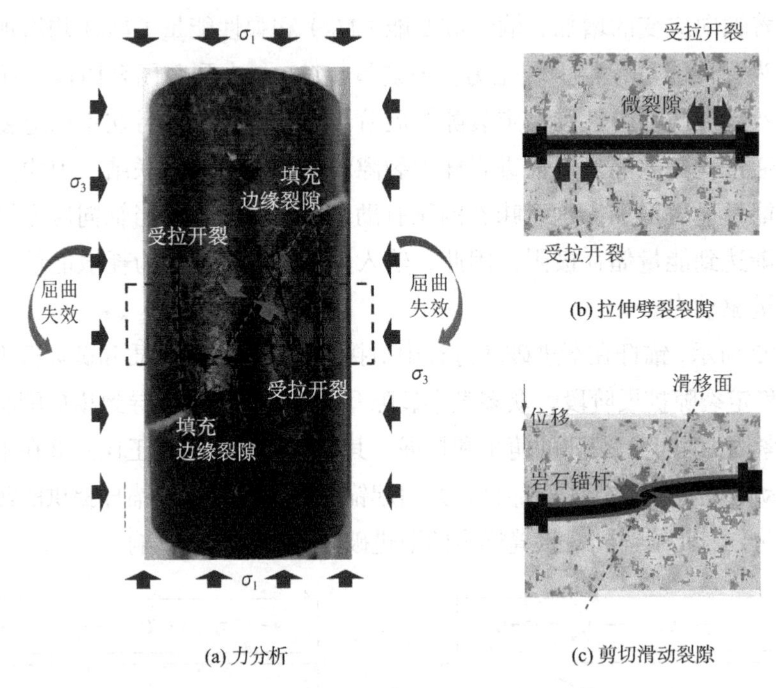

图 4-92 锚杆和岩体相互作用机制示意图（Wen 等，2024）

4.7 锚杆材质统计与分析

不同材料的力学性能存在显著差异，因此，锚杆的剪切性能在很大程度上受到其材质的影响，本节汇总讨论了不同材质类型的岩石锚杆（表 4-1）。

为比较试验和理论分析结果，Ferrero（1995）使用了三种钢锚杆来测试钢筋节理的抗破坏机制。Aziz 等（2003）对澳大利亚常用的 AX、AXR 和 JAB 三种类型的锚杆进行了双剪切试验，以评估其性能。此外，Gracelli（2005）对 Swellex 的机械性能进行了调查。Jalalifar 和 Aziz（2010b）通过双剪试验比较了高强度钢（T1、T2、T3）与低强度钢（T4、T5）岩石锚杆在不同强度混凝土试块中的力学行为。

Chen 等（2014；2015a，2015b）评估了 D-Bolt 在拉剪荷载下的锚固性能，结果表明，在纯剪切作用下，D-Bolt 的屈服范围大于钢筋锚杆的屈服范围。Li 等（2016c）评估了不同类型锚杆（包括玻璃纤维锚杆、岩石锚杆/钢筋锚杆和缆索锚杆）对锚杆混凝土表面抗剪强度的贡献，发现岩石锚杆的贡献最大，其次是缆索锚杆，玻璃纤维锚杆的贡献最少。

近年来，由负泊松比材料制成的工程部件的使用量显著增加，重要性日益上升。微负泊松比（NPR）钢作为一种新型锚杆材料，具有高强度、高韧性和卓越的能量吸收能力，提供了强度和延展性的均衡组合。这种材料允许锚杆在受到显著变形的同时，展现出优异的能量吸收性能（He 等，2022a，2022b）。

不同锚杆材料汇总统计　　　　表 4-1

作者	锚杆类型	锚杆直径/长度	设施	创新点	限制
Bjurstrom（1974）	钢筋锚杆	—	—	考虑加固、销钉效应和摩擦	不考虑周围材料
Hass（1976）	钢筋锚杆	—	单剪试验	基于真实岩石的测试	沿剪切面连接处的应力分布不均匀
Azuar（1977）	钢筋锚杆	—	单剪试验	考虑不同的锚杆角度	没有适当考虑摩擦效应
Hass（1981）	不同类型的锚杆	—	单剪试验	真实岩石中不同锚杆的考虑	没有适当考虑锚杆的预紧
Dight（1982）	钢筋锚杆	—	单剪试验	考虑铰点和销钉效应	没有适当考虑锚杆的法向应力
Egger 和 Fernandez（1983）	钢筋锚杆	—	单剪试验	考虑不同的锚杆角度	没有适当考虑锚杆的预紧
Schubert（1984）	钢筋锚杆	—	—	考虑围岩变形能力	没有适当考虑锚杆的预紧
Yoshinaka（1987）	钢筋锚杆	—	直剪试验	考虑不同的锚杆角度	没有适当考虑锚杆的预紧
Spang 和 Egger（1990）	钢筋锚杆	40mm/—	单剪试验	考虑不同的锚杆材料	经验公式的使用较少
Ferrero（1995）	钢筋锚杆，Swellex	34mm/—	单剪试验	锚杆塑料铰点的考虑	不考虑接缝粗糙度
Goris（1996）	锚索	15.2mm/—	单剪试验	垂直锚杆的考虑	剪切节理上的非平衡荷载分布，最大位移为 46mm
McHugh 和 Signer（1999）	钢筋锚杆	22mm/58.4cm	单剪试验	注浆材料的影响及两种剪切损伤模式	不考虑不同角度
Aziz 等（2003）	AX、AXR 和 JAB 锚杆	—/140cm	双剪试验	多层钢筋中的锚杆性能	不考虑不同角度
Aziz 等（2005）	AX、AXR 和 JAB 锚杆	—/140cm	双剪试验	混凝土强度和预拉力对注浆材料抗剪力和剪切位移的影响	不考虑不同角度
Grasselli（2005）	钢筋锚杆，Swellex	41mm/—	双剪试验	Swellex 锚杆的机械响应	无预紧、倾角小
Jalalifar 等（2005，2006a，2006b）	钢筋锚杆	22mm/—	双剪试验	锚杆的不同特性和表面构造	不考虑不同角度
Aziz（2007）	钢筋锚杆	21.7mm/140cm	双剪试验	多组锚杆、预拉力和混凝土强度	不考虑不同角度
Jalalifar 等（2010a）	钢筋锚杆	36mm/—	双剪试验	岩石锚杆的塑性铰点	不考虑预拉力和不同角度
Jalalifar 等（2010b）	钢筋锚杆	22mm/—	双剪试验	荷载作用下（屈服前）预紧力对剪切位移和阻力影响不大	不考虑不同角度
Zhang 和 Liu（2014）	钢筋锚杆	12mm/145mm	单剪试验	—	不考虑不同角度

续表

作者	锚杆类型	锚杆直径/长度	设施	创新点	限制
Chen 等（2014，2015a，2015b，2017）	钢筋锚杆、D-Bolt	20mm	拉剪试验	不涉及节理摩擦，考虑 D-Bolt 和钢筋锚杆；多种锚杆倾斜角度	—
Srivastava 和 Singh（2015）；Srivastava 等（2019）	钢筋锚杆	6mm/90cm	直剪试验	建议锚杆与剪切面的面积比和间距比	不考虑不同角度
Li（2016a）	钢筋锚杆	16mm/60cm	直剪试验	岩石基底、锚杆及地面支护系统破坏机理分析	—
Li（2016）	钢筋锚杆、锚索和 FG 锚杆	28mm/105cm	双剪试验	光纤失效模式比较：玻璃（FG）、岩石锚杆（钢筋锚杆）、锚索	—
Bradley（2017）	钢筋锚杆	19mm/—	双剪试验	提出了一种测量锚杆应变的光学应变传感技术	—
Liu（2018）	钢筋锚杆	12mm/300mm	单剪试验	—	—
Chen（2018）	钢筋锚杆	4mm/150mm	直剪试验	岩石节理的不同粗糙度	—
Wu（2018b）	钢筋锚杆	3mm/100mm	直剪试验	不同 JRC 值节理粗糙度下的剪切强度	—
Wang（2018）	钢筋锚杆	10mm/100mm	直剪试验	锚杆连接声发射参数特征	—
Wu（2018a，2019a，2019b，2023）	钢筋锚杆/吸能岩石锚杆	6mm/110mm	直剪试验	循环剪切荷载	—
Li（2019）	钢筋锚杆	12mm/—	直剪试验	锚杆倾角与锚杆总贡献之间的关系	—
Kang（2020）	钢筋锚杆	22mm/300cm	复杂负载下的设备	锚杆冲击后剪切性能	—
Pinazzi（2020，2021）	钢筋锚杆	27mm/150cm	拉伸和剪切测试	拉剪联合荷载作用下岩石锚杆	—
Zhang（2020a，2020b）	铁盘子	—	直剪试验	锚杆-注浆界面上的锚杆轮廓和注浆混合物的机械行为和失效模式	—
Ding（2017，2021）	铝钢筋锚杆	6mm/—	单剪试验	弱夹层的影响分析	—
He（2022a，2022b）	Q235 钢锚杆、45 号钢锚杆、准 NPR 钢锚杆	—/170mm	直剪试验	新型锚杆材料准 NPR 钢的分析	—
Zhang（2022）	刚性锚杆、吸能锚杆	6mm/105mm	直剪试验	传统刚性锚杆与吸能锚杆的比较	—
Li（2023）	钢筋锚杆	8mm/150mm	直剪试验	动载视角下加筋锚杆对动损伤的影响	—

复习思考题

1. 请解释单剪试验、双剪试验和拉剪试验的在测试方法及应用场景方面的不同。

2. 分析在单轴压缩和三轴压缩条件下锚杆剪切性能的差异，及其对实际工程设计的影响。结合试验数据，讨论锚杆材质对剪切性能的影响。

3. 设计一个拉剪试验，探讨锚杆在不同岩石介质中的剪切力学表现。

第 5 章

岩石锚杆剪切数值模拟

岩石锚杆剪切
支护机理与锚固机制

由于锚杆剪切行为涉及多种介质的物理耦合，数值模拟已成为研究锚杆剪切性能的有效方法。数值模拟不仅能够提供对试验结果的合理解释，还能够将这些结果可视化。因此，许多学者在研究锚杆加固的力学行为和效果时，结合数值模拟来验证其试验结果。

5.1　数值模拟方法

随着计算机性能不断提升，锚杆剪切行为的数值模拟在采矿工程中的应用不断加深。Hibino 和 Motojima（1981）应用二维有限元方法计算了岩石地基的应力变化，如图 5-1 所示。通过对岩石锚杆进行预拉伸，他们发现在岩石节理面上由于预应力作用而产生了均匀分布的压应变。

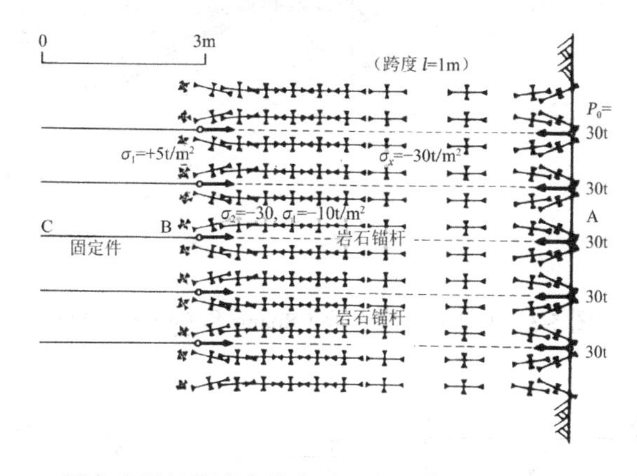

图 5-1　预应力引起的应力分布（Hibino 和 Motojima，1981）

20 世纪 90 年代，在计算机运算能力不断提高的背景下，Spang 和 Egger（1990）利用三维有限元方法对锚杆剪切试验进行了数值模拟，从而对锚杆加固岩体的剪切行为进行了定量分析。研究中使用了 ADINA 代码建立三维模型来评估试验室测试结果（图 5-2～图 5-4）。除了锚杆受压侧相邻的岩石和注浆材料外，所有岩石和注浆单元均采用了 Drucker-Prager 屈服准则来模拟弹塑性材料行为；同时根据 von Mises 屈服准则的相关参数，简化了锚杆的应力-应变曲线。该程序可以模拟塑性阶段钢材、岩石和注浆材料对变形的抵抗力，从而反映锚杆在剪切作用下的主要行为。

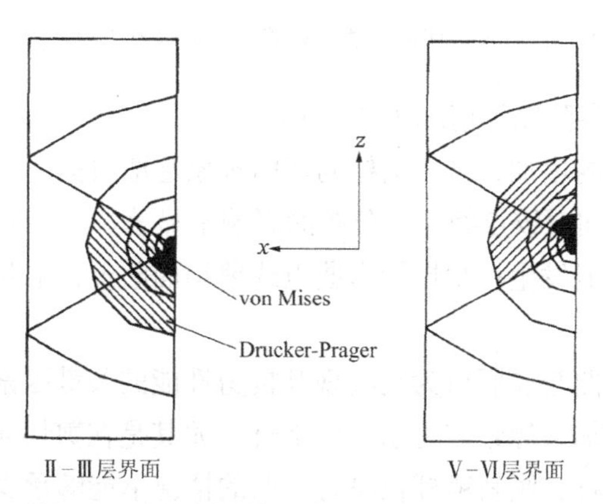

图 5-2　剪切过程中不同材料的模型（Spang 和 Egger，1990）

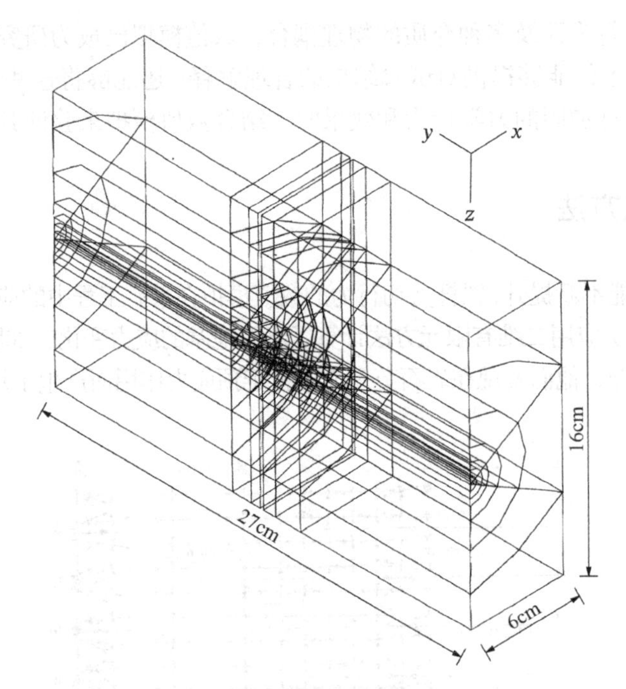

图 5-3　模型的三维表示（Spang 和 Egger，1990）

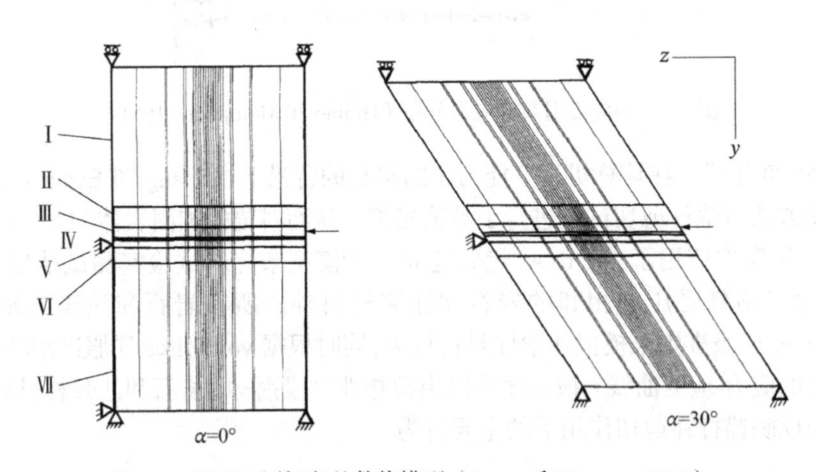

图 5-4　用于不同倾角的数值模型（Spang 和 Egger，1990）

根据模拟结果，观察到以下情况（图 5-5）：

（1）随着剪切荷载的增加，岩石锚杆的弯曲现象逐渐占据主导地位。虽然出现了两个铰点，但剪切应力的增加对铰点处应力分布的影响不显著。

（2）锚杆的损坏可能发生在塑性铰弯曲点或剪切面附近，主要由于剪切与拉伸的联合作用。

（3）岩石锚杆的弯曲与屈服行为是实现其抗剪性能的关键因素。

（4）剪切荷载的增加会导致应力水平的上升，尤其是在剪切面附近的应力显著增加。

（5）相较于垂直锚杆，倾斜锚杆在没有弯曲的情况下能够承受较大的剪切力，其最大变形和塑性变形程度明显小于垂直锚杆。

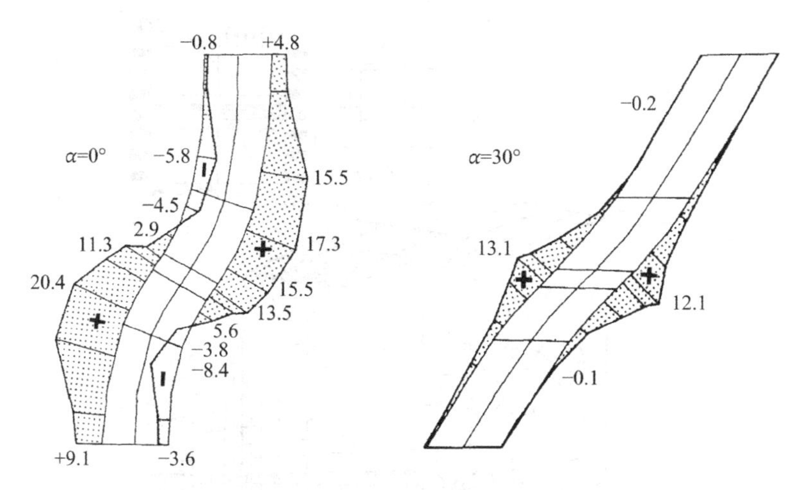

图 5-5　数值模型结果中锚杆的塑性应变（Spang 和 Egger，1990，单位为%）

Ferrero（1995）开发了一种用于评估岩石锚杆加固岩石节理剪切强度的数值模型。研究结果表明，岩石和混凝土试件中的塑性铰点均达到了完全塑化。在混凝土试件中，即使施加非常低的剪切荷载，也会出现两个对称的塑性铰点，显示出明显的柔性荷载效应。在较高剪切荷载下，混凝土试件中两个铰点之间的应力状态几乎保持不变，而岩石试件中的剪切应力则有所增加。

Jalalifar 等（2004）开发了基于 ANSYS 软件的三维数值模型，模拟了锚杆加固节点平面剪切试验，旨在更好地解释岩石锚杆预紧力在剪切缝和节理面加固中的作用。观察结果如下：

（1）锚杆预紧力的增加会导致锚杆轴向拉应力的上升。

（2）约束压力的增加会减少岩石锚杆的偏转现象。

（3）随着剪切力的增加，剪切面接触压力也随之上升。不过，预张力的增加会导致接触压力减小。

（4）在混凝土块中会产生感应应力，这可能导致岩石锚杆的断裂和失效。

5.1.1　锚杆剪切试验的有限元模拟

Grasselli（2005）使用商业三维有限元软件 ZSOIL_3D 模拟了岩石锚杆剪切试验。材料结构由弹性元件模拟，而分隔混凝土块的垂直接缝和表面接触（锚杆-注浆和注浆-混凝土）由弹性-完全塑性接触界面元件模拟（图 5-6）。研究发现，全注浆锚杆的破坏主要是由集中在两个塑性铰之间的拉力引起的，而钢管破坏的最重要原因是集中在接缝面的剪应力。在两个塑性铰之间的锚杆部分开始旋转并变形，直到发生拉伸破坏。

Jalalifar 等（2006a，2006b）以及 Jalalifar 和 Aziz（2010a，2010b）使用 ANSYS 代码模拟了锚固岩石接缝在直接剪切作用下的行为（图 5-7）。评估了沿锚杆产生的应力和应变，并对结果与试验数据进行了比较。模拟考虑了三种主要材料（钢材、注浆材料和混凝土）以及两个界面（锚杆-注浆和注浆-混凝土）。钢材的应力-应变关系假设为双线性运动硬化模型，屈服后应变硬化的弹性模量取为原值的百分之一。

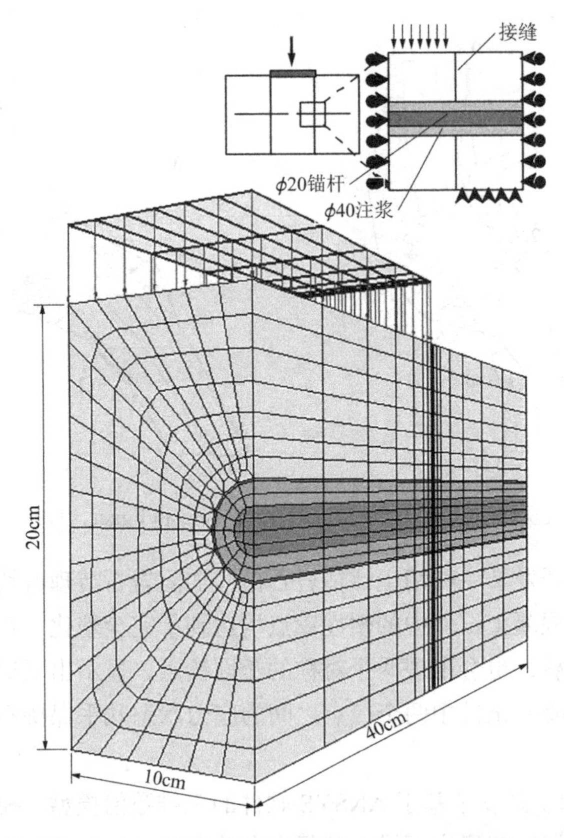

图 5-6　用于数值建模的网格（Grasselli，2005）

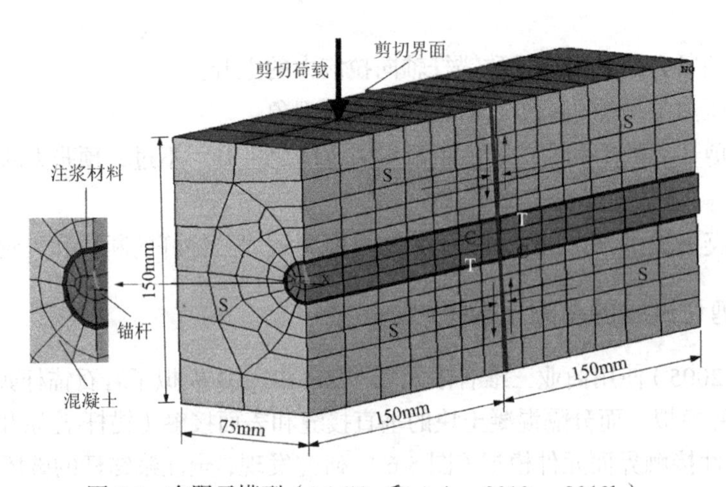

图 5-7　有限元模型（Jalalifar 和 Aziz，2010a，2010b）

锚杆上表面的应力处于拉伸状态，而相对的下表面处于压缩状态。在剪切界面的另一侧，锚杆的凹面部分会发生相反的反应。图 5-8 显示了沿锚杆轴线轴向应力变化的分布速率。随着剪切荷载和锚杆挠度的增加，轴向应力扩展并向剪切界面位置移动。

此外，研究还分析了混凝土在直接剪切荷载下的行为；图 5-9 显示了沿锚杆长度的混凝土应力变化率。在剪切界面位置附近产生的高应力水平导致了混凝土的破裂和失效。较弱混凝土中的高应力集中区分布明显更广。

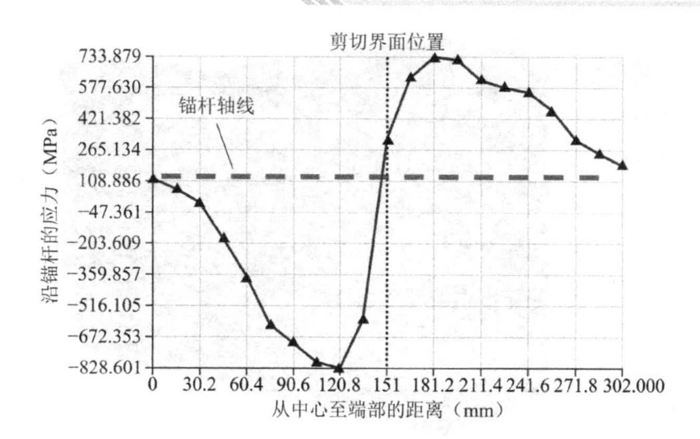

图 5-8　沿锚杆轴线产生的轴向应力趋势（Jalalifar，2004b）

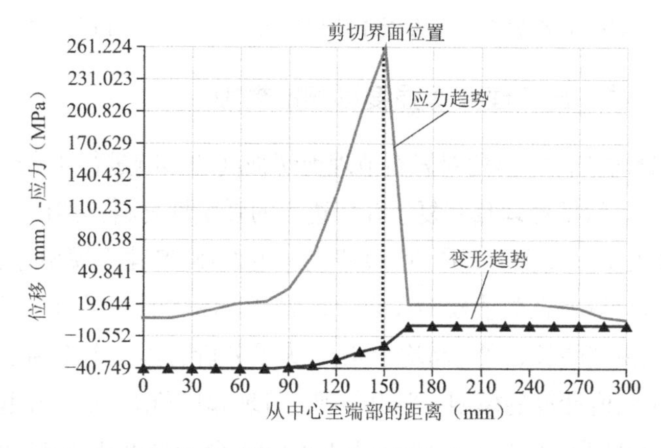

图 5-9　混凝土的屈服应力和位移趋势（Jalalifar，2004b）

Song 等（2010）开发了岩石锚杆双剪切模型来研究岩石锚杆的剪切行为以及岩石锚杆直径对变形和应变的影响。在前期工作的基础上，Li 等（2016a）采用 FLAC3D 进行锚杆双剪模拟试验，考虑锚杆强度、倾角和直径对系统极限抗剪能力的影响，如图 5-10 所示。

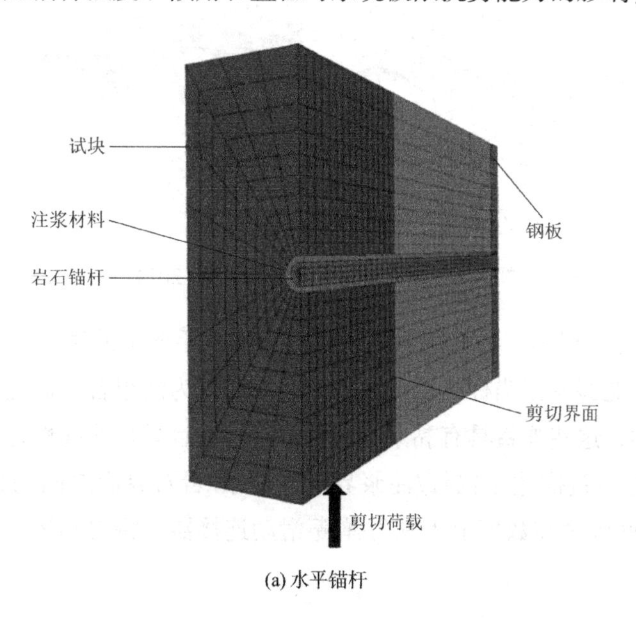

(a) 水平锚杆

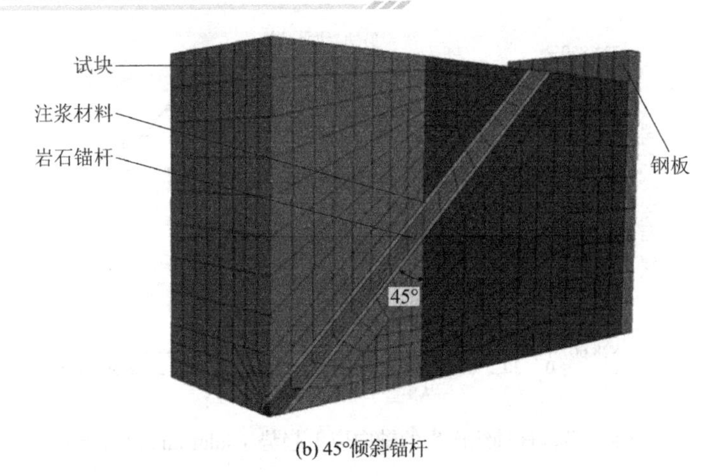

(b) 45°倾斜锚杆

图 5-10　岩块/注浆/岩石锚杆的 DST 模型的四分之一截面（Li 等，2016a）

5.1.2　锚杆倾斜角对岩石节理剪切强度影响的模拟

Lin 等（2014）针对锚杆倾斜角对岩石节理剪切强度的影响进行了数值模拟研究。数值模拟通常使用 FLAC 等软件处理具有复杂几何边界的弹塑性材料。然而，FLAC3D 离散方法在设定复杂的3D模型方面存在局限性。该研究采用ANSYS建立模型，然后使用FLAC3D进行模型转换以进行计算。在数值模型设定中，假设岩体软弱夹层的厚度，即岩石节理为0.1m。本研究中模拟模型的长、宽、高均为 4m。为了分析岩体从平坦到起伏状态的性质变化，设置了两个用于数值计算的模型：平坦节理（节理起伏角$\beta = 0°$）和起伏节理（节理起伏角$\beta = 17°$），如图 5-11 所示。两个模型分别包含 1951 个网格点和 9420 个单元，以及 1673 个网格点和 7485 个单元。

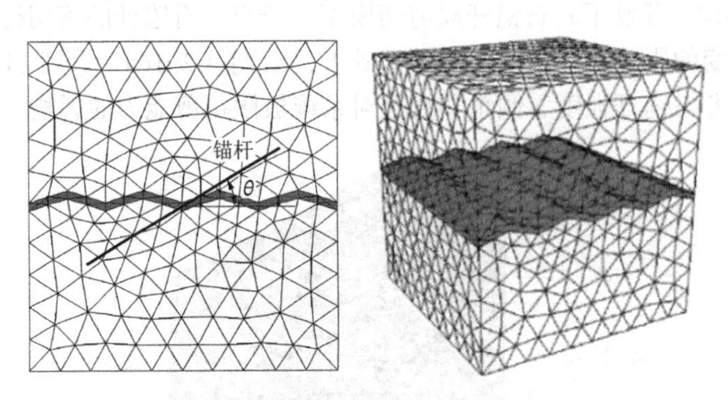

图 5-11　数值计算模型（Lin 等，2014）

使用“桩”单元模拟锚杆加固行为。根据 FLAC3D 手册中的说明，“桩”单元具备梁和缆索的组合特性，能够模拟锚杆的拉伸、剪切和弯曲行为的组合，通过剪切和法向耦合弹簧与网格相互作用，这些弹簧具有黏聚力和摩擦特性，且呈现非线性特征。沿桩轴方向的节点处的剪切耦合弹簧描述了锚杆/注浆界面与注浆/岩石界面之间的相对剪切位移，如图 5-12 所示。这些弹簧在数值上表现为弹簧-滑动连接器，将力和运动在桩节点处传递到网格。

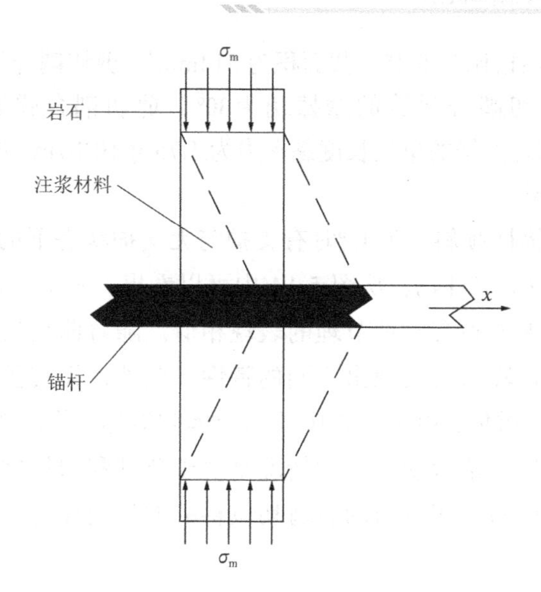

图 5-12　锚杆系统的理想化（Lin 等，2014）

为比较不同锚杆支护情况下模型的剪切强度变化规律，模拟中记录了在锚杆倾斜角为15°时平坦和起伏节理的模型剪切应力和法向应力之间的关系（图 5-13）。加固后，模型的剪切强度显著增加。平坦和起伏节理模型的剪切强度τ_s和节理的法向应力σ_n之间存在线性关系。这种情况与莫尔-库仑（Mohr-Coulomb）准则相匹配。拟合方程表示为$\tau_s = c + \sigma_n \tan\varphi$，其中$c$和$\varphi$分别代表黏聚力和内摩擦角。法向耦合弹簧模型模拟了桩和网格之间的荷载反转以及间隙的形成，从而模拟了主介质在桩周围挤压的效果。对于法向耦合弹簧的行为，作用在垂直于锚杆轴线平面上的有效围压σ_m直接传递到节点处，并在沿锚杆轴线的节点处计算。节点通过传递一部分轴向力对网格施加法向力。

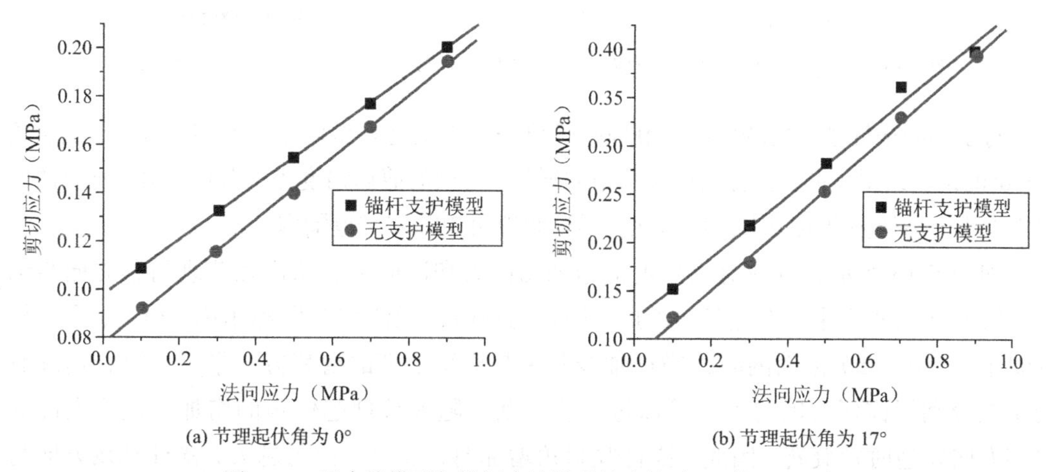

图 5-13　无支护模型与锚杆支护模型的比较（Lin 等，2014）

在数值计算中，整个锚杆被划分为多个单元体，然后通过积分法确定整个锚杆的变形和应力状态。设置不同的锚杆倾斜角，以分析锚杆倾斜角对剪切效应的影响。本研究假设锚杆长度为 3.0m，锚杆倾斜角θ为 15°、30°、45°、60°、75°和 90°。锚杆的材料性质如下：

弹性模量为200GPa，泊松比为0.25，截面积为314mm^2，剪切耦合弹簧的单位长度黏聚力为1.75 × 10^{5}N/m，剪切耦合弹簧的摩擦角为30°，剪切耦合弹簧的单位长度刚度为1.0 × 10^{9}N/m^2，法向耦合弹簧的单位长度黏聚力为1.75 × 10^{8}N/m，法向耦合弹簧的单位长度刚度为1.0 × 10^{9}N/m^2。

为了进一步比较锚杆倾斜角为15°时有支护与无支护状态下的应力应变关系，研究进行了直接剪切试验（图 5-14）。从图 5-14 中可以看出，在剪切应力-剪切位移关系曲线达到峰值之前，无支护和有支护节理的表现相似。随着曲线接近模型弹性阶段的终点，两种状态的节理在峰值后表现出不同的特性。此外，无支护节理表现出应变软化特性，随着剪切位移的增加，由于节理中的结合体被破坏，剪切强度逐渐减弱。当所有结合体被破坏时，模型开始滑动。这种情况是由于节理和岩体之间的相互摩擦而产生的滑移线的出现，模型的剪切应力随着剪切位移的增加而保持不变，甚至能够提供残余强度。

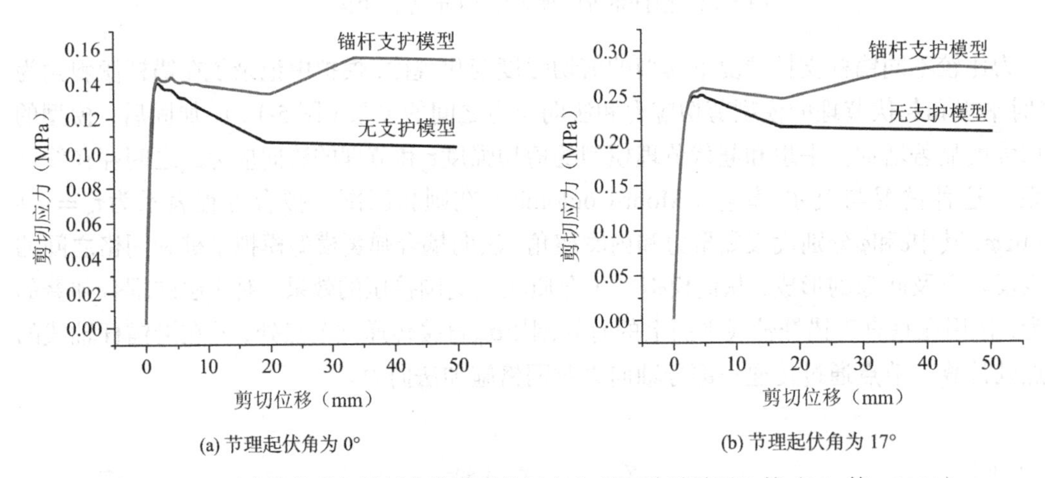

(a) 节理起伏角为 0°　　(b) 节理起伏角为 17°

图 5-14　无支护模型与锚杆支护模型剪切应力-剪切位移关系比较（Lin 等，2014）

对于不同锚杆倾斜角的模型，节理起伏角$\beta = 17°$的剪切试验（图 5-15）与节理起伏角$\beta = 0°$的试验结果不同。随着锚杆倾斜角的增加，模型的剪切强度先上升后下降。不论法向应力大小，剪切强度的最大值均出现在锚杆倾斜角 30°～50°范围内。

如图 5-16 所示，节理对模型上部施加切向力和法向力，从而在节理滑移方向与锚杆轴线方向之间产生一个角度。因此，锚杆的轴向力无法完全发挥作用。相反，当锚杆倾斜角在 30°～50°范围内时，锚杆轴线几乎与模型上部的滑移方向平行。这种情况有助于充分利用锚杆的轴向力。可以进一步推断，随着节理起伏角的增加，模型上部的滑移方向将逆时针旋转。因此，锚杆倾斜角增加时，节理起伏角越大，锚杆轴线方向与模型上部滑移方向之间的角度将越小。也就是说，较大的节理起伏角需要更大的锚杆倾斜角，以获得最大剪切强度。当节理起伏角等于 17°时，最佳的锚杆倾斜角约为 45°，此时模型剪切强度达到最大值。图 5-17 展示了不同锚杆倾斜角下模型剪切强度与节理法向应力的关系，以显示锚杆倾斜角对起伏节理的影响。根据图中的数据，当节理存在锚杆加固时，其剪切强度得到提高。此外，模型剪切强度τ_s与节理法向应力σ_n之间存在线性关系。

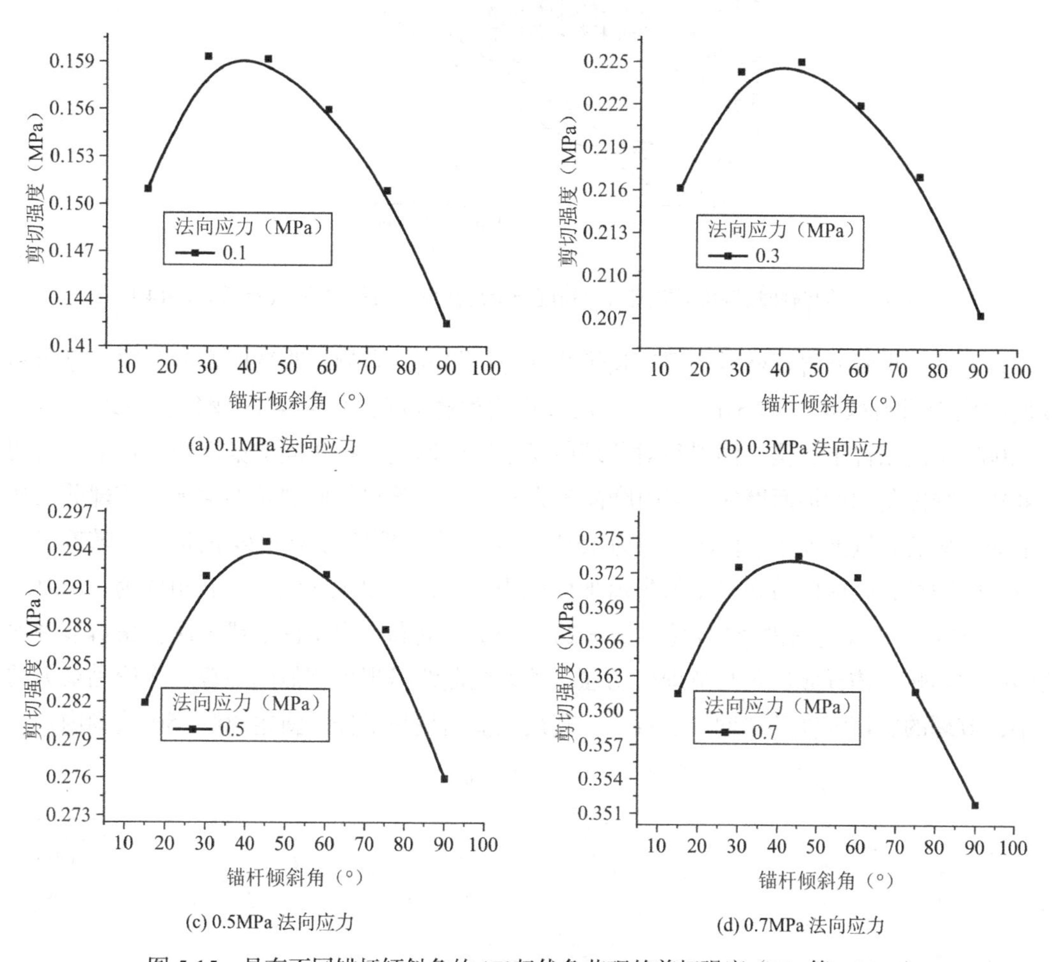

(a) 0.1MPa 法向应力

(b) 0.3MPa 法向应力

(c) 0.5MPa 法向应力

(d) 0.7MPa 法向应力

图 5-15 具有不同锚杆倾斜角的 17°起伏角节理的剪切强度（Lin 等，2014）

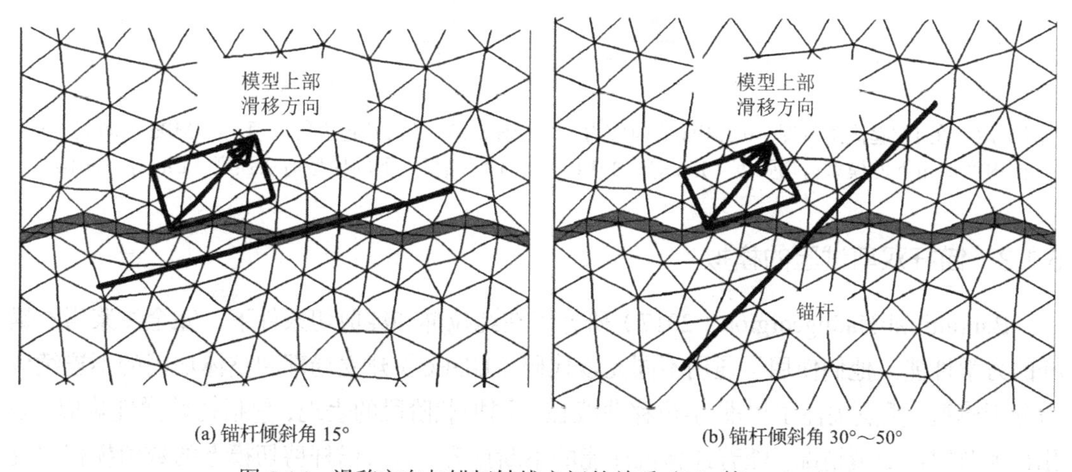

(a) 锚杆倾斜角 15°

(b) 锚杆倾斜角 30°～50°

图 5-16 滑移方向与锚杆轴线之间的关系（Lin 等，2014）

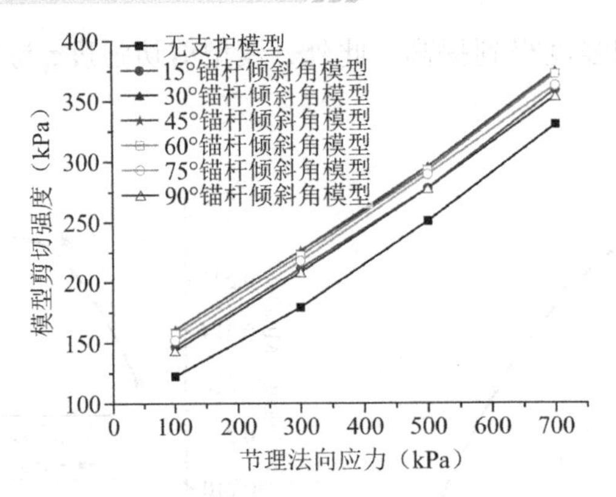

图 5-17 不同锚杆倾斜角下模型剪切强度与节理法向应力的关系（Lin 等，2014）

为了进一步研究岩石材料类型对起伏节理剪切强度的影响，改变模型节理内摩擦角和节理黏聚力进行模拟。图 5-18 展示了在节理内摩擦角在 0°～24°间变化且节理黏聚力 $c = 200$kPa 的条件下，锚杆倾斜角对节理剪切强度的影响。在相同的锚杆倾斜角下，剪切强度随内摩擦角的增加而增加。当内摩擦角为 0°时，随着锚杆倾斜角的增加，节理剪切强度下降，其最大值出现在锚杆倾斜角为 15°时。对于内摩擦角为 5°～24°的情况，随着锚杆倾斜角的增加，相应的剪切强度值先增加后减小。其极值出现在锚杆倾斜角约为 30°时。图 5-19 说明了在确定的内摩擦角值（$\varphi = 24°$）下，不同黏聚力条件下锚杆倾斜角对节理剪切强度的影响。锚杆倾斜角与节理剪切强度关系的曲线呈现出相似的趋势。无论黏聚力的大小，节理的剪切强度都先增加后减小。其最大值出现在锚杆倾斜角 30°～50°范围内。

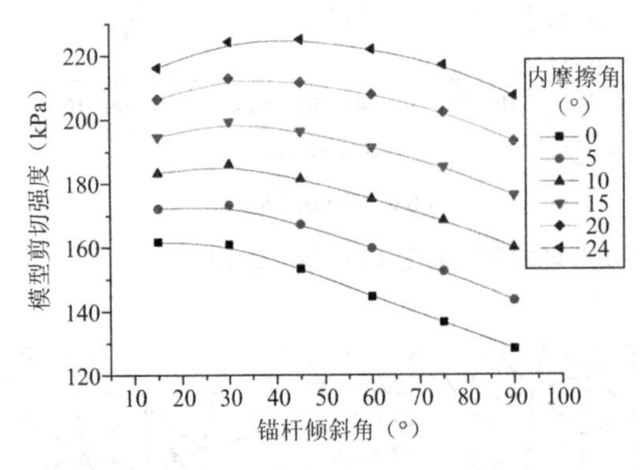

图 5-18 在 17°起伏角节理、0.3MPa 法向应力、不同内摩擦角下的模型剪切强度（Lin 等，2014）

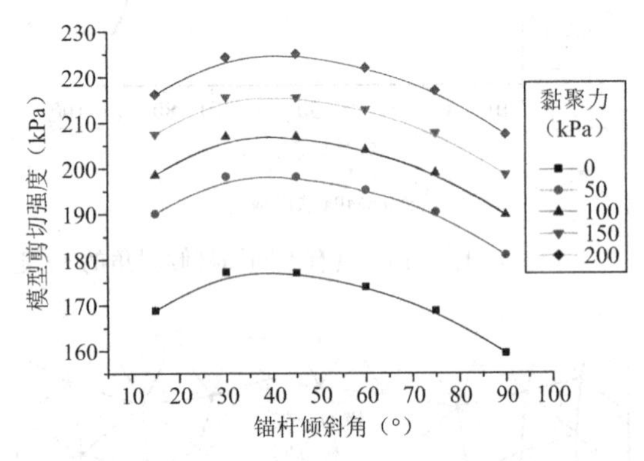

图 5-19 在 17°起伏角节理、0.3MPa 法向应力、不同黏聚力下的模型剪切强度（Lin 等，2014）

5.1.3 锚杆双剪试验的模拟

Bahrani 和 Hadjigeorgiou（2017）研究了在纯拉伸和纯剪切条件下，完全注浆岩石锚杆的力学性能。他们使用了通用不同元素代码（UDEC）建立局部和整体加固的不连续应力分析模型，重点关注了校准力-位移曲线在不同加载阶段的表现，包括初始弹性响应、硬化行为及锚固断裂情况。随着计算机性能的不断提升，岩石锚杆剪切模态的数值模拟研究变得愈加精细。Singh 等（2020）通过校准 ANSYS 数值模型，利用双剪试验数据研究了不同混凝土强度下锚杆的受力状态（图 5-20），并将其与 Pellet 和 Egger（1996）提出的分析模型进行比较，如图 5-20、图 5-21 所示。研究发现，高强度混凝土中岩石锚杆的屈服和损坏行为主要由剪应力决定，而非分析模型中预测的弯曲和拉应力。基于这一结论，Singh 等（2020）还使用 FLAC3D 代码，通过考虑单元横向剪应变，对桩基础结构单元进行了修改，以模拟锚杆在剪力作用下的正确响应，并进一步研究了高强度混凝土中锚杆的剪力表现，如图 5-22 所示。修改后的模型通过与 McHugh 和 Signer（1999）的试验结果对比，进行了验证。

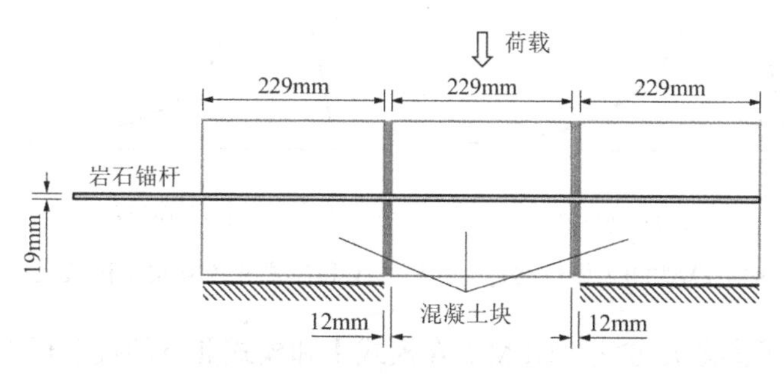

图 5-20　双剪试验装置（Singh 等，2020）

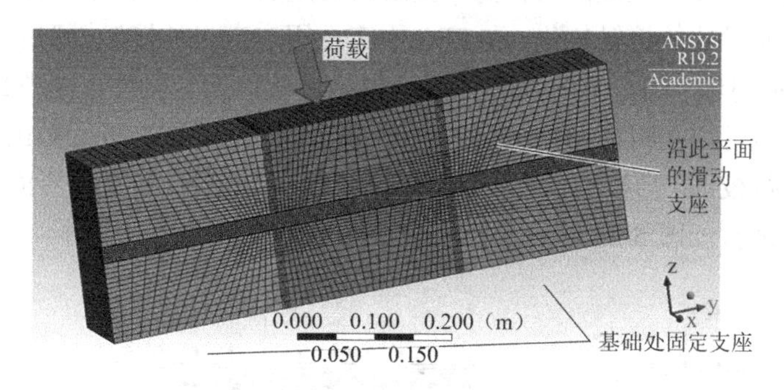

图 5-21　ANSYS 的岩石锚杆双剪数值模型（Singh 等，2020）

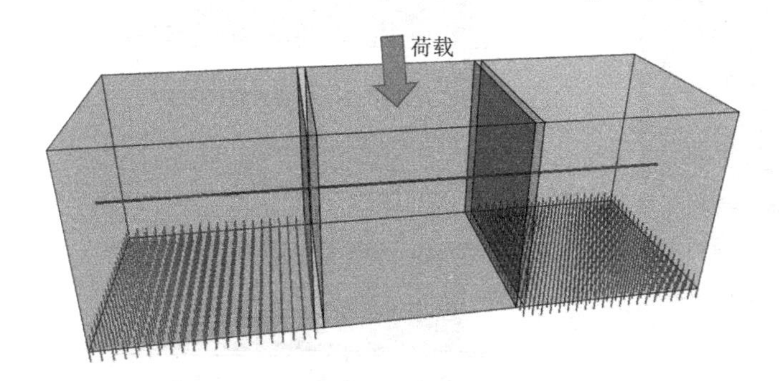

图 5-22　FLAC3D 岩石锚杆双剪数值模型（Singh 等，2020）

5.1.4　锚杆剪切试验的离散元模拟

Saadat 和 Taheri（2020）使用不同单元代码（PFC2D）中的新黏性接触模型，研究了在拉-剪组合荷载下锚固岩体接缝行为的影响参数，开发了一种新颖的逐步拉剪数值模拟方案来分析拉剪荷载下锚杆岩石接缝的力学行为。该研究还评估了预拉应力、锚杆剖面钻机角度和恒定法向刚度条件对锚杆岩石节理剪切强度的影响，强调了它们对各种因素的敏感性（图 5-23）。

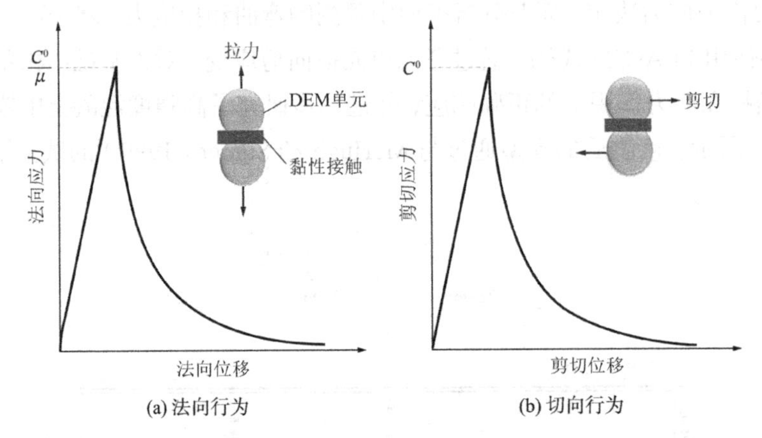

图 5-23　粘结模型的应力-位移行为：模式Ⅰ和模式Ⅱ（Saadat 和 Taheri，2020）

图 5-23 展示了离散元方法（DEM）在模式Ⅰ和模式Ⅱ下的接触行为。应力-位移曲线的线弹性部分定义了接触失效前的行为。接触行为随后进入非线性阶段，表现为由于粘结强度的逐步退化而导致的接触软化。在 PFC 中实现用户定义的接触模型的常用方法是使用 C++开发应力返回算法，并将代码编译为动态链接库（DLL）文件。这些 DLL 文件可以在建模过程中按需执行。在将粘结性 DEM 框架的结果与试验数据进行对比之前，必须对引入的微观参数进行校准。为校准微观参数，研究者使用 PFC2D 对光滑界面进行了直接剪切试验和法向变形试验。图 5-24 展示了校准试验的模型设置和边界条件。

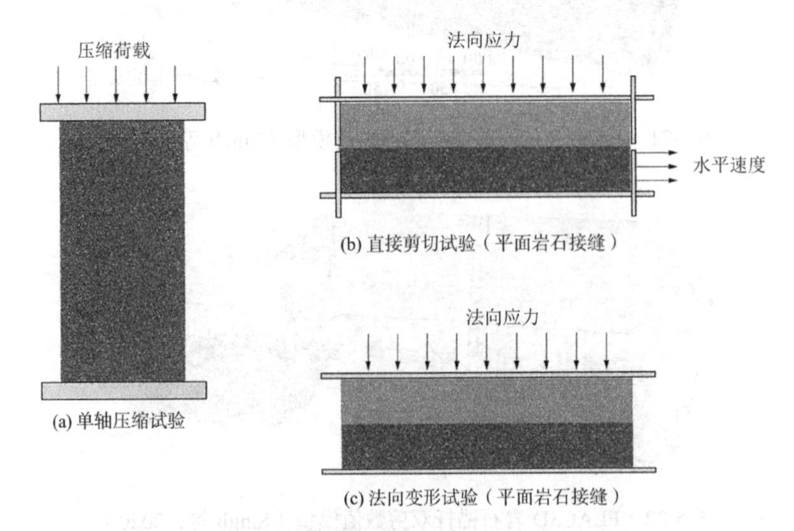

图 5-24　校准过程中的数值试验设置（Saadat 和 Taheri，2020）

图 5-25 展示了在 PFC2D 中生成的数值试验，该试验代表了具有肋角的锚杆系统。数值试验的试样由两个元素组成：注浆材料和岩石锚杆。在直接剪切试验中，将锚杆固定，并对其边缘施加 0.01m/s 的水平速度。模型使用伺服控制机制在试样顶部（注浆材料）施加法向应力。

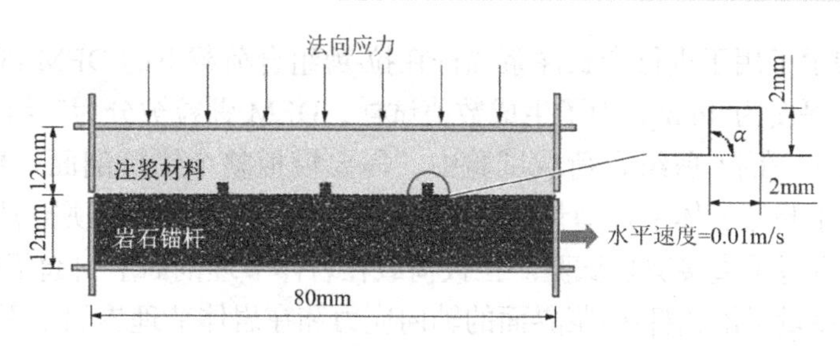

图 5-25　锚杆-砂浆界面直接剪切试验的数值试验设置（Saadat 和 Taheri，2020）

图 5-26 展示了 DEM 模拟结果与试验结果的对比。研究提出的 DEM 框架下的数值剪切应力-剪切位移曲线与试验所得的曲线表现出极好的匹配结果。在剪切过程中，数值试验经历了四个不同阶段，包括测试开始时的线弹性阶段、达到峰值剪应力前的非线性响应阶段、试样完全失效时的渐进软化行为阶段，以及剪应力进入平台阶段的残余阶段。数值模型显示了倾斜和接近水平的裂缝。在剪切过程中，粘结接触中的键合断裂引起微裂纹聚合，形成了较大的宏观裂缝。

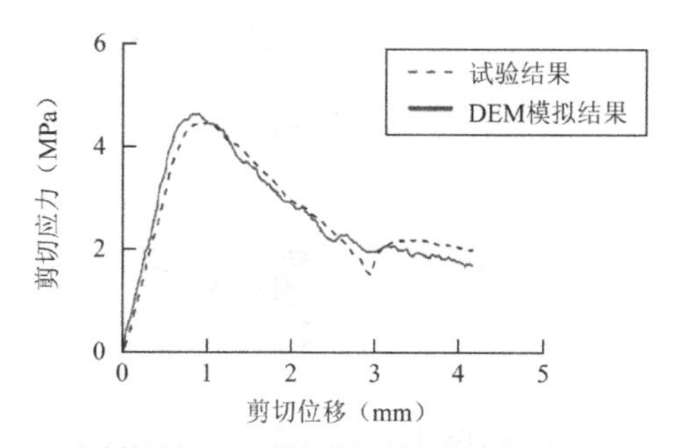

(a) 试验结果与 DEM 模拟剪切应力-剪切位移结果对比

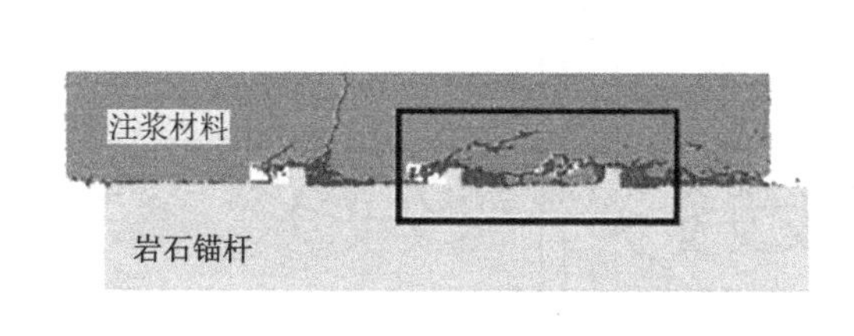

(b) DEM 模拟结果，岩石锚杆位移 3mm

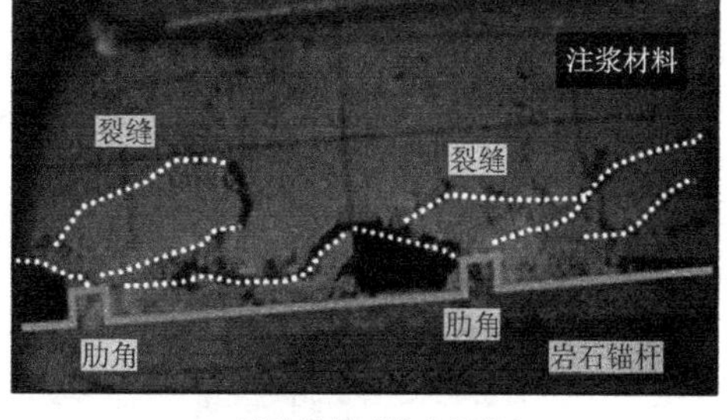

(c) 试验结果（放大视角）

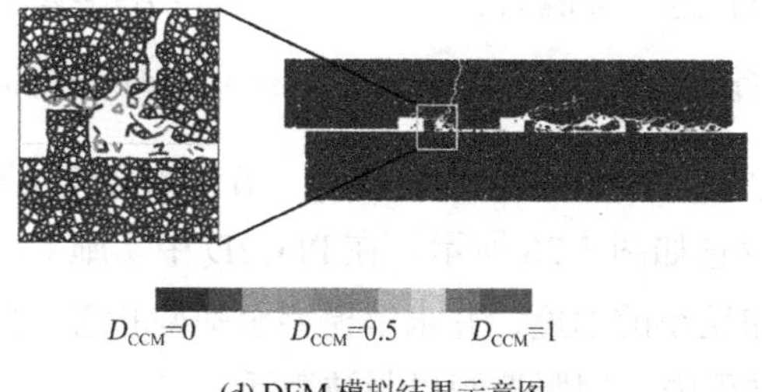

(d) DEM 模拟结果示意图

图 5-26　试验结果与 DEM 模拟结果对比（Saadat 和 Taheri，2020）

注：D_{CCM}的值表征接触间的损伤状态，当接触间无损伤时为 0，当接触间完全失效时为 1。

图 5-27 展示了用于进行全长注浆锚杆在拉-剪组合荷载下的 DEM 试样。假设锚杆直径为 5mm，注浆厚度为 4mm。为了生成数值试样，DEM 颗粒被分为三组：岩石、锚杆和注浆材料（砂浆）。在拉-剪组合荷载试验中，需要模拟整个锚杆剖面。数值试样的宽度为 100mm，与用于验证岩体节理剪切行为的试样宽度相同。通过在顶层岩块上施加 0.01m/s 的水平速度，进行了直接剪切试验。拉拔荷载在岩体节理剖面上引起了法向应力，分别在不同测量圈内测量了沿锚杆-砂浆界面的轴向应力和在岩体节理界面上引起的法向应力。

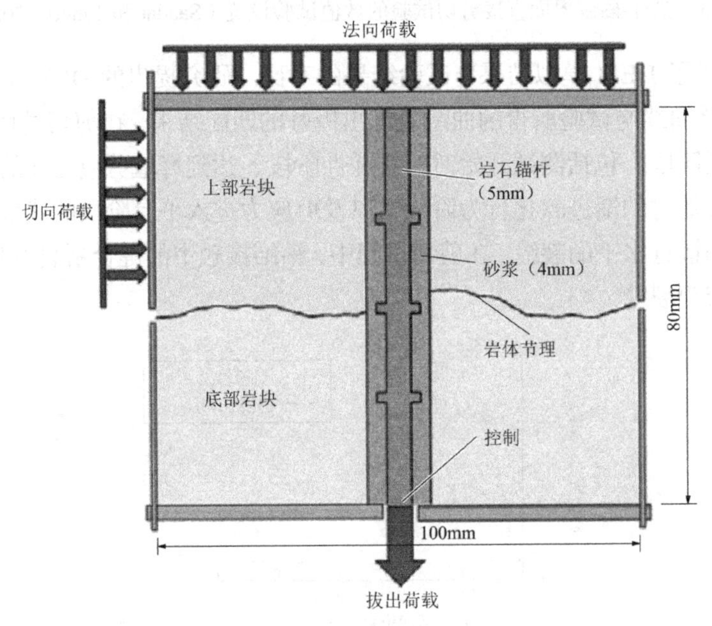

(a) DEM 试验设置和边界条件

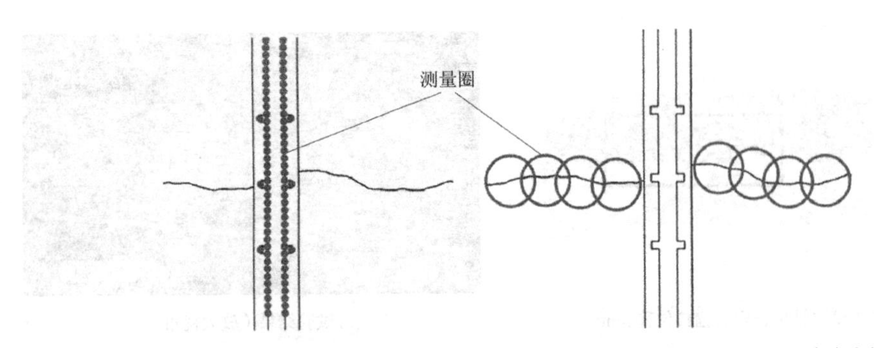

(b) 监测锚杆-注浆界面的轴向应力-位移的测量图　　(c) 岩石节理界面上的法向应力的测量圈

图 5-27　进行组合拉-剪荷载试验的数值试样（Saadat 和 Taheri，2020）

该模型还研究了在 CNS 条件下锚杆岩石接缝（节理粗糙度系数 JRC = 10.2）的剪切行为，CNS 条件下的数值设置如图 5-28 所示。在 PFC2D 中实施 CNS 条件的步骤如下：

（1）在试样顶部施加较小的速度，并求解模型至平衡状态。此步骤的目的是达到初始法向应力的大小。在此过程中，伺服控制机制被激活。

（2）当试样达到所需的初始法向应力后，开始直接剪切试验，通过在左上角墙体施加 0.01m/s 的水平速度进行剪切。由于剪切位移的逐渐增加，岩体节理出现膨胀趋势。此法向位移用于计算增量法向应力的大小。在开始此步骤前，更新所施加的法向应力，并借助伺服控制机制，实现新定义的目标法向应力。

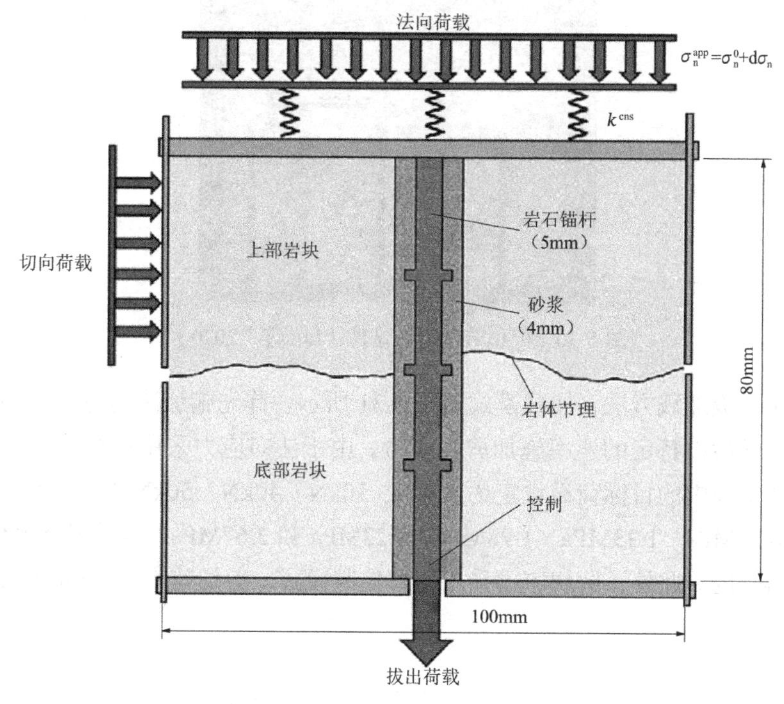

图 5-28　在 CNS 条件下进行拉-剪组合荷载下的全长注浆锚杆岩体节理直接剪切试验的数值测试设置（Saadat 和 Taheri，2020）

5.1.5　不同应力环境下锚固节理的剪切模拟

Lin 等（2020）研究了不同应力环境下锚杆加固岩体节理的剪切行为（图 5-29）。在试验中获得了四种规则的锯齿形充填节理，其锯齿高度为 10mm，齿角为 55°，分别有两个齿。该试验使用了一个铁模具，其中预制了直径为 6mm、倾斜角度为 45°的孔。此外，选用了 304 号钢制成的全螺纹螺杆（两端带有螺母）用于模拟锚杆，其长度为 12mm，直径为 5mm，屈服强度为 205MPa，弹性模量（20°）为 199GPa。在此情况下，将一个倾斜 45°的单锚杆放置在节理的中心。试验中的所有岩块和填充材料均使用同一批次的水泥和砂浆浇筑，以尽量减少材料强度差异对试验结果的影响（图 5-30）。

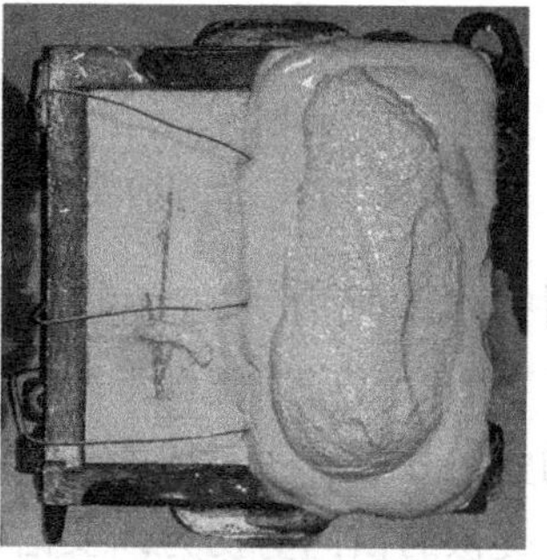

图 5-29　试件制备过程（Lin 等，2020）

图 5-30　模拟节理岩石试件（Lin 等，2020）

试验采用分级加载方法，加载模式如图 5-31 所示。首先施加法向应力直到预定值，然后保持不变，随后以特定的速率施加剪切应力。由于法向应力采用荷载控制模式，速率为 200N/s，因此试验中的目标荷载设定为 20kN、30kN、40kN、50kN 和 60kN，对应的法向应力分别为 0.89MPa、1.33MPa、1.78MPa、2.22MPa 和 2.67MPa，这是基于 0.0225m^2 的剪切面积计算得出的。此外，剪切应力采用位移控制模式，剪切速率为 1mm/min，目标位移为 15mm。

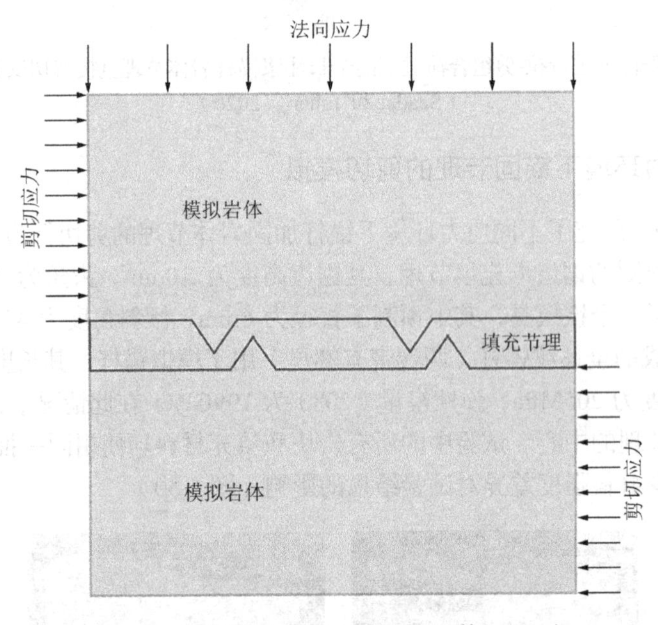

图 5-31　节理加载模式示意图（Lin 等，2020）

在剪切试验中，当加固节理发生剪切破坏时，锚杆周围的破坏区域通常呈椭圆形（图 5-32）。因此，本研究考虑了椭圆形影响区域，以建立一个合理且准确的加固节理抗剪强度模型。锚杆的受力分析表明，加固节理的抗剪强度应分为：节理的抗剪强度、锚杆相对于节理剪切分量提供的横向剪切力以及锚杆相对于节理剪切分量提供的轴向力提供的抗剪强度。

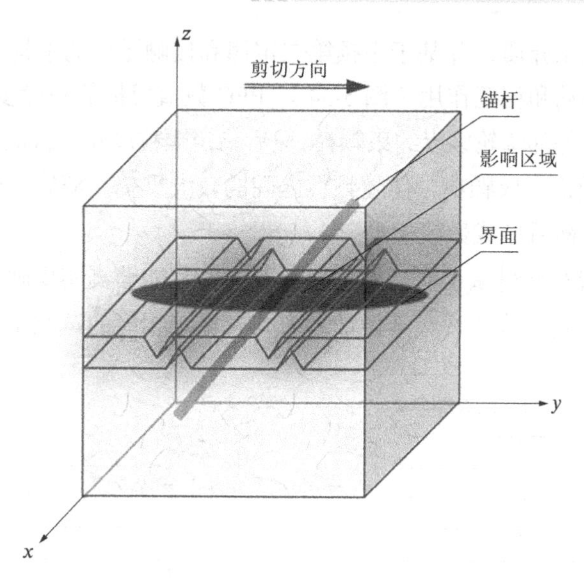

图 5-32　锚杆对节理表面的影响区域（Lin 等，2020）

剪切变形能够清楚地反映锚杆的受力特征及其对节理的加固机制。在试验中，节理附近产生了塑性铰。随着剪切荷载的增加，锚杆经历了显著变形，导致在塑性铰点 A 和 B 之间的锚杆发生破坏（图 5-33）；锚杆与节理之间出现明显的破裂区域，锚杆呈现出近似 S 形，其剪切变形约为锚杆直径的 6～7 倍。

未加固和加固的填充节理的抗剪强度随着法向应力的增加而增强。在剪切应力-剪切位移曲线上，剪切应力在达到峰值后会突然下降。虽然由于锚杆和岩块之间的力学性能差异，其他比例的节理在剪切过程中的剪应力逐渐下降，但锚杆限制了岩体的法向和切向变形，并与节理共同承受剪切荷载。因此，试件的剪切性能发生了变化，其抗剪强度得到了提升。在直剪试验后，可以清晰地观察到锚杆和节理之间有明显的破裂区域。在剪切过程中，节理两侧岩体发生错位，导致锚杆逐渐发生屈服。最终，在剪切力和轴向力的综合作用下，锚杆中心处出现微小裂缝，并向各个方向扩展，直至失效，最终形成椭圆形或近似椭圆形截面。

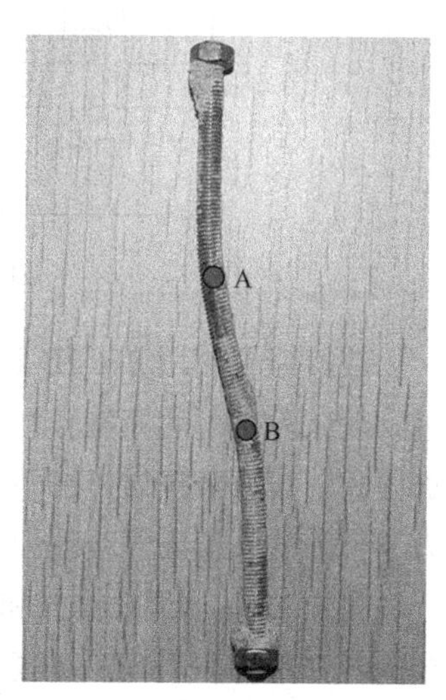

图 5-33　直剪试验后锚杆的形状（Lin 等，2020）

Chen 等（2022）研究了颗粒流数值计算方法（PFC）下节理微观特性对单锚杆节理岩体宏观剪切行为的影响（图 5-34）。针对现有锚杆节理岩体锚固机制的研究主要集中在岩石性质、锚固角度和节理形态等宏观因素上，该研究通过颗粒流数值计算方法，对不同法向应力和不同节理微观特性条件下未加固和单锚杆节理岩体进行了直接剪切试验，以揭示微观锚固机制并研究节理特性的影响。随后，对比分析了未加固和单锚杆节理岩体的微观破坏特征。结果表明在剪切过程中，锚杆周围形成了一个三角形挤压加固区，该区域内微裂纹高度发育，岩块明显破碎，同时也提高了节理的抗剪效能。

PFC 采用颗粒表示介质，并基于牛顿第二定律和接触键合的本构方程计算的力与位移关系来模拟颗粒的运动和相互作用（图 5-34）。PFC 数值模拟的一般步骤如下：

（1）构建模型的外部墙轮廓以约束颗粒，然后指定颗粒尺寸、目标区域等条件生成颗粒。

（2）在区域内随机生成颗粒，伴随颗粒之间的较大重叠。随后，通过赋予初始接触使颗粒分散，达到力平衡后形成数值模型。

（3）为模拟的岩石材料赋予适当的接触参数，使其能够真实反映宏观力学行为。

（4）对数值模型施加墙加载或其他加载方式，记录相应的试验结果。

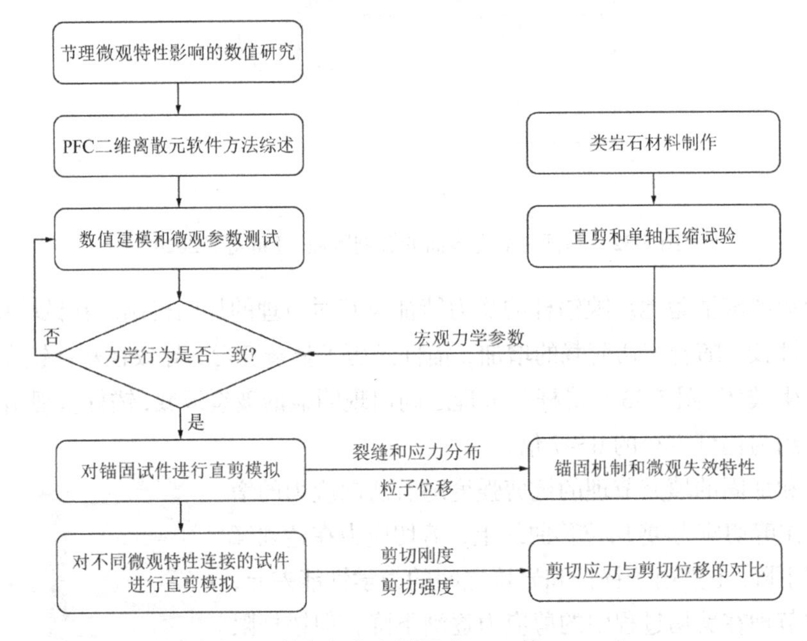

图 5-34　研究方法流程图（Chen 等，2022）

数值建模使用 PFC2D 进行，研究了锚固机制的关键部分和节理微观性质的影响。将通过物理试验获得的完整岩样强度参数，用于通过试算匹配数值模拟的微观参数。通过对未加固和单锚杆节理岩体在不同试验条件下的直接剪切模拟，揭示了单锚杆对岩体节理剪切力学行为的改善以及节理微观参数对单锚杆节理剪切力学行为的影响。

图 5-35 显示了单锚杆和未加固节理岩体的剪切应力τ与剪切位移u之间的关系。图中曲线的线弹性阶段表现出高度一致性。这种一致性可归因于线弹性阶段节理两侧岩块之间的位移较小，锚杆的加固作用较小或甚至不发挥作用，剪切行为主要取决于节理表面的抗剪阻力。随后，随着剪切位移的持续增加，岩体进入塑性阶段，不同法向应力下的曲线开始出现差异。在峰值后阶段，可以观察到不同程度的应变软化。对于单锚杆节理岩体，应变软化阶段后出现应变增强特征，反映了锚固效应的出现。由于岩石在嵌合处发生脆性断裂，曲线的峰值后部分出现了一定的锯齿状波动。而锚杆的存在使得剪切应力随着剪切位移的增大而增加，从而提高了剪切强度。对于未加固节理岩体，曲线的峰值后阶段应力迅速软化，剪切应力随着剪切位移的增大而减小，直至岩体连接失效。在残余阶段，强度由节理的摩擦力和粗糙区域的机械咬合作用提供。

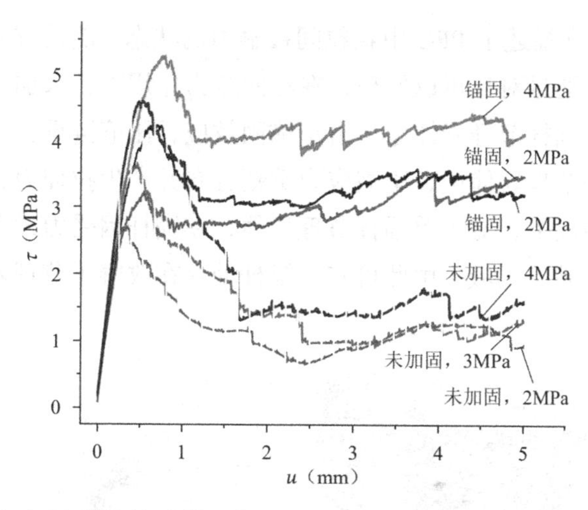

图 5-35　不同法向应力下锚固与未锚固节理的剪切应力与剪切位移曲线（Chen 等，2022）

图 5-36 详细描述了单锚杆和未加固节理岩体在剪切过程中裂缝的发展（深色标记）和颗粒位移。显然，单锚杆节理岩体的裂缝比未加固节理岩体更加发育。单锚杆节理岩体中发育了 437 条裂缝，而未加固节理中仅有 183 条裂缝，前者的裂缝数量约为后者的 2.4 倍。在裂缝分布方面，未加固节理岩体的裂缝沿整个节理面均匀分布，而单锚杆节理岩体的裂缝则主要集中在锚杆附近，尤其是剪切荷载作用的一侧。换句话说，在该数值试验中，单锚杆节理岩体中锚杆左侧的破裂区域明显大于右侧。因此，未加固节理岩体的剪切破坏仅沿着节理发生，裂缝较少，导致破坏表面平坦，而单锚杆节理岩体破坏产生大量裂缝，并在锚杆周围形成明显的破裂区域。此外，图中的球位移轮廓的对比分析表明，锚杆对节理模型的颗粒位移具有显著的限制作用。尽管在数值上未加固和单锚杆节理岩体的颗粒位移变化不大，但颗粒的挤压区域明显扩大，且在上部岩块中形成了锚杆周围的三角形压缩加固区，表明锚杆在一定程度上限制了岩块的位移。

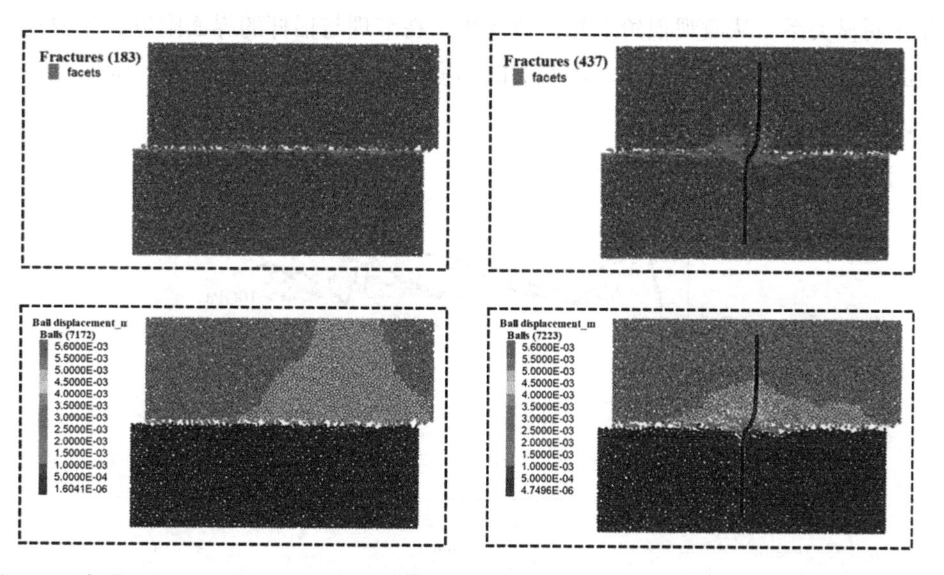

图 5-36　直接剪切模拟过程中未加固和锚固节理的裂缝分布和颗粒位移对比（Chen 等，2022）

力链图（图 5-37）描述了 PFC 中颗粒间接触力的状态，链的方向和厚度分别代表接触力的方向和大小。通过对比可以发现，在法向应力作用下，未加固节理岩体中的压缩链广泛分布；而在单锚杆节理岩体中，由于锚固效应，压缩链重新分布并集中于模型的中心。此外，单锚杆节理岩体中，压缩应力重新分布并产生拉伸力，这种拉伸力主要由锚杆承担。在这种情况下，对于单锚杆节理岩体，在锚杆因受力过大而失效后，锚杆周围产生了更多的岩块破碎区域。由此可知，锚杆的存在改善了节理岩体的应力状态，提高了节理的强度。

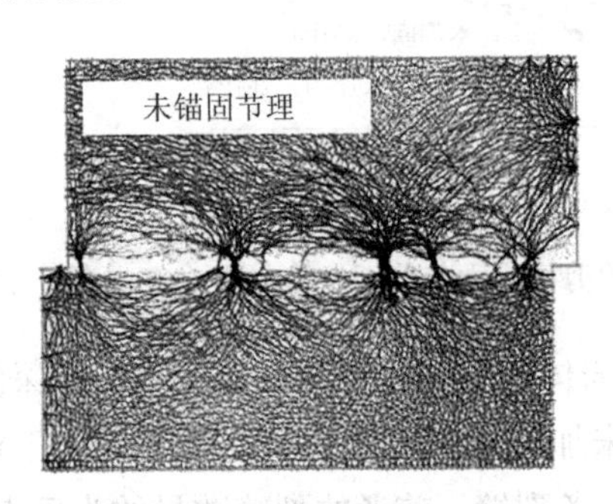

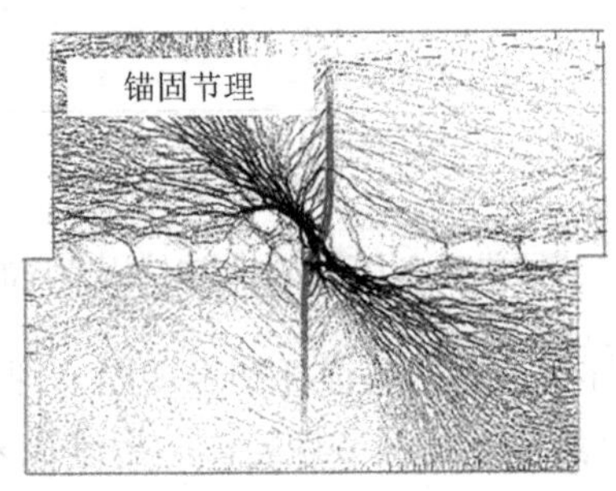

图 5-37　未加固和锚固节理之间的力链对比（Chen 等，2022）

该研究选择了四个等级的节理法向刚度（10GPa、70GPa、100GPa 和 150GPa）进行直接剪切模拟，获得了剪切应力-剪切位移曲线及相应的微剪切破坏特征，结果见图 5-38、表 5-1。改变节理法向刚度对单锚杆节理岩体的剪切刚度影响不大，节理法向刚度越大，曲线峰值越低，峰值后的波动越大。在大多数情况下，较大的节理法向刚度会导致节理整体变得刚性，颗粒之间的嵌合咬合作用较弱。因此，节理更容易在嵌合处发生脆性破坏，表现为曲线峰值后应力下降，节理的破坏模式趋向于脆性破坏。曲线峰值后的应力反弹归因于锚杆的存在，此时主要由锚杆承受剪切荷载。此外，未观察到残余应力与节理法向刚度之间存在明显关系。从微观视角来看，裂缝集中在节理与锚杆的界面附近，主要在面对剪切荷载的一侧形成三角形破裂区。随着法向刚度的增加，裂缝数量增加，而限制颗粒位移的锚杆区域变小。

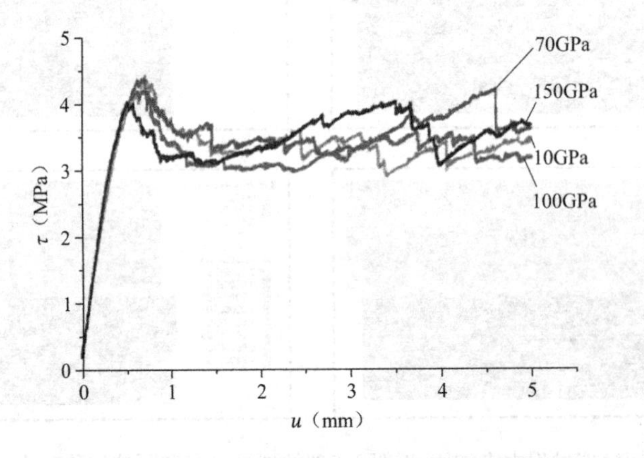

图 5-38　不同节理法向刚度下锚固节理的剪切应力-剪切位移曲线（Chen 等，2022）

不同节理法向刚度下锚固节理的宏观剪切行为和微破坏特征（Chen 等，2022）表 5-1

节理法向刚度（GPa）	裂缝分布	球位移	τ_p（MPa）
10			4.45
70			4.39
100			4.20
150			4.05

同样，选择了四个等级的节理切向刚度（10GPa、70GPa、100GPa 和 150GPa）进行直接剪切模拟，结果见图 5-39、表 5-2。剪切应力-剪切位移曲线表明，随着节理切向刚度的增大，曲线的线性部分（斜率）变得陡峭，峰值更高，剪应力峰值也更高。同时，峰后的曲线特征更加明显，表现出较高的应变软化率。随着节理切向刚度的增加，裂纹数量增多，三角区对颗粒位移的约束效果增强。

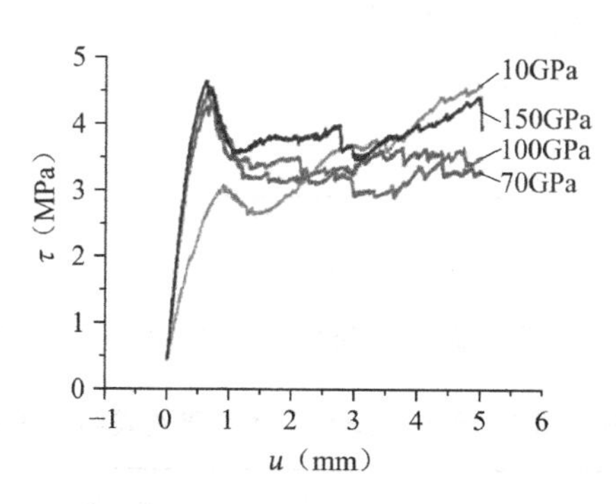

图 5-39　不同节理切向刚度下锚固节理的剪切应力-剪切位移（Chen 等，2022）

不同节理切向刚度下锚固节理的宏观剪切行为与微观破坏特征（Chen 等，2022）表 5-2

节理切向刚度（GPa）	裂缝分布	球位移	τ_p（MPa）	τ_s（MPa/m）
10			3.00	4.41
70			4.24	9.76

续表

节理切向刚度（GPa）	裂缝分布	球位移	τ_p（MPa）	τ_s（MPa/m）
100			4.53	10.13
150			4.64	10.51

摩擦系数仅作用于光滑节理模型中未粘结颗粒的切线方向，作为接触中的切向摩擦元件。当颗粒间的切向力超过摩擦力时，发生滑动位移。选择了三个级别（1.5、3.0、4.0）的摩擦系数进行直接剪切模拟，结果见图 5-40、表 5-3。由于弹性阶段颗粒间存在粘结力，弹性阶段的摩擦力小于摩擦元件的最大静摩擦力，因此摩擦系数对曲线的峰前弹性阶段无影响，即在剪切过程中剪切刚度完全一致。此外，摩擦系数越大，剪切应力峰值越高，峰后阶段的应变软化率越快。剪应力峰值随摩擦系数的增加而同步增加，但增加速率逐渐减小。裂纹也集中分布在锚杆周围，但裂纹数量与摩擦系数无显著关系。

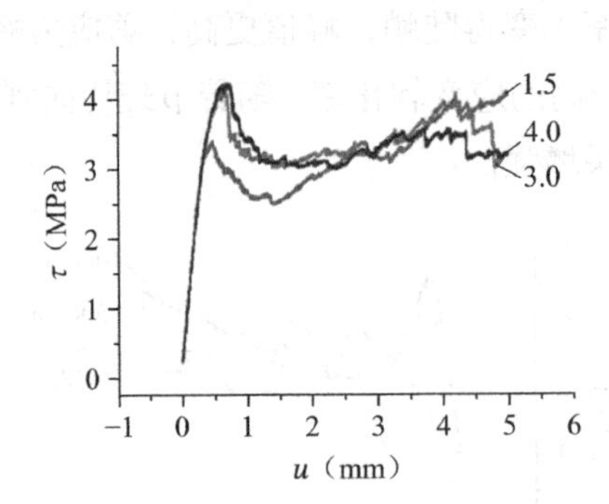

图 5-40　不同节理摩擦系数下锚固节理的剪切应力-剪切位移曲线（Chen 等，2022）

不同节理摩擦系数下锚固节理的宏观剪切行为与微观破坏特征（Chen 等，2022）表 5-3

节理摩擦系数	裂缝分布	球位移	τ_p（MPa）
1.5			3.45
3.0			4.16
4.0			4.22

自然节理的厚度是影响节理岩体剪切行为的一个非常重要的因素。选择厚度为 0.2mm、0.6mm 和 1mm 的节理模型进行直接剪切模拟，结果见图 5-41、表 5-4。随着节理厚度的增加，峰前线性部分的斜率变小，峰值降低，峰后应变软化率减小，同时节理的力学性质更加接近较弱层。随着厚度的增加，曲线的峰后变得更加平缓，反映出韧性的增强和残余应力的降低。这种变化可归因于峰后阶段的咬合效应较弱，节理增厚时粗糙咬合处的脆性破坏发生较少。剪切强度随节理厚度的增加而递减，剪切刚度也呈现出类似的变化趋势，不同之处在于剪切刚度随节理厚度的增加呈线性递减。裂纹数量随节理厚度的减小而增加，从球位移中可以看出，试样均沿节理破坏。随着节理厚度的增加，锚杆对颗粒的约束增强，从而使锚杆能够承受更多的剪切荷载。

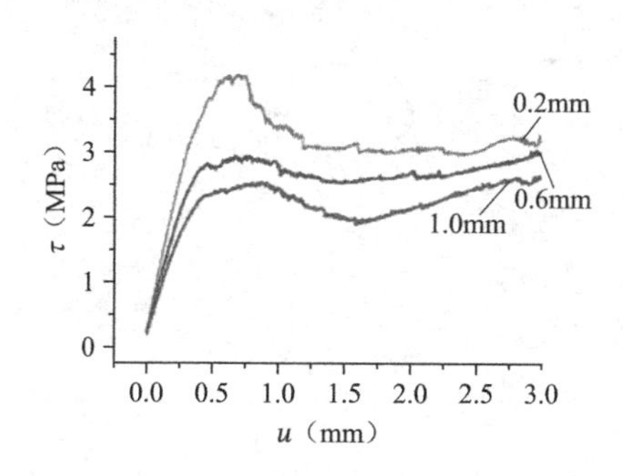

图 5-41　不同节理厚度下锚固节理的剪切应力-剪切位移曲线（Chen 等，2022）

不同节理厚度下锚固节理的宏观剪切行为与微观破坏特征（Chen 等，2022）　表 5-4

节理厚度（mm）	裂缝分布	球位移	τ_p（MPa）	τ_s（MPa/m）
0.2			4.23	10.30
0.6			3.00	8.41
1.0			2.57	6.81

5.1.6　预紧锚杆在岩质边坡的剪切模拟

Ranjbarnia 等（2022）通过 ABAQUS 软件建模，研究了预紧锚杆在岩质边坡中的行为及其影响因素。建模过程包括建立一个尺寸为 40cm × 40cm × 20cm 的双块几何模型，并对直径为 8mm 的锚杆及其周围的注浆材料进行模拟（图 5-42）。假设锚杆的行为分为线性弹性与完全塑性阶段，而注浆材料的行为则仅有弹性阶段。在边界条件方面，侧面在其法向方向上被约束。在插入锚杆后，预紧荷载分三个步骤施加：锚杆的拉拔、预紧力对块体的反作用力施加，以及剪切荷载的施加。所使用的预紧力大小为T = 5kN 和 10kN。模型采用C3D20R型的20节点有限元单元，对于靠近节理的锚杆部分，采用了更精细的网格。注浆材料与锚杆之间的接触模拟为在弯曲段无摩擦，而在剩余段则采用粗糙接触（剩余段为无滑移条件）。采用了相互作用模块来分配节理面属性，选用库仑摩擦模型模拟节理的摩擦作用。节理的粗糙度并未直接引入ABAQUS软件，而是通过摩擦角的总值考虑。

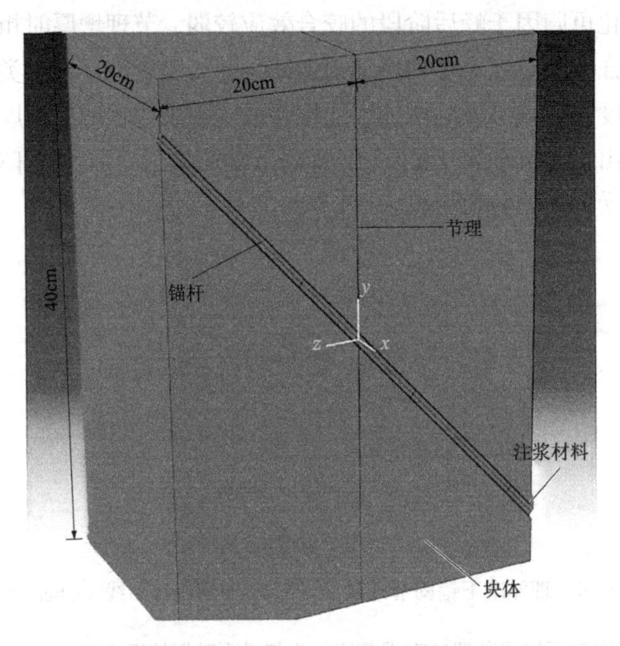

图5-42 45°倾斜角度下的半几何模型（Ranjbarnia等，2022）

对数值预测结果与试验结果和解析结果进行了对比，以验证数值结果的准确性。此外，也用解析结果验证主动锚杆的数值模型。图5-43展示了不同锚杆倾角下锚杆的剪切位移与剪切荷载的关系。结果表明，数值结果与试验结果具有良好的一致性。

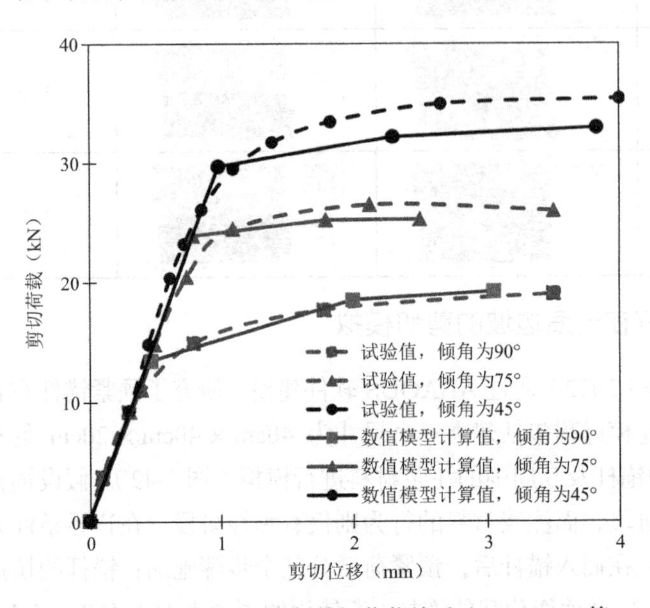

图5-43 不同倾角锚杆的剪切位移与剪切荷载关系（Ranjbarnia等，2022）

图 5-44 展示了进入塑性状态的被动锚杆。可以观察到，在锚杆的弯曲段，剪应力的分布具有反对称性，且最大剪应力集中在锚杆与节理的交界处。此外，锚杆在节理附近屈服，位移轮廓显示在锚杆屈服时，块体在锚杆上部（z方向）分离（A 部分）。因此，锚杆上部块体之间的摩擦未被激活。而在块体下部，块体相互碰撞，摩擦被激活（B 部分）。此外，锚杆的预紧力降低了块体在z方向上的变形。图 5-45 显示了 75°和 45°倾角及预紧力作用下的剪切位移与剪切荷载的关系。当未施加预紧力时，锚杆在较大的剪切变形下屈服。此外，由于锚杆剪切荷载的减小，预紧力在 75°倾角情况下的效果优于 45°倾角。

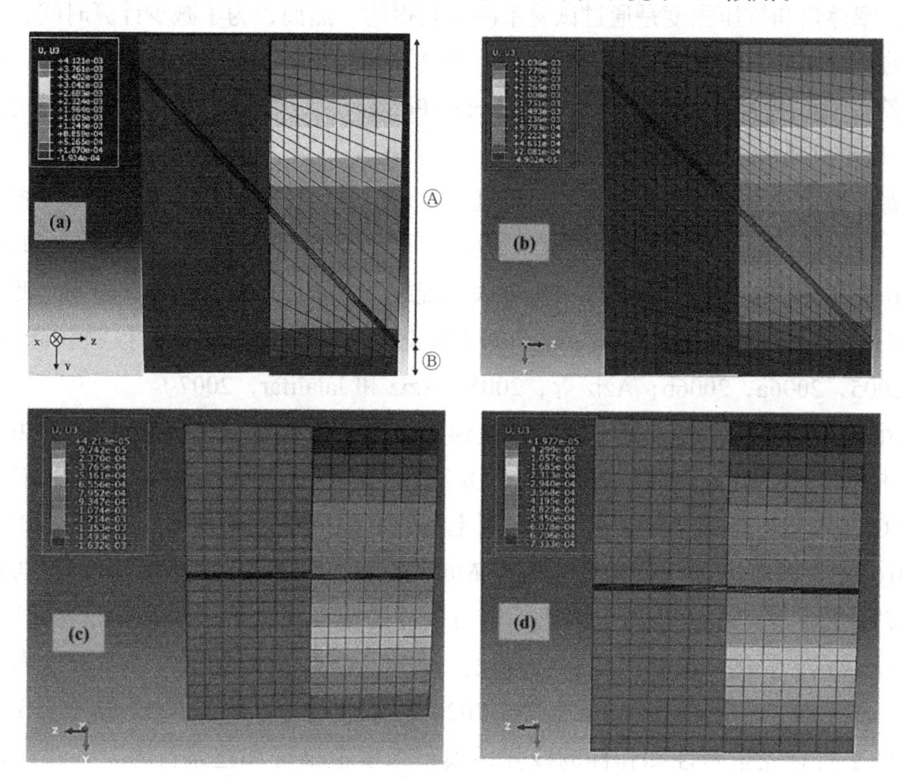

图 5-44　各工况下锚固岩块的变形情况（Ranjbarnia 等，2022）

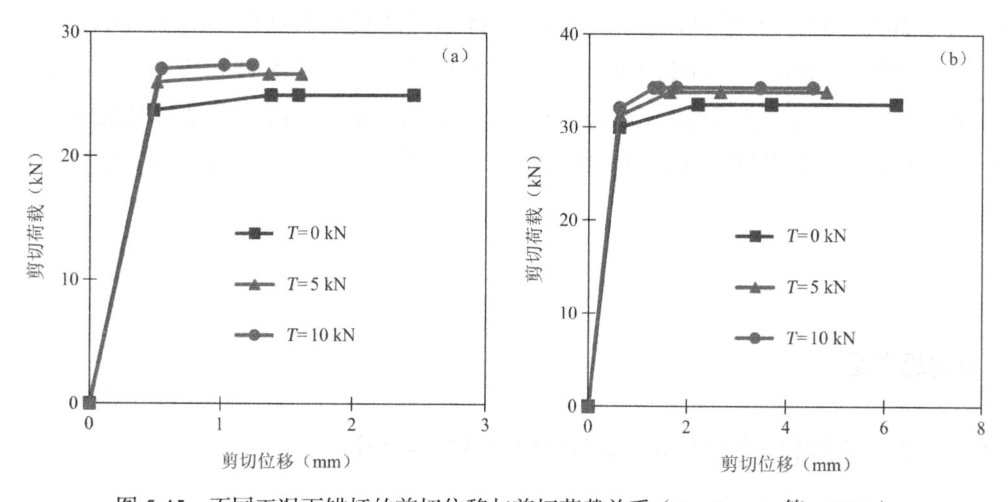

图 5-45　不同工况下锚杆的剪切位移与剪切荷载关系（Ranjbarnia 等，2022）

5.2 模拟结果分析

大多数岩石锚杆的剪切数值模拟依赖于有限元和离散元方法。因此，本节将重点回顾这两类数值模拟中的力学参数研究。Spang 的数值模拟模型在参数设置方面展示了若干创新之处。该模型采用 Drucker-Prager 和 von Mises 失效准则来描述弹塑性材料。材料特性如黏聚力、摩擦角和抗压强度是通过试验室测试获得的。然而，为了减少计算时间，模型仅在预期的塑性变形区域内对单元进行弹塑性建模（Spang 和 Egger，1990）。相比之下，Ferrero 的数值模拟模型对岩石和砂浆使用了 Drucker-Prager 屈服准则，而对锚杆则应用了 von Mises 屈服准则（Ferrero，1995）。

随着计算机技术的进步，计算能力得到了显著提升，使得模型的力学参数设置变得更加精细。Aziz 和 Jalalifar 等学者的数值模拟模型采用了具有不规则形状的 8 节点和 20 节点的 3D 实体单元（Solid 65 和 Solid 95）来表示混凝土、水泥砂浆和钢筋等材料。此外，模型还使用了 3D 面接触元素（CONTACT174）来表示 3D 目标表面之间的接触（Jalalifar 等，2004，2005，2006a，2006b；Aziz 等，2005；Aziz 和 Jalalifar，2007）。

此外，许多研究者提出了不同的数值模型力学参数确定方法。Song 等（2010）使用 3D 杆单元 LINK8 模拟岩石锚杆，并利用 3D8 节点面接触对（TARGE170 和 CONTACT174）来模拟岩石节理以及混凝土与锚杆之间的接触面（Song 等，2010）。Li 等（2016a）将混凝土和注浆材料建模为 Mohr-Coulomb 弹塑性准则，而岩石则采用弹塑性材料建模；基于拉伸试验，修正了岩石锚杆的应变应力关系，将其分为弹性阶段、屈服阶段、应变硬化阶段和应变软化阶段。对 FLAC3D 中的桩结构单元进行修改，以考虑单元中的横向剪切应变（Singh 等，2020）。Ranjbarnia 等（2022）基于 ABAQUS，分别考虑了具有完全塑性和弹性的线弹性模型来模拟锚杆和注浆行为，并对注浆与锚杆之间的接触进行了模拟，其中偏转长度上无摩擦，但在剩余长度上存在粗糙接触。Jiang 等（2022）修改了桩单元的力学模型，将锚杆的直接剪断模型纳入其中，并嵌入了锚杆屈服准则。Sun 等（2022）提出了桩单元拉剪屈服和断裂修正模型，将剪切力学模型分为弹性阶段、塑性阶段和断裂阶段。当锚杆的剪力和轴力满足屈服准则时，锚杆进入屈服阶段，承受拉、剪应力；当岩石锚杆的伸长率达到断裂条件时，锚杆将发生破裂。

复习思考题

1. 讨论有限元模拟方法在锚杆剪切试验中的应用及其优势。

2. 锚杆倾斜角如何影响岩石节理的剪切强度？请结合模拟结果讨论。

3. 比较离散元模拟与有限元模拟在锚杆剪切试验中的适用性，并分析其模拟结果的准确性。

4. 通过数值模拟结果，分析不同应力环境下锚固节理的剪切特性。

第 6 章

岩石锚杆剪切分析模型

岩石锚杆剪切
支护机理与锚固机制

经过众多学者对岩石锚杆在剪切作用下力学性能的广泛研究，已发现岩石锚杆在节理或软弱结构面上主要发挥以下三种作用：加固作用、销钉效应提供的抗剪作用及摩擦效应提供的抗剪作用。对以上不同机制的作用进行研究时，学者们基于大量试验数据、合理假设和系统内力平衡理论，初步推导了锚杆贡献和剪切滑移的经验公式。

随着研究的深入，部分学者将锚杆剪切过程简化为解析模型，运用弹性梁理论和弹塑性理论方法，得出了锚杆剪切贡献及剪切滑移的解析解。近年来，也有学者采用结构力学方法简化锚杆剪切过程，通过结构力学中的力学方程和位移协调条件，求解了锚杆对剪切面的最终贡献。

6.1　岩石锚杆剪切分析模型早期理论

Dulacska（1972）引入了岩石锚杆剪切承载力s的表达式，这是基于接触点塑性铰的开发，使用理想化的应力分布和最大力矩点，由下式（Dulacska，1972）给出：

$$T = 0.2D_b^2\sigma_y\left(\sqrt{1+\left(\frac{\sigma_c}{0.03\sigma_y \sin\beta}\right)}-1\right) \tag{6-1}$$

式中：T——锚杆承受的剪力；

σ_c——岩石单轴抗压强度；

D_b——锚杆直径；

σ_y——锚杆屈服应力；

β——锚杆与节理法线之间的角度。

Bjurstrom（1975）开发了锚杆加固节理总剪切强度的解析解，该解析解取决于三个参数。该解析解基于作用在系统上的力的平衡。

（1）由于加固作用而产生的抗剪力T_b：

$$T_b = p(\cos\beta + \sin\beta\tan\varphi) \tag{6-2}$$

式中：p——与剪切位移产生的屈服强度相对应的轴向荷载；

β——锚杆与连接方向之间的初始角度；

φ——节理摩擦角。

（2）由于销钉效应而产生的抗剪力T_d：

$$T_d = 0.67d_b^2(\sigma_y\sigma_c)^{0.5} \tag{6-3}$$

式中：d_b——锚杆直径；

σ_y——锚杆屈服强度；

σ_c——岩石单轴抗压强度。

（3）由于节理摩擦而产生的剪切阻力T_f：

$$T_f = A_j\sigma_n\tan\varphi_j \tag{6-4}$$

式中：A_j——节理区域面积；

σ_n——节理的法向应力；

φ_j——节理摩擦角。

因此，锚杆对节理剪切强度的总贡献T_t为：

$$T_t = p(\cos\beta + \sin\beta\tan\varphi) + 0.67d_b^2(\sigma_y\sigma_c)^{0.5} + A_j\sigma_n\tan\varphi_j \tag{6-5}$$

Spang 和 Egger（1990）提出了一种基于无量纲表达式的半经验公式解。该解决方案基于对不同直径、摩擦角、倾斜度、节理剪胀和法向应力的锚杆进行的测试，提供了最大剪切力和最大剪切位移的评估表达式。

最大剪切力T_0由以下通用表达式定义：

$$T_0 = P_t(1.0 + \Delta T_{A+G}) \cdot m_F \cdot m_R \tag{6-6}$$

式中：P_t——锚杆最大拉力荷载；

ΔT_{A+G}——考虑锚杆倾斜和剪胀的系数；

m_F——岩石变形考虑系数；

m_R——联合摩擦考虑系数。

最大剪切位移$f(s)$由以下通用表达式定义：

$$f(s) = (15.2 - 55.2\text{EM}^{-0.2} + 56.2\text{EM}^{-0.4}) \cdot \left[1 - \tan\alpha \cdot \left(\frac{20}{\text{EM}^{-0.4}}\right)^{0.25} \cdot (\cos\alpha)^{-0.5}\right] \tag{6-7}$$

$$f(s) = (15.2 - 55.2{\sigma_c}^{-0.14} + 56.2{\sigma_c}^{-0.28}) \cdot \left[1 - \tan\alpha \cdot \left(\frac{20}{{\sigma_c}^{-0.4}}\right)^{0.125} \cdot (\cos\alpha)^{-0.5}\right] \tag{6-8}$$

式中：d_b——锚杆直径；

EM——砂浆和岩石的刚度；

σ_c——岩石单轴抗压强度。

需要指出的是，由于上述表达式的经验性质，其适用性存在一定的局限性。上述表达式的使用必须满足试验中锚杆和注浆材料、钻孔直径和加载的相关条件。

6.2 基于弹性地基梁理论及梁弹塑性理论的锚杆剪切分析模型

当岩石和钢材均处于弹性场时，利用经典基础的经典方程分析销钉变形，不考虑作用在杆上的轴向荷载，表达式见式(6-9)，模型如图 6-1 所示。

$$\frac{d^4y}{dx^4} + \frac{K_s d_b}{EI}y = 0 \tag{6-9}$$

式中：E——钢的弹性模量；

I——转动惯量；

y——杆件的横向变形；

K_s——模量。

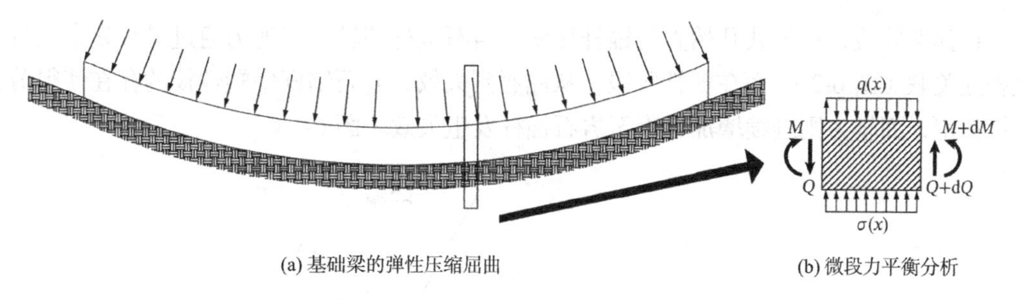

(a) 基础梁的弹性压缩屈曲　　(b) 微段力平衡分析

图 6-1　弹性地基梁模型示意图

Ferrero（1995）认为锚杆的破坏是剪切力与拉力共同作用的结果，并提出了两种屈服机制。基于 Tresca-von Mises 定律，提出式(6-10)，用于确定岩石锚杆在拉力和弯曲力作用下的失效条件。

$$\left(\frac{T_{\mathrm{r}}}{T_{\mathrm{y}}}\right)^{2}+\frac{M_{0}}{M_{\mathrm{y}}}=1 \tag{6-10}$$

考虑到岩石在弹塑性场中产生的侧向反应，反应可以用式(6-11)和式(6-12)表示。

$$p_{\mathrm{u}}=K_{\mathrm{s}}u_{\mathrm{s}} \tag{6-11}$$

$$p_{\mathrm{u}}=n\sigma_{\mathrm{c}} \tag{6-12}$$

式中：p_{u}——垂直于杆的岩石反力；

K_{s}——岩石模量；

u_{s}——弹性场中垂直于杆的轴线的位移；

σ_{c}——岩石单轴抗压强度；

n——取决于岩石内摩擦角的系数，在塑性状态下为 2～5（Holmberg，1991）。

联立式(6-9)～式(6-12)可求出极限剪切位移，这涉及确定两个塑性铰（第一屈服机构）的形成以及对应于在节理交叉点处的剪切力和拉伸力下屈服的杆（第二屈服机构），见式(6-13)和式(6-14)。

$$u_{\mathrm{s}}<\frac{5.27\sigma_{\mathrm{y}}l_{0}^{2}}{Ed_{\mathrm{b}}} \tag{6-13}$$

$$u_{\mathrm{s}}<\frac{4\sigma_{\mathrm{y}}l_{0}^{3}}{Ed_{\mathrm{b}}^{2}} \tag{6-14}$$

式中：l_0——定义为$\sqrt[4]{\frac{4\mathrm{EI}}{K_{\mathrm{s}}D_{\mathrm{b}}}}$。

两种屈服模式下，岩石锚杆的轴向拉力可以通过在极限塑性条件下应用岩石锚杆的平衡方程（平行于和垂直于轴向方向）来获得。

$$T_{\mathrm{r}}=p_{\mathrm{u}}d_{\mathrm{b}}\frac{x_{0}^{2}}{2y_{0}} \tag{6-15}$$

$$T_{\mathrm{r}}=p_{\mathrm{u}}d_{\mathrm{b}}\frac{x_{0}^{2}}{2y_{0}}\left(1+\frac{4y_{0}^{2}}{x_{0}}\right)^{\frac{3}{2}} \tag{6-16}$$

此外，Pellet 和 Egger（1996）提出了一个新的分析模型，该模型考虑了岩石锚杆作用过程中轴向力与剪切力的相互作用，并分析了岩石锚杆在加载破坏过程中的塑性位移。该研究将岩石锚杆的剪切行为分为两个阶段：弹性阶段和塑性阶段。

在弹性阶段，从加载开始直到锚杆屈服，岩石锚杆的轴力与剪力通过最小残余能量定理相互关联（图 6-2）；而在塑性阶段，从屈服到失效，岩石锚杆中塑性铰的存在使得剪力保持恒定，而轴力则继续增加，直至岩石锚杆发生失效（图 6-3）。

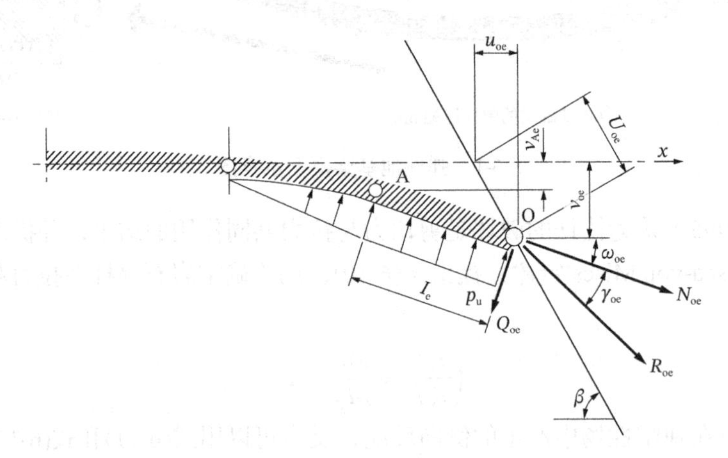

图 6-2　弹性阶段岩石锚杆的受力和位移（Pellet 和 Egger，1996）

岩石锚杆塑性阶段的剪力见式(6-17)和式(6-18)：

$$Q_{oe}=0.5\sqrt{p_u d_b\left(\frac{\pi d_b \sigma_{el}}{4}-N_{oe}\right)} \tag{6-17}$$

$$Q_{of}=\frac{\pi d_b^2 \sigma_{ec}}{8}\sqrt{1-16\left(\frac{N_{of}}{\pi d_b^2 \sigma_{ec}}\right)} \tag{6-18}$$

式中：Q_{oe}——锚杆材料屈服时作用于 O 点的剪力；

Q_{of}——锚杆材料失效时作用于 O 点的剪力；

N_{oe}——锚杆材料屈服时作用于 O 点的轴力；

N_{of}——锚杆材料失效时作用于 O 点的轴力；

d_b——锚杆直径；

σ_{el}——锚杆材料的屈服应力；

σ_{ec}——锚杆材料的破坏应力。

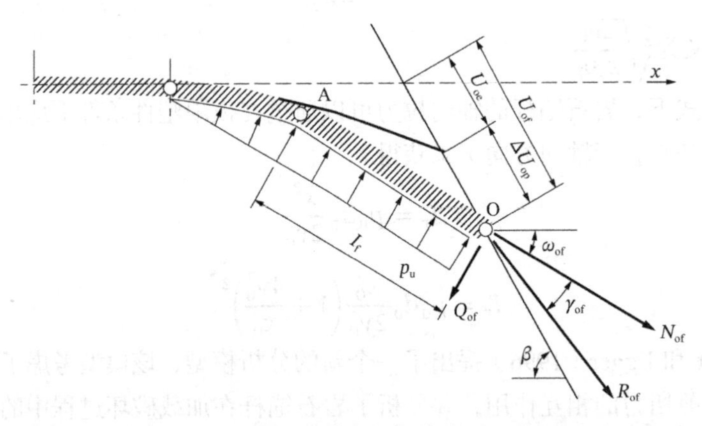

图 6-3　塑性阶段岩石锚杆的受力和位移（Pellet 和 Egger，1996）

剪切力和轴向力之间的关系如图 6-4 所示。弹性极限［式(6-17)］是抛物线形，而失效准则是椭圆形［式(6-18)］。

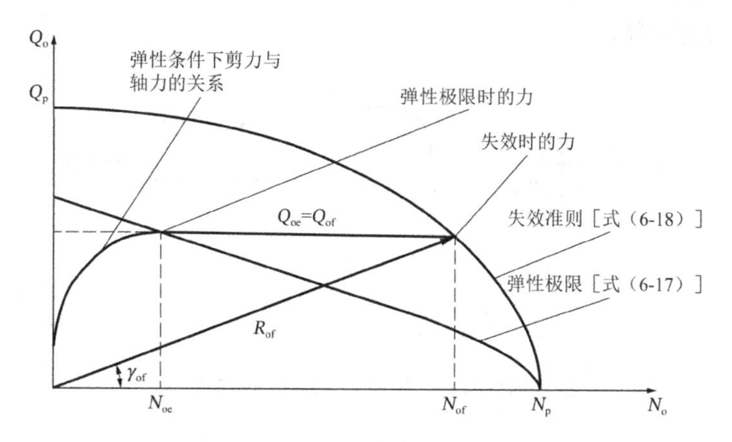

图 6-4　锚杆中的剪切力与轴向力（Pellet 和 Egger，1996）

锚杆在弹性阶段和塑性阶段的位移分别由式(6-19)和式(6-20)求得：

$$U_{oe}=\frac{8192Q_{oe}^{4}b}{E\pi^{4}d_{b}^{4}p_{u}^{3}\sin\beta} \tag{6-19}$$

$$\Delta U_{op}=\frac{Q_{oe}\sin\Delta\omega_{op}}{p_{u}\sin(\beta-\Delta\omega_{op})} \tag{6-20}$$

式中：$\Delta\omega_{op}$——$\Delta\omega_{op}=\arccos\left[\frac{l_e}{l_f}\sin^2\beta\pm\sqrt{\cos\beta\left(1-\left(\frac{l_e}{l_f}\right)^2\sin^2\beta\right)}\right]$；

l_e——末端（O 点）与最大弯矩位置（A 点）之间的距离；

l_f——失效时 OA 段的长度。

弹性阶段锚杆的旋转由式(6-21)求得：

$$\omega_{oe}=-\frac{2048Q_{oe}^{3}b}{E\pi^{3}d_{b}^{4}p_{u}^{2}} \tag{6-21}$$

式中：b——参数，取为 0.27；

p_u——单位长度前最大承载压力（注浆屈服压力）。

锚杆失效时的总位移和总旋转分别按下列公式计算：

$$\omega_{of}=\omega_{oe}+\Delta\omega_{op} \tag{6-22}$$

$$U_{of}=U_{oe}+\Delta U_{op} \tag{6-23}$$

Jalalifar 和 Aziz（2010a）基于 Pellet 和 Egger（1996）提出的分析模型开发了一种分析方法，可以更好地解释横向约束下跨接缝平面的锚杆剪切，特别是锚杆弯曲的塑性铰铰点位置弹性和塑性条件下的行为。锚杆的侧向反力如图 6-5 所示。根据试验，观察到弹性区域的轴向荷载值没有显著变化（Jalalifar 等，2006a，2006b）。因此，铰点到节理的距离可表示为：

$$L_p=\frac{1}{4}\sqrt{\frac{\sigma_y\pi d_b^3}{P_u}} \tag{6-24}$$

式中：L_p——反应长度（铰链长度）；

P_u——反作用力，可按$\sigma_c d_b$计算；

σ_y——弹性屈服应力；

d_b——锚杆直径。

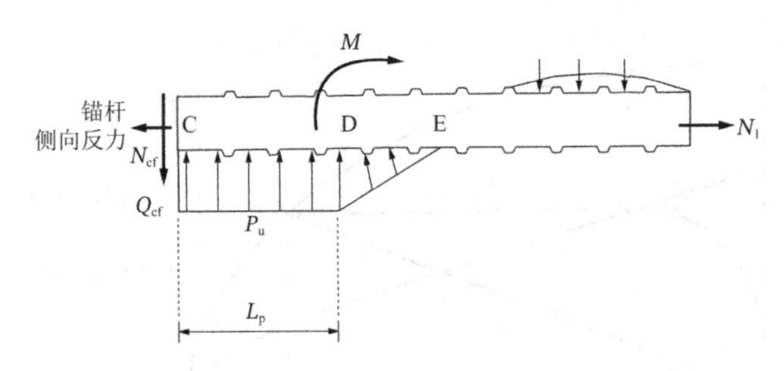

图 6-5　锚杆加载时的反作用力（Jalalifar 和 Aziz，2010a）

基于 Pellet 和 Egger（1996）提出的分析模型，Chen 和 Li（2015a，2015b）提出了锚杆拉剪性能计算的加载角和位移角。加载角定义为横向剪切荷载与轴向拉力荷载之间的角度，而位移角定义为轴向位移与剪切位移之间的角度。位移角α和加载角θ定义如下：

$$\alpha = \arctan\frac{D_s}{D_p} \tag{6-25}$$

$$\gamma_0 = \arctan\frac{Q_0}{N_0} \tag{6-26}$$

$$\theta = \omega_o + \gamma_0 \tag{6-27}$$

式中：D_s——剪切位移；

D_p——轴向位移；

Q_o——O 点的剪切荷载；

N_o——O 点轴向荷载。

ω_o——通过迭代计算出的增量施转角度，$\omega_o = \omega_{oe} + \omega_{op}$。

Zhang 和 Liu（2014）提出了一种综合考虑岩石锚杆剪切和轴向变形能力的分析模型，将锚杆变形分为弹性变形区和挤压破坏区两部分。分别推导出剪切荷载与剪切位移、轴向荷载与轴向位移之间的关系。通过对锚杆屈服破坏模型的分析，提出了计算压溃破坏区长度的方法（Liu 等，2017）。

在弹性变形区，锚杆的横向变形符合温克尔假设。在挤压破坏区，根据 Oreste 和 Cravero（2008）的研究结论，岩石锚杆上的力可以假定为线性力。结合边界条件，锚杆在弹性变形区和破碎破坏区的剪切位移可由式(6-28)和式(6-29)得出：

$$y = \frac{1}{2EI\beta^3} \mathrm{e}^{-\beta x[(T_o+\beta M_o)\cos\beta x - \beta M_o \sin\beta x]} \tag{6-28}$$

$$y = \frac{1}{2EI\beta^3}\left\{T\left[\frac{1}{3}+\frac{2}{3}(1+\beta l_f)^3\right] - P_u\left[l_f\left(1+\frac{1}{2}\beta l_f\right)\left(1+\beta l_f+\frac{1}{2}\beta^2 l_f^2\right)\right]\right\} \tag{6-29}$$

式中：T_o——O 点的剪切力，$T_o = T - P_u l_f$；

M_o——O 点的弯矩，$M_o = Tl_f - \frac{1}{2}P_u l_f^2$；

β——参数，$\beta=\sqrt[4]{\frac{kd}{4EI}}$；

l_f——破碎失效区的长度。

锚杆在轴向弹性变形区和挤压破坏区的总变形可用式(6-30)和式(6-31)表示：

$$u_1=\frac{N_o}{E_bA\alpha}\frac{1}{\tanh(\alpha L)} \tag{6-30}$$

$$u_2=\frac{1}{E_bA\alpha}\left(N_0 l_f+P_u\frac{1}{2}\pi d_b\tan\varphi l_f^2\right) \tag{6-31}$$

式中：α——参数，$\alpha=\sqrt{\frac{k_s}{E_bA}}$；

A——锚杆的横截面积；

φ——内摩擦角。

由轴向和剪切位移组成的节理位移可用于确定剪切所处的阶段。

然而，上述论文很少关注断裂条件下不同材料（如岩石锚杆、注浆材料和围岩）的耦合协同效应。因此，近年来学者们提出的岩石锚杆分析模型主要集中在剪力和轴力协调作用下的加固效应。Ma 等（2018，2019）提出了一种分析模型，通过考虑锚杆中产生的轴向力、锚杆与注浆料之间的界面粘结应力、预拉力以及横向作用于锚杆轴线的螺栓剪力，克服了以往分析模型的一些局限性。锚杆分为三个部分，如图 6-6 所示。O 点为交点；A 点为铰点，在此力矩为最大值，剪力为零；B 点位于 A 点和 C 点之间，$L_{AB}=L_{OA}=L_A$。对于 OA 截面，假定界面剪应力为零。

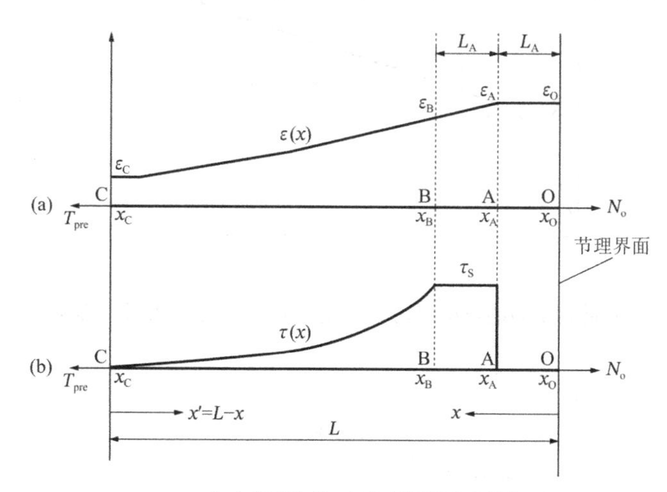

（a）应变分布；（b）界面剪应力分布

图 6-6　沿锚杆长度的应变分布和界面剪应力分布（Ma 等，2019）

根据上述假设，弹性阶段交点 O 处的锚杆轴向力可由式(6-32)推导：

$$N_o=\frac{AE+k_1H}{L+\frac{k_1L_AH}{AE}}u_o \tag{6-32}$$

式中：k_1——第一阶段粘结滑移模型的刚度；

A——锚杆的横截面积；

E——锚杆的弹性模量；

$$H=\left[\pi d_{\mathrm{b}}(x_{\mathrm{B}}-x_{\mathrm{A}})+\frac{\pi d_{\mathrm{b}}^{2}}{2\alpha}\right](x_{\mathrm{B}}'-x_{\mathrm{C}}')-\frac{\pi d_{\mathrm{b}}^{3}}{4\alpha^{2}}\left(1-\mathrm{e}^{-2\alpha\frac{x_{\mathrm{B}}'-x_{\mathrm{C}}'}{d_{\mathrm{b}}}}\right)+$$

$$\pi d_{\mathrm{b}}(L-x_{\mathrm{A}})(x_{\mathrm{A}}'-x_{\mathrm{B}}')-\pi d_{\mathrm{b}}\frac{x_{\mathrm{A}}'-x_{\mathrm{B}}'}{2};$$

$$L=x_{\mathrm{O}}'-x_{\mathrm{C}}';$$

$$u_{\mathrm{o}}=\Delta U_{\mathrm{o}}\cos(\beta-\omega_{\mathrm{o}});$$

ω_{o}——通过迭代计算得出的增量旋转角度。

塑性铰点 A 处锚杆的弹性极限可由下式求得：

$$N_{\mathrm{A}}=\sigma_{\mathrm{y}}A-\frac{AQ_{\mathrm{o}}^{2}}{2p_{\mathrm{u}}W_{\mathrm{b}}} \tag{6-33}$$

式中：σ_{y}——锚杆屈服强度；

W_{b}——锚杆的截面模量，$W_{\mathrm{b}}=\frac{\pi d_{\mathrm{b}}^{3}}{32}$；

d_{b}——锚杆直径。

在剪切过程中，Ma 的分析模型假定锚杆和混凝土将相互作用，同时进入弹塑性阶段（第 2 阶段）和塑性阶段（第 3 阶段），如图 6-7 和图 6-8 所示。

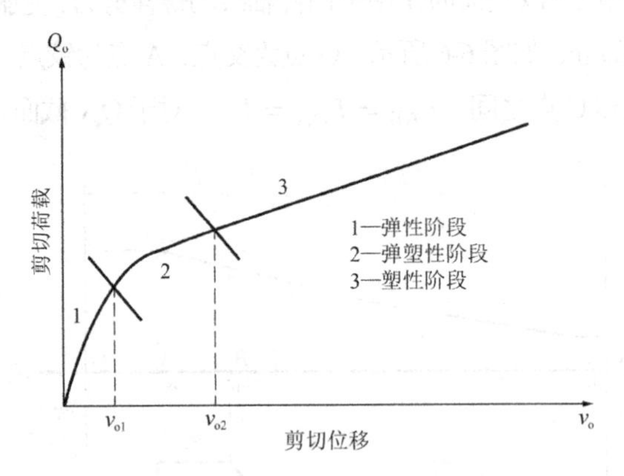

图 6-7　双剪切试验的典型剪切荷载-剪切位移曲线（Ma 等，2019）

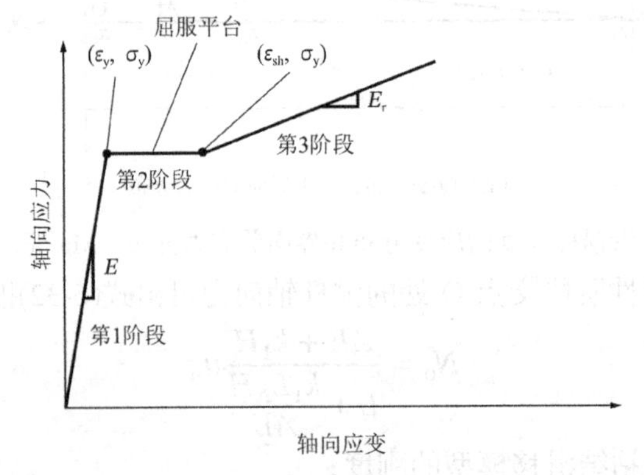

图 6-8　锚杆在拉力作用下的轴向行为（Ma 等，2019）

与上述分析模型不同，Chen 等（2020）开发了一个考虑锚杆拉拔模型（Li 和 Stillborg，

1999）的分析模型。该分析模型可预测全注浆岩石锚杆在拉剪荷载作用下的力学行为。如图 6-9、图 6-10 所示，锚杆截面的弯矩随着岩石塑性区的增加而不断上升，当其达到弹性极限弯矩（M_e）时，锚杆截面的受力状态从弹性阶段转变为弹塑性阶段。如果点 A 处的弯矩大于塑性极限弯矩，则会出现塑性铰。

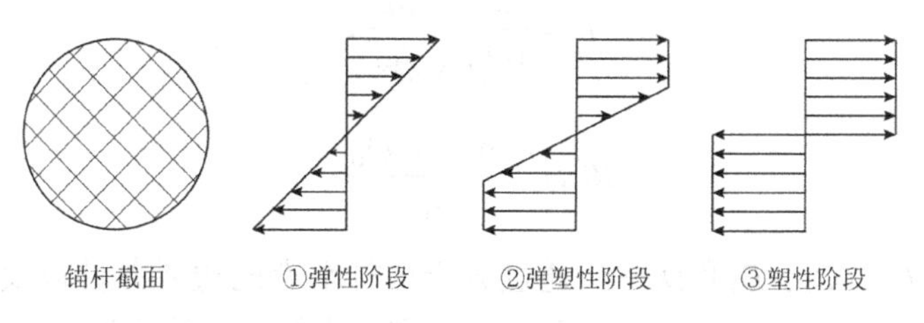

图 6-9　锚杆在弯曲过程中弹塑性应力变化

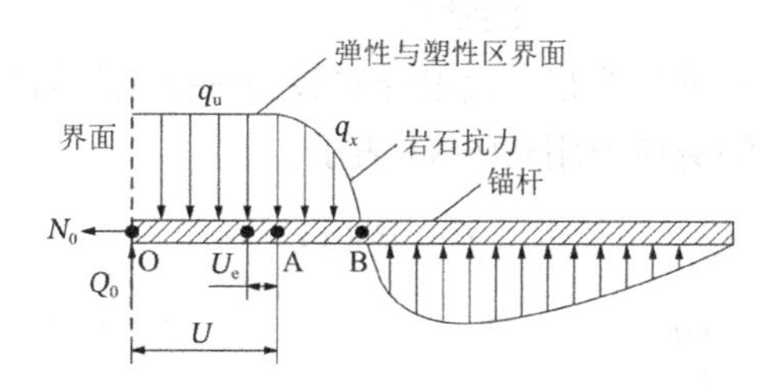

图 6-10　半无限长梁模型示意图

如图 6-10 所示，采用半无限长梁的弹性理论和挠度曲线的近似微分方程（弹性和弹塑性）分析锚杆的横向行为。锚杆的轴向行为是基于现实的三线型粘结滑移模型，在注浆料-锚杆界面上存在残余粘结强度。在纯弹性阶段，锚杆变形近似于挠度曲线的微分方程，如式(6-34)所示。在弹塑性阶段，锚杆变形与式(6-35)中的挠度曲线一致，式(6-36)基于矩形截面梁进行了简化：

$$\frac{\mathrm{d}^2y}{\mathrm{d}x^2}=-\frac{M(x)}{EI} \tag{6-34}$$

$$\frac{\mathrm{d}^2y}{\mathrm{d}x^2}=\frac{\sqrt{2\sigma_s}}{Ed_b}\frac{1}{\sqrt{\frac{3}{2}-\frac{M(x)}{M_e}}} \tag{6-35}$$

式中：EI——锚杆弯曲刚度；

d_b——锚杆直径；

σ_s——锚杆极限破坏应力；

M_e——弹性极限弯矩。

点 O 的剪切变形$y(x)$可通过式(6-36)得出：

$$y(x)=\begin{cases}\frac{1}{EI}\left(\frac{1}{6}Q_o x^2-\frac{1}{24}q_u x^3+C_1x+D_1\right), & 0\leqslant x\leqslant U_e\\ n\left\{R(x)\ln\left[R(x)^2+m^2\right]-\sqrt{R(x)^2+m^2}+C_2x+D_2\right\}, & U_e\leqslant x\leqslant U\\ A\mathrm{e}^{-\beta x}\cos(\beta x+B), & U\leqslant x\leqslant L_q\end{cases} \tag{6-36}$$

式中：Q_o——O 点锚杆剪切力；

q_u——岩石塑性承载力；

$$m=\sqrt{\frac{(3q_u M_e-Q_o^2)}{q_u^2}};$$

$$n=\frac{2\sigma_s}{Ed_b}\sqrt{\frac{M_e}{q_u}};$$

$$R(x)=\frac{q_u x-Q_o}{q_u};$$

U_e、U、A、B、C_1、C_2、D_1和D_2——通过分析锚杆端点的边界条件以及锚杆挠度、旋转角、弯矩和剪力的连续性条件在$x=U$和$x=U_e$得到的常数。

剪切作用影响范围长度简化为U，代表受屈服锚杆挤压的岩体长度，加上锚杆与周围岩体之间的界面。沿锚杆的剪应力用式(6-38)表示：

$$f=\mu q(x) \tag{6-37}$$

$$\tau_b=\begin{cases}0, & 0\leqslant x\leqslant L_0\\ \mu q_u, & L_0\leqslant x\leqslant U\\ S_r, & U\leqslant x\leqslant L_1\\ \omega S_p+\dfrac{x-L_1}{\Delta}(1-\omega)S_p, & L_1\leqslant x\leqslant L_2\\ S_p e^{-2\alpha\frac{x-L_2}{d_b}}, & L_2\leqslant x\leqslant L\end{cases} \tag{6-38}$$

式中：μ——摩擦系数；

S_r——锚杆-岩石界面的残余剪切强度；

S_p——锚杆-岩石界面的峰值剪切强度；

ω——残余剪切强度与峰值剪切强度之比，$\omega=\frac{S_r}{S_p}$；

$$\alpha^2=\frac{2G_r}{E_b\ln\left(\dfrac{d_0}{d_b}\right)}$$

三个特征值N_1、N_2和N_3总结在式(6-39)～式(6-41)中。其中，N_1为锚杆和注浆之间的界面保持弹性时的最大剪应力，N_2为界面解耦时的最小剪应力，N_3为锚杆的屈服力。

$$N_1=\frac{\pi d_b^2}{4}\left[\frac{2S_p}{\alpha}\left(1-e^{-\frac{2\alpha L}{d_b}}\right)+\frac{4\mu q_u U}{d_b}\right] \tag{6-39}$$

$$N_2=\frac{\pi d_b^2}{4}\left[\frac{2S_p}{\alpha}\left(1-e^{-\frac{2\alpha L}{d_b}}\right)+\frac{4\mu q_u U+2S_p\Delta(1+\omega)}{d_b}\right] \tag{6-40}$$

$$N_3=\frac{\pi d_b^2}{4}\sigma_s \tag{6-41}$$

锚杆剪力之间的关系：式(6-42)描述了当锚杆处于塑性阶段时考虑后弹性应变硬化对锚杆弯曲刚度影响的方法。

$$E_{\mathrm{r}} = \frac{256}{\pi d_{\mathrm{b}} \varDelta^3} \int_{\varepsilon_2}^{\varepsilon_1} \sigma \varepsilon \sqrt{\frac{d_{\mathrm{b}}^2}{4} - \frac{d_{\mathrm{b}}^2 \varepsilon^2}{\varDelta^2}} \mathrm{d}\varepsilon \tag{6-42}$$

锚杆的旋转、轴向伸长和轴向荷载可表示为：

$$\tan\theta = \frac{u_{\mathrm{y}}}{l_{\mathrm{A}} + \dfrac{u_{\mathrm{y}}}{\tan\alpha}} \tag{6-43}$$

$$\varDelta_{\mathrm{ext.p}} = \frac{l_{\mathrm{A}}}{\cos\theta} + \frac{u_{\mathrm{y}}}{\tan\alpha\cos\theta} - (l_{\mathrm{A}} + \varDelta_{\mathrm{ext.e}}) \tag{6-44}$$

$$N_0 = \frac{\pi d_{\mathrm{b}}^2 E_{\mathrm{p}} \varDelta_{\mathrm{ext.p}}}{4 l_{\mathrm{p}}} + N_{\mathrm{oe}} \tag{6-45}$$

式中：l_{p}——锚杆塑性部分（弯矩大于塑性力矩的部分）的长度；

$\varDelta_{\mathrm{ext.e}}$——屈服点处的轴向延伸；

N_{oe}——屈服点 O 点的轴向荷载；

$$E_{\mathrm{p}} = \frac{\sigma_{\mathrm{f}} - \sigma_{\mathrm{y}}}{\varepsilon_{\mathrm{f}} - \varepsilon_{\mathrm{y}}};$$

σ_{f}、σ_{y}——锚杆的屈服强度和极限强度；

ε_{f}、ε_{y}——锚杆的屈服应变和失效应变；

$$\theta = \frac{1}{EI_{\mathrm{z}}}\left(\frac{19 p_{\mathrm{u}} l_{\mathrm{A}}^3}{24} - 2Q_{\mathrm{o}} l_{\mathrm{A}}^2\right)。$$

为了模拟破坏过程，通过实时监测轴向和横向位移，分配压力油至拉伸和剪切缸，调节组合拉剪荷载条件进行试验。横向位移和轴向位移之间的夹角定义为位移角。图 6-11 展示了位移角为 0°、20°、40°和 60°时锚杆的总力和总变形曲线。通过与大尺寸模型上获得的拉剪测试结果进行对比，理论与试验结果显示出良好的吻合性。可以观察到，不同位移角的曲线形状相似。总位移D_{tot}几乎保持不变，而总荷载F_{tot}从 0°到 60°呈现出可忽略不计的减小。这意味着当位移角小于 60°时，位移角对锚杆强度的影响很小。

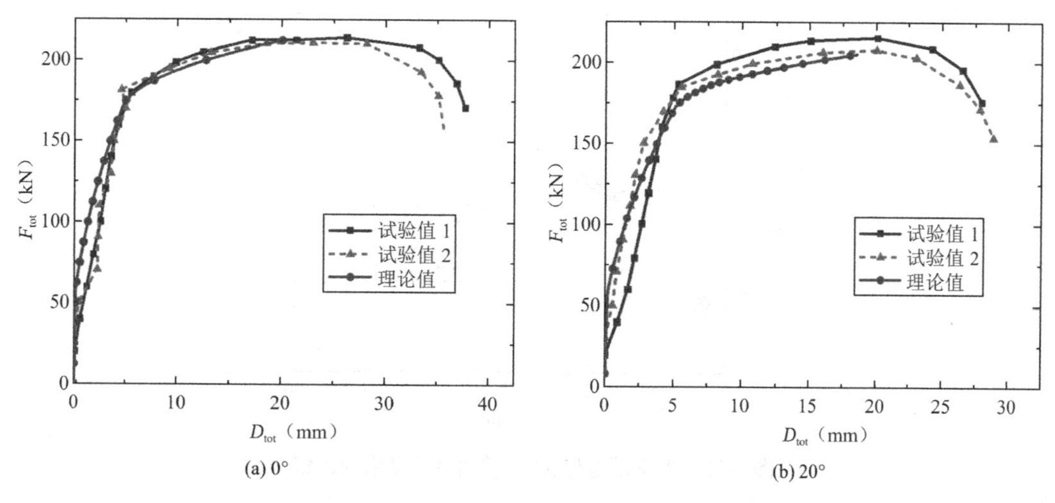

(a) 0°　　(b) 20°

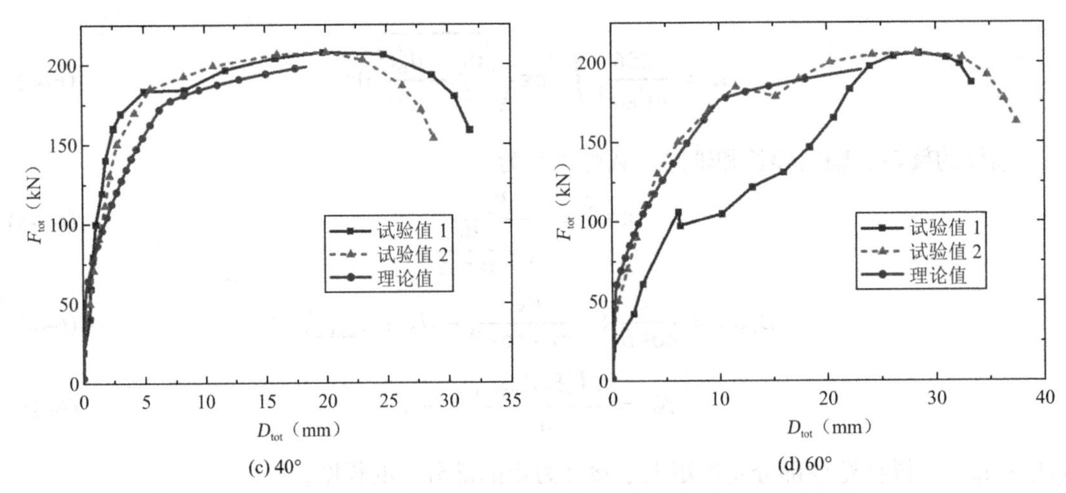

图 6-11　理论模型与 0°、20°、40°和 60°位移角试验结果的比较

图 6-12 展示了 90°位移角的锚杆总力和总变形曲线。值得注意的是，90°位移角的曲线形状与其他位移角的形状不同。此外，90°位移角的总变形大于其他位移角，而总力则显著小于其他位移角。从该图可以看出，理论结果的最终总荷载和总变形略大于试验值，这表明塑性铰降低了锚杆的强度。在这种情况下，不仅要考虑点 O 处的拉剪破坏准则，还应考虑点 A 处的拉弯破坏准则。

图 6-13 展示了不同位移角下的总荷载和总变形。锚杆在不同倾斜角度下受到剪切，与不同倾斜角度下锚接节理的剪切荷载和剪切变形曲线相比，开裂岩体在拉剪荷载下的结果有许多差异。首先，总荷载随着角度的增加略有减少。其次，总变形随着角度的增加而增加。此外，在角度不大的情况下，曲线的形状并不相似。

通过将分析模型的结果与试验进行比较，可以发现该模型只能确定峰值之前的位移-荷载曲线，但能够判断锚杆是否损坏，并且曲线拟合良好，验证了模型的准确性。在测试和现场试验中，通过使用该分析模型，只需输入基本参数，即可获得损坏前的位移和荷载，同时获得峰值的位移-荷载曲线。在拟合测试状态后，可以根据模型对不同参数进行比较。该模型可用于预测不同强度围岩下锚杆的变形和不同直径锚杆的锚固效果。

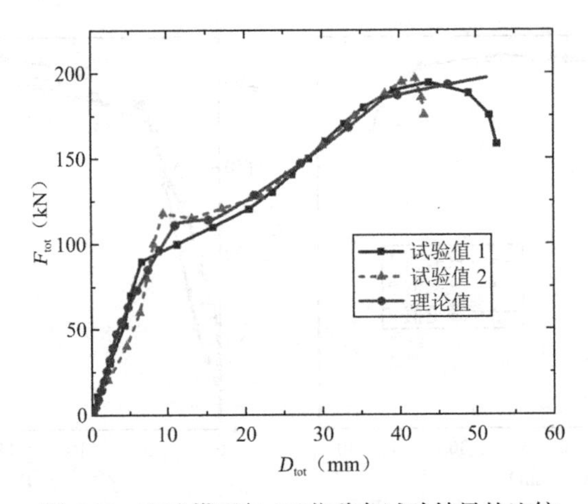

图 6-12　理论模型与 90°位移角试验结果的比较

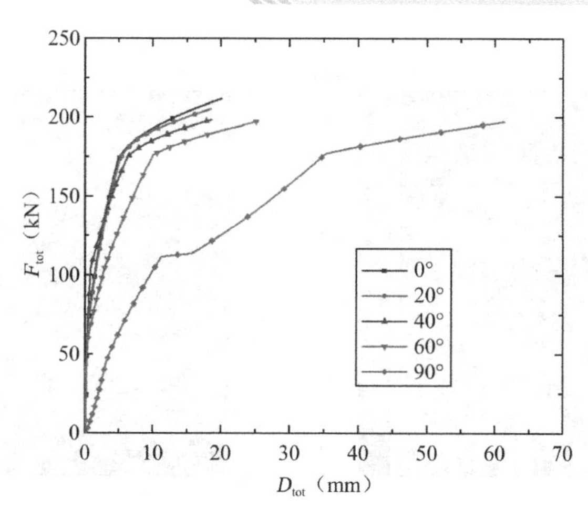

图 6-13　不同位移角下锚杆的总变形与总力关系

图 6-14 显示了在不同围岩强度和位移角下的总变形［图 6-14（a）］和总荷载［图 6-14（b）］之间的关系。显然，在弱岩中，总变形比硬岩中的更大，特别是对于较大位移角。此外，当位移角约为 40°且围岩强度大于 60MPa 时，总变形最小。当位移角较小时，围岩材料的强度对锚杆的荷载贡献没有明显影响。当位移角大于 40°时，通过提高围岩材料的强度，总荷载显著减少。此外，当围岩材料的强度较小时，位移角对锚杆的荷载贡献没有明显影响。当围岩材料的强度大于 60MPa 时，通过提高位移角，总荷载显著减少。

图 6-15 展示了不同直径锚杆在不同位移角下的总变形［图 6-15（a）］和总荷载［图 6-15（b）］之间的关系。在破坏过程中，总变形明显随着锚杆直径的增加呈线性增长，当位移角大于 40°时，通过增加锚杆直径，总变形的增加率急剧上升。在破坏过程中，总荷载随着锚杆直径的增加呈指数增长，并且无论位移角如何变化，总荷载变化范围都很窄。

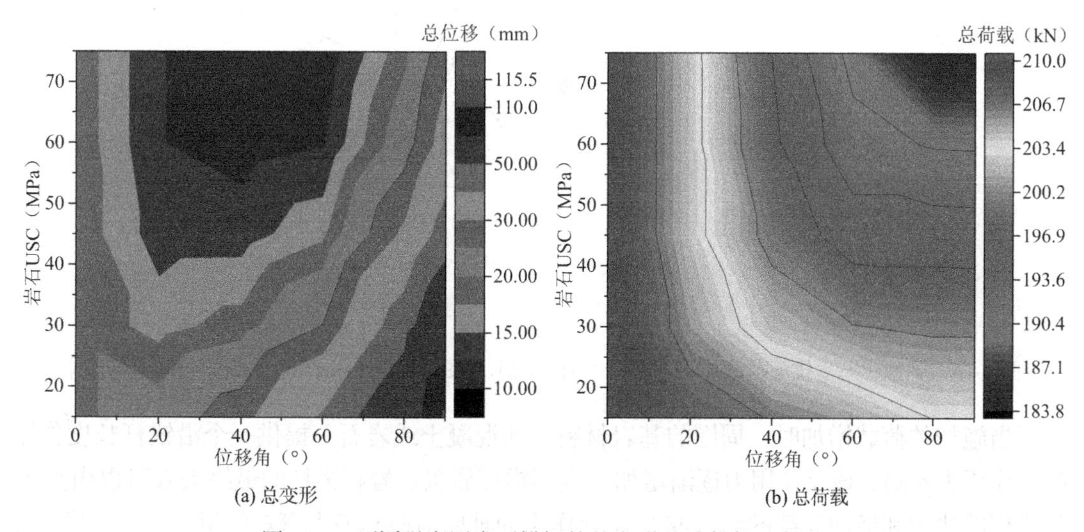

图 6-14　不同强度围岩下锚杆的总变形和总荷载示意图

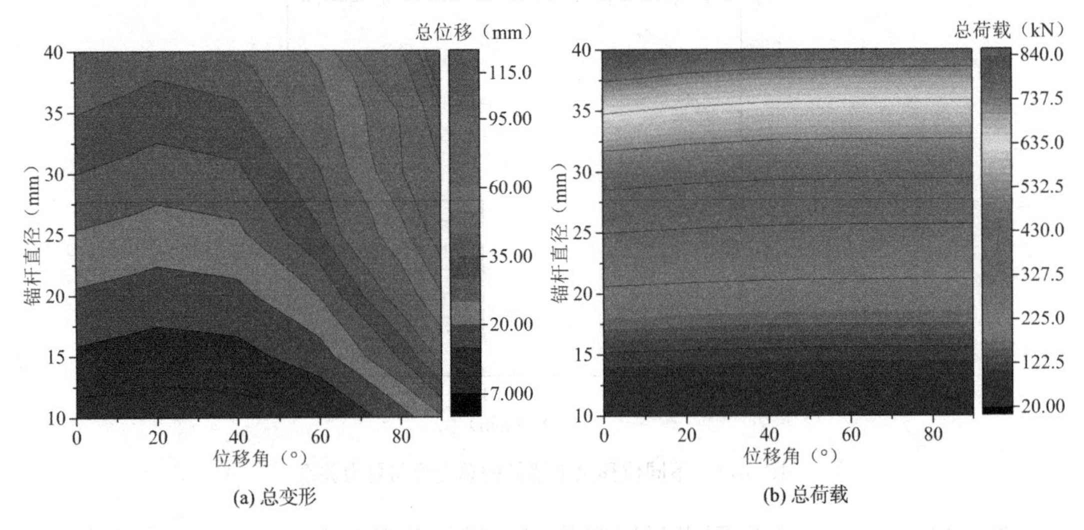

(a) 总变形　　(b) 总荷载

图 6-15　不同直径锚杆的总变形和总荷载示意图

6.3　位移角与加载角之间的解析关系

当岩石锚杆受到方向已知的剪切位移时，锚杆会发生变形，同时基岩材料（如混凝土或岩石）提供反作用力。当岩石锚杆在轴向和横向上受到一组由轴向荷载N、剪切荷载Q和弯矩M组成的组合荷载作用时，根据之前的研究（Spang 和 Egger，1990；Pellet 和 Egger，1996），锚杆的变形形状呈现出两个特殊点位（图 6-16）：一个点是岩石锚杆与节理的交点（点 O），在此点处锚杆的变形曲率为零，通过梁理论可知，此点的弯矩为零，因此只有锚杆端部受轴向和剪切荷载作用；另一个点是最大曲率点（点 A），在此点处锚杆的弯矩最大，而剪切荷载为零。

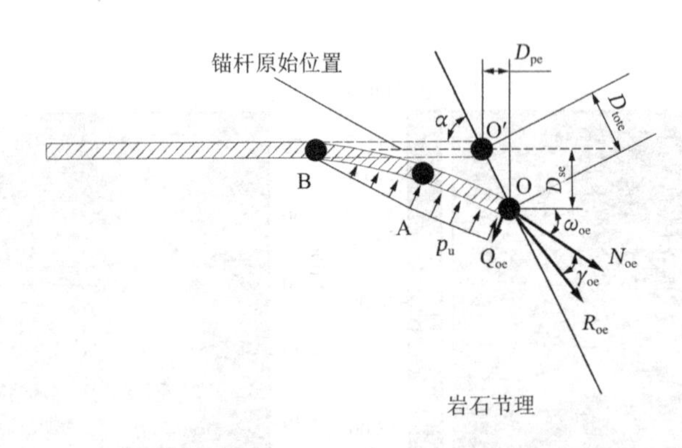

图 6-16　弹性状态下拉剪荷载作用下锚杆上荷载的示意图［根据 Pellet 和 Egger（1996）修改］

当施加的荷载增加时，周围的基岩材料（如混凝土或岩石）提供一个沿锚杆长度作用的反作用力$p(x)$。该反作用力逐渐增加，直到锚杆屈服。岩石锚杆的最终失效可以由点 O 处作用的法向和横向荷载的组合或点 A 处作用的轴向荷载和最大弯矩的组合决定，其中弯矩最大而剪切荷载为零时，即塑性铰在点 A 处形成。这一现象部分是由于锚杆钢和岩石的屈服，部分是由于大位移的发展。这两种非线性状态，即弹性状态和塑性状态，导致对锚杆平衡的研究分为两个阶段。

Pellet 和 Egger（1996）提出了一个分析模型，用于研究岩石锚杆在拉剪荷载条件下的行为。根据他们的研究，锚杆中的轴向和剪切荷载以及加载过程中出现的锚杆的大塑性位移是可以被预测的。然而，位移角与加载角之间的关系在他们的研究中并不是一个重要方面。本节的研究将通过在试验过程中定义和记录位移角和加载角，并在由 Pellet 和 Egger（1996）提出的分析模型的帮助下进一步讨论位移角和加载角的关系。此外，本节将简要介绍一些现有分析模型中的基本方程，这些方程对于评估位移角和加载角之间的关系是必要的。

1. 弹性状态

基于梁理论，任何横截面上的正应力分布在轴向荷载N_o的单一影响下是均匀的。正应力、弯矩和轴向荷载之间的关系可以通过以下公式计算：

$$\sigma = \frac{M_A}{W} \pm \frac{N_o}{A} \tag{6-46}$$

式中：W——锚杆的惯性矩；其余参数可参照下列公式确定：

$$M_A = \frac{{Q_o}^2}{2p_u} \tag{6-47}$$

$$A = \frac{\pi d_b^2}{4} \tag{6-48}$$

$$W = \frac{\pi d_b^3}{32} \tag{6-49}$$

当锚杆达到弹性极限时，点 O 处形成的轴向荷载与剪切荷载的关系（图 6-16）为：

$$Q_{oe} = \frac{1}{2}\sqrt{p_u d_b\left(\frac{\pi d_b^2 \sigma_{el}}{4} - N_{oe}\right)} \tag{6-50}$$

式中：Q_{oe}——弹性极限下锚杆端部的剪切荷载；

N_{oe}——弹性极限下锚杆端部的轴向荷载。

当岩石锚杆受到横向荷载时，假设周围材料的反应取决于岩体的机械性能。需要注意的是，相对于岩体的厚度，注浆材料的影响可以忽略不计。使用地下工程中常用的岩体的单轴抗压强度（UCS）来计算其承载能力。根据 Pellet（1994）的研究，承载能力的简单表达式为：

$$p_u = \sigma_c d_b \tag{6-51}$$

式中：σ_c——岩石或注浆材料的单轴抗压强度。

在本书中定义的位移角（α），即总位移方向与锚杆轴之间的角度，可以通过锚杆切向位移（D_{se}）和锚杆法向位移（D_{pe}）的关系来表示（图 6-16）：

$$\tan\alpha = \frac{D_{se}}{D_{pe}} \tag{6-52}$$

因此，弹性极限可以通过剪切荷载Q_{oe}来定义，其与其他参数之间的关系通过以下三阶方程式表示：

$$Q_{oe}^3+Q_{oe}^2\left(\frac{3p_u\pi^3d_b\tan\alpha}{256b}\right)-\left(\frac{3p_u^2\pi^4d_b^4\sigma_{el}\tan\alpha}{4096b}\right)=0 \tag{6-53}$$

该方程的解隐含了锚杆端部的轴向荷载和剪切荷载。当已知作用在锚杆上的荷载时，也可以计算旋转角ω_{oe}（图 6-16）：

$$\omega_{oe}=\frac{2048Q_{oe}^3b}{E_b\pi^3d_b^4p_u^2} \tag{6-54}$$

2. 塑性状态

塑性状态下，锚杆失效准则可以通过轴向荷载N_{of}和剪切荷载Q_{of}的组合来建立。组合方程式可表示为（Neal，1977）：

$$\left(\frac{N_{of}}{N_y}\right)^2+\left(\frac{Q_{of}}{Q_y}\right)^2=1 \tag{6-55}$$

式中：N_{of}——失效时锚杆端部的轴向荷载；

Q_{of}——失效时锚杆端部的剪切荷载；

Q_y——对应于屈服强度的剪切荷载。

根据 Tresca 钢材屈服准则，拉伸屈服应力可能是简单剪切屈服应力的 2 倍。因此，可以得到轴向荷载和剪切荷载的值：

$$N_y=A\sigma_{ec}=\frac{\pi d_b^2}{4}\sigma_{ec} \tag{6-56}$$

$$Q_y=\frac{1}{2}A\sigma_{ec}=\frac{\pi d_b^2}{8}\sigma_{ec} \tag{6-57}$$

式中：σ_{ec}——锚杆材料的屈服极限。

当锚杆材料在最大弯矩点达到弹性极限后（点 A，图 6-17），锚杆开始屈服并逐渐形成塑性铰。在塑性状态下，由于塑性铰的存在，锚杆的弯曲刚度下降，模型应符合以下假定：

（1）塑性铰的位置相对于x轴是固定的；

（2）点 O 和点 A 之间的锚杆变形形状是线性的；

（3）轴向应变在 OA 段沿长度方向是恒定的。

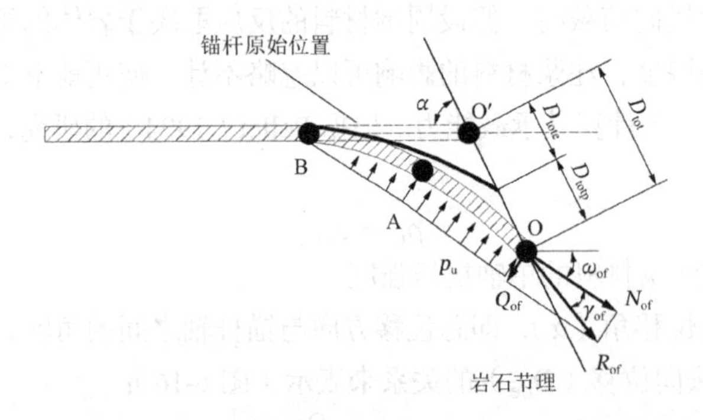

图 6-17 拉剪荷载作用下锚杆塑性状态的受力情况［根据 Pellet 和 Egger（1996）修改］

当达到弹性极限时，点 A 处的弯矩值保持恒定，并且剪切荷载也保持恒定直至失效：

$$Q_{of}=Q_{oe} \tag{6-58}$$

由于点 O 和点 A 之间锚杆的变形是线性的（图 6-17），因此通过考虑大位移公式，可以计算出锚杆端部的位移和旋转角。点 O 处的塑性旋转角增量ω_{op}为：

$$\omega_{op}=\arccos\left\{\frac{1}{1+\varepsilon_f}\sin^2\alpha+\sqrt{\cos^2\alpha\left[1-\left(\frac{1}{1+\varepsilon_f}\right)^2\sin^2\alpha\right]}\right\} \tag{6-59}$$

式中：ε_f——锚杆材料的失效应变。

由于锚杆的失效应变等于弹性应变和塑性应变之和，因此可以得到锚杆端部在失效时的总旋转角ω_{of}：

$$\omega_{of}=\omega_{oe}+\omega_{op} \tag{6-60}$$

3. 试验结果的验证

锚杆在测试过程中的位移角和加载角变化如图 6-18 所示。所有角度在初始阶段波动较大，但很快稳定，直至失效。角度的波动是由于测试初期加载条件不稳定所致。总体而言，加载角θ小于位移角α。例如，这些测试的位移角（α）由测试设备控制并保持恒定在 60°。测试期间记录了拉伸和剪切荷载的大小，并在之后计算出加载角（θ）。有趣的是，加载角（θ）在波动后很快稳定下来，最终的加载角约为 30°。其他锚杆试样也出现了类似的变化。

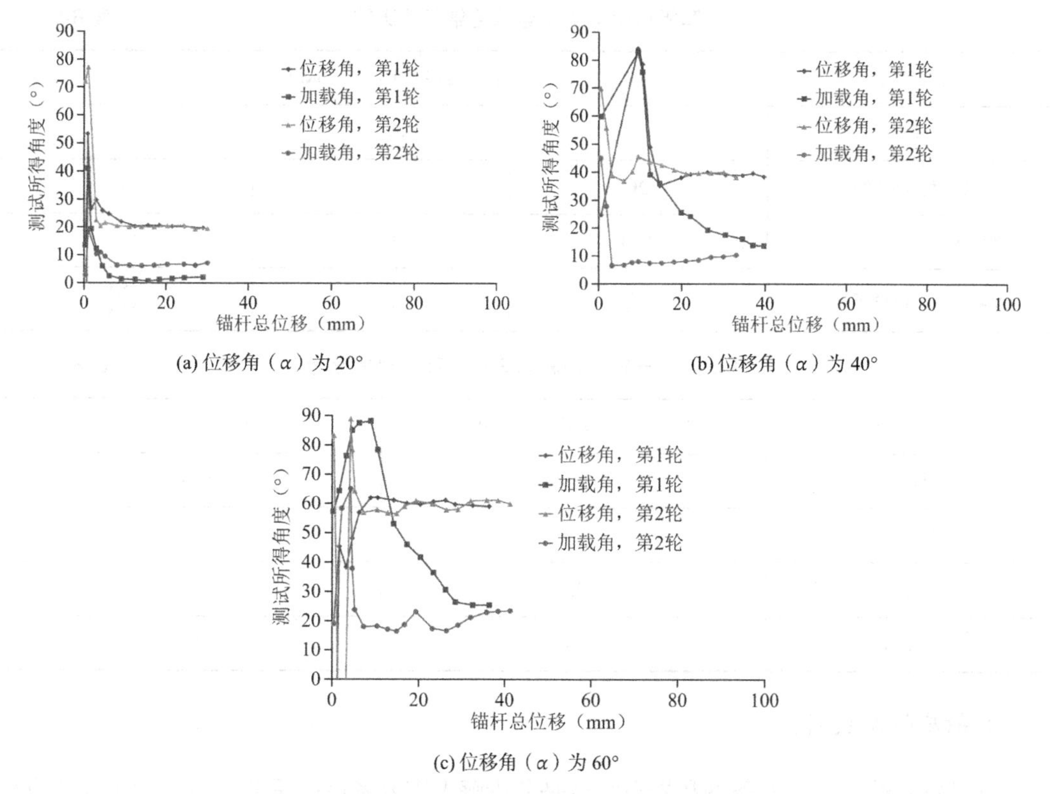

(a) 位移角（α）为 20°

(b) 位移角（α）为 40°

(c) 位移角（α）为 60°

图 6-18　锚杆在测试过程中的位移角和加载角变化

定义R_{of}为相对于在点 O 处旋转的岩石锚杆轴线的总失效荷载，γ_{of}为总失效荷载与岩石锚杆变形轴线之间的角度。γ_{of}可以通过锚杆端部失效时的轴向荷载（N_{of}）和剪切荷载（Q_{of}）表示：

$$\gamma_{of} = \arctan\frac{Q_{of}}{N_{of}} \tag{6-61}$$

γ_{of}和锚杆旋转角度ω_{of}的和，即$(\gamma_{of}+\omega_{of})$，给出了总失效荷载$R_{of}$相对于岩石锚杆原始轴线的角度。通过比较这一角度（$\gamma_{of}+\omega_{of}$）和加载角（$\theta$）的定义，可以假设这两个角度是相等的。

表 6-1 和表 6-2 中展示了测试锚杆在失效时的角度（$\gamma_{of}+\omega_{of}$）以及从测试中获得的锚杆的加载角（θ）。可以看出，除了位移角为 20°的锚杆外，其他情况下的两个角度都非常吻合。因此可以说，在分析模型中，角度（$\gamma_{of}+\omega_{of}$）近似等于加载角θ，即$\theta=(\gamma_{of}+\omega_{of})$。由于角度（$\gamma_{of}+\omega_{of}$）是位移角$\alpha$的函数，这意味着对于受拉剪荷载的岩石锚杆，加载角$\theta$可以通过上述分析解从位移角$\alpha$确定，反之亦然：

$$\theta = f_1(\alpha) \tag{6-62}$$

或者：

$$\alpha = f_2(\theta) \tag{6-63}$$

例如，如果现场已知变形岩石锚杆相对于原始锚杆轴线的方向，则可以通过解析计算锚杆的合成荷载方向。

解析结果与第 1 组试验结果的比较 表 6-1

岩石类型	高强度混凝土块（110MPa）		
锚杆类型	钢筋锚杆		
位移角度α（°）	20	40	60
解析结果：$(\gamma_{of}+\omega_{of})$（°）	12.4	18.3	27.0
试验结果：加载角θ（°）	2.2 7.3	17.2 10.6	25.3 23.3

解析结果与第 2 组和第 3 组试验结果的比较 表 6-2

岩石类型	混凝土-花岗岩块（136MPa）	普通混凝土块（30MPa）
锚杆类型	钢筋锚杆	钢筋锚杆
位移角度α（°）	20	20
解析结果：$(\gamma_{of}+\omega_{of})$（°）	13.66	7.76
试验结果：加载角θ（°）	9.44	7.43

4. 敏感性参数研究

锚杆钢材性能、受力条件和岩石强度是分析解中需要考虑的重要因素。为了评估位移角度和岩石强度对受力角度的影响，进行了参数研究。图 6-19 显示了在相同锚杆材料和四种不同岩石强度条件下，加载角θ随位移角α变化的情况。可以看出，加载角随着位移角的增加而增大。然而，对于相同的锚杆，加载角θ明显小于位移角α，这一点也得到了试验结果的验证。

在相同的位移角下，若锚杆处于更坚硬的岩石中，加载角会更大。当锚杆安装在更坚硬的岩块（如混凝土-花岗岩块）中时，弯曲更加严重，意味着锚杆的偏转更大，加载角相对更大。相反，当锚杆处于较弱的岩石条件下时，对于相同的加载角，位移角将更大。

在相同的位移角度和逐渐增加的岩石强度条件下，受力角度的增量是递减的。例如，当锚杆受到 60°的位移角度时，对于 10MPa、50MPa、100MPa 和 150MPa 的岩石强度，计算出的受力角度分别为 18.8°、22.9°、26.3°和 29.3°。这四个受力角度之间的增量分别是 4.1°、3.4°和 3°。在纯剪切岩石接触面的运动中，受力角度在 40°～50°之间。

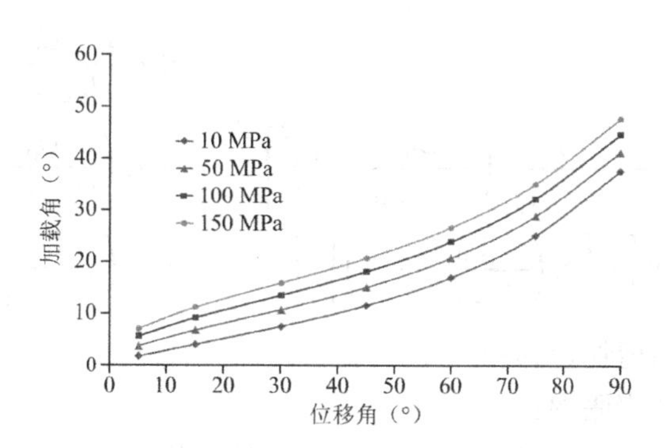

图 6-19　不同岩石强度条件下位移角与加载角的关系

为了研究不连续岩石的变形，Zou 和 Zhang（2021）建立了一个分析模型来描述岩石节理的张开位移和剪切位移。他们提出了一种结合锚杆与注浆界面非线性本构模型的闭式解法，以求解锚杆在岩石节理张开位移作用下的全范围行为。如图 6-20 所示，岩石节理张开位移被划分为左段和右段。边界条件可以表示为式(6-64)。通过替换开口位移或在耦合方程中的连接处施加荷载，可以求解轴向荷载和沿锚杆的位移分布。

$$\begin{cases} U_{b1}(L_1) = \delta_1 \\ U_{b2}(L_2) = \delta_2 \\ \varepsilon_1(L_1) = \varepsilon_2(L_2) \\ \delta_1 + \delta_2 = \delta \end{cases} \tag{6-64}$$

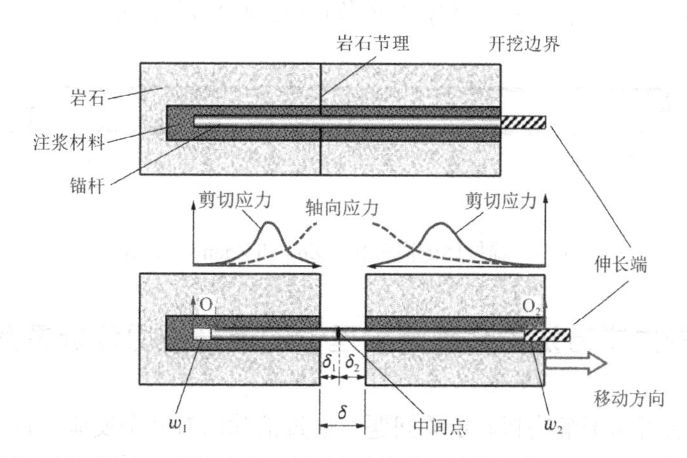

图 6-20 受节理孔径增量影响的锚杆简化模型（上半部分代表初始状态，下半部分代表加载状态）（Zou 和 Zhang，2021）

该研究开发了一种考虑非线性岩石反作用力的新颖数值方法，以分析沿锚杆每个点的应力和位移条件。该方法强调了锚杆与注浆之间的解耦，并分析了沿锚杆的两个潜在点的屈服和破坏模式。使用 Indraratna 等（2015）提出的模型计算了总剪切位移下粗糙接缝表面的剪胀现象。该模型在恒定法向刚度（CNS）条件下进行分析，方程如下所示：

$$U_{\mathrm{d}} = \int_0^{U_0} \dot{\upsilon}\,\mathrm{d}U_0 \tag{6-65}$$

式中：$\dot{\upsilon}$——膨胀率，$\dot{\upsilon} = \mathrm{d}U_{\mathrm{d}}/\mathrm{d}U_0$，可计算为：

$$\dot{\upsilon} = \begin{cases} 0, & 0 < \left(\dfrac{U_0}{U_{0-\mathrm{peak}}}\right) \leqslant c_0 \\ \dot{\upsilon}_{0-\mathrm{peak}}\left[1 - \dfrac{1}{(c_0-1)^2}\left(\dfrac{U_0}{U_{0-\mathrm{peak}}} - 1\right)^2\right], & c_0 < \left(\dfrac{U_0}{U_{0-\mathrm{peak}}}\right) \leqslant 1.0 \\ \dot{\upsilon}_{0-\mathrm{peak}}\exp\left\{-\left[c_1\left(\dfrac{U_0}{U_{0-\mathrm{peak}}} - 1\right)\right]^{c_2}\right\}, & \left(\dfrac{U_0}{U_{0-\mathrm{peak}}}\right) > 1.0 \end{cases} \tag{6-66}$$

式中：$U_{0-\mathrm{peak}}$——峰值剪切位移；

$\dot{\upsilon}_{0-\mathrm{peak}}$——峰值膨胀率；

c_0——当膨胀开始时$U_{0-\mathrm{peak}}$与$\dot{\upsilon}_{0-\mathrm{peak}}$的比值；

c_1、c_2——从现有试验数据获得的衰减常数。

在法向刚度n恒定的边界条件下，各剪切位移水平下接合面所受的法向应力σ_{n}可采用 CNS 系数k_{n}计算：

$$\sigma_{\mathrm{n}} = \sigma_{\mathrm{n0}} + k_{\mathrm{n}} U_{\mathrm{d}} \tag{6-67}$$

根据图 6-21 所示锚杆的剪切位移，将结合面一侧的锚杆本体离散为n个单元和$n+1$个节点。在此基础上，欧拉-伯努利梁理论被重写为有限差分形式：

$$y_{i-2} - 4y_{i-1} + (6 + A_i)y_i - 4y_{i+1} + y_{i+2} = 0 \tag{6-68}$$

$$A_i = \frac{h^4}{EI}\,k_i$$

式中：k_i——切向刚度，$k_i = \frac{p_i}{y_i}$，p_i和y_i表示节点i的侧向力和位移。

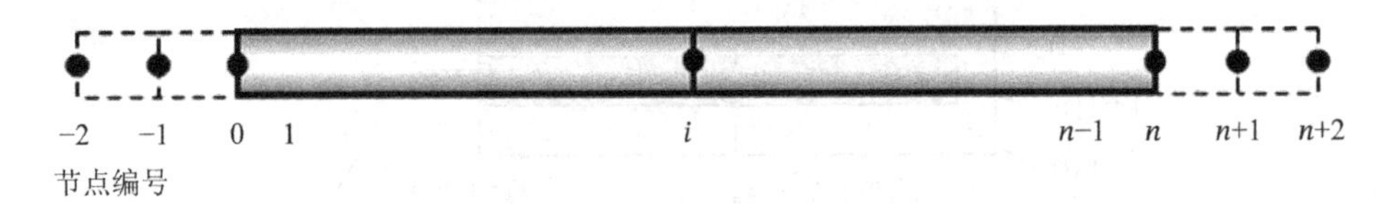

图 6-21　锚杆体的离散化（Zou 和 Zhang，2021）

6.4　基于结构力学方法的超静定梁理论的锚杆剪切分析模型

结构力学方法可用于解决超静定梁问题。通过消除所有冗余反应，首先将原始问题转化为静定梁问题，如图 6-22 所示。利用超静定结构的力法，可以将三个相容方程表示为式(6-69)：

$$\begin{cases} f_{11}R_1 + f_{12}R_2 + f_{13}R_3 + \Delta_{1q} = \Delta_1 \\ f_{21}R_1 + f_{22}R_2 + f_{23}R_3 + \Delta_{2q} = \Delta_2 \\ f_{31}R_1 + f_{32}R_2 + f_{33}R_3 + \Delta_{3q} = \Delta_3 \end{cases} \tag{6-69}$$

根据梁理论，由式(6-70)和式(6-71)可以得到柔度矩阵和外荷载引起的变形矩阵：

$$\boldsymbol{f} = \begin{bmatrix} \dfrac{L}{EA} & 0 & 0 \\ 0 & \dfrac{L^3}{3EI} + \dfrac{kL}{GA} & \dfrac{L^2}{2EI} \\ 0 & \dfrac{L^2}{2EI} & \dfrac{L}{EI} \end{bmatrix} \tag{6-70}$$

$$\boldsymbol{\Delta}_{\mathrm{q}} = \begin{bmatrix} 0 \\ -(\dfrac{q_0L^4}{360EI} + \dfrac{kq_0L^2}{12GA}) \\ -\dfrac{q_0L^3}{60EI} \end{bmatrix} \tag{6-71}$$

式中：L——从交点到塑性铰处的距离，$L = \sqrt{\frac{\pi {d_{\mathrm{b}}}^3\sigma_{\mathrm{y}} - 4N_{\mathrm{A}}d_{\mathrm{b}}}{16p_{\mathrm{u}}}}$，$p_{\mathrm{u}}$为混凝土或围岩的主体介质提供的材料最大反应力；

A——锚杆横截面积；

I——锚杆截面的惯性矩；

E——锚杆的拉伸模量；

G——锚杆的剪切模量；

q_0——点压缩荷载密度；

k——锚杆截面剪应力分布的集中系数。

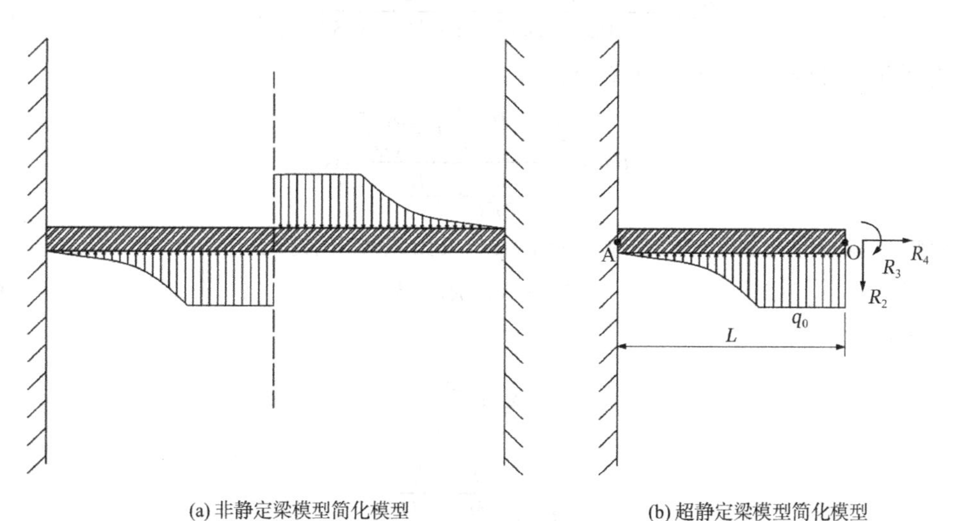

(a) 非静定梁模型简化模型

(b) 超静定梁模型简化模型

图 6-22　基于结构力学方法的非静定静不定梁力学简化模型

Li 等（2015）提出了一种基于超静定梁理论的分析模型，结合了其他学者的基础研究成果和结论，预测了全注浆锚杆的节理剪切强度和剪切位移。考虑了锚杆预拉力、节点摩擦角、混凝土强度和锚杆安装角度。在 Li 等的解析模型中，图 6-23 所示的轴向和横向变形关系可表示为：

$$\frac{\Delta_2}{\Delta_1}=\frac{\sin\alpha}{\cos(\alpha-\theta)}=\frac{\sin\alpha}{\cos\alpha\cos\theta-\sin\alpha\sin\theta} \tag{6-72}$$

式中：α——锚杆与节理的安装角度；

θ——锚杆的偏转角度（弯曲）。

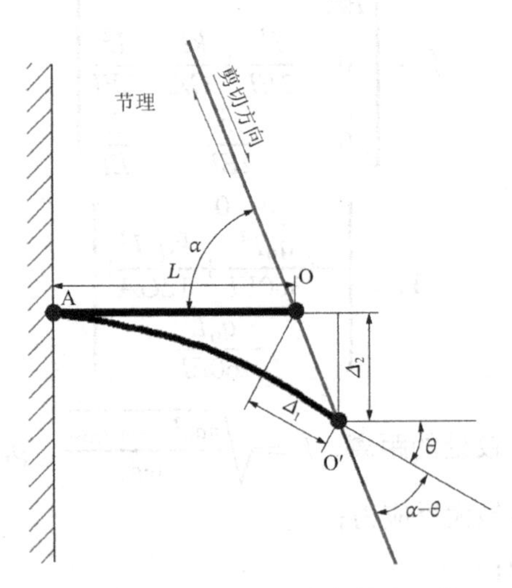

图 6-23　锚杆连接处的变形相容条件（Li 等，2015）

在主体材料的弹性阶段，O 点处的拉伸荷载和剪切荷载可表示为式(6-73)和式(6-74)：

$$R_1=\frac{EA}{L}\Delta_1 \tag{6-73}$$

$$R_2=\frac{240kGAE^2I^2-40G^2A^2EIL^2}{(6EIkL-GAL^3)(13GAL^2+30kEI)}\Delta_2 \tag{6-74}$$

剪切荷载可进一步表示为式(6-75)：

$$R_2=\frac{\Delta_2+\dfrac{p_uL^4}{8EI}+\dfrac{kp_uL^2}{2GA}}{\dfrac{L^3}{3EI}+\dfrac{kL}{GA}}\Delta_2 \tag{6-75}$$

塑性阶段拉伸荷载与塑性荷载之间的关系可由式(6-76)得出：

$$R_2=k_2\cdot R_1+k_3 \tag{6-76}$$

其中：

$$k_1=\frac{\Delta_2}{\Delta_1}$$

$$k_2=\frac{\dfrac{AL^2}{3i}+\dfrac{kE}{G}}{k_1}$$

$$k_3=-\frac{\dfrac{p_uAL^2}{8I}+\dfrac{kp_uEL}{2G}}{k_1}$$

剪切力破坏时锚杆的最终变形曲线由两个部分组成：主体介质的反作用力和锚杆的剪切力。剪切力（Q_0）的相应贡献由式(6-77)推导，而由主体介质提供的最大材料反应强度（p_u）由式(6-78)推导：

$$V_{Q_0} = \frac{Q_0}{6EI}(3Lx^2 - x^3) + \frac{kQ_0}{GA}x \tag{6-77}$$

$$V_{p_u} = \frac{p_u}{24EI}(x^4 - 4Lx^3 - 4L^2x^2) + \frac{kp_u}{2GA}x^2 \tag{6-78}$$

失效时的实际变形曲线由下式给出：

$$V(x) = V_{Q_0} - V_{p_u} \tag{6-79}$$

Liu 和 Li（2017）讨论了锚杆倾斜度的影响，并分析了锚杆轴力和剪力的贡献。由式(6-80)可得节理处剪力与轴力的关系：

$$\frac{R_Q}{R_N} = K\tan(\alpha - \beta)\tan(\alpha - \varphi) \tag{6-80}$$

式中：$K = \frac{1}{\frac{kE}{3G} + \frac{3l^2A}{80I}}$；

α——锚杆相对于接合平面的角度；

β——节理扩张角度；

φ——节理摩擦角。

轴向力和剪切力用式(6-81)和式(6-82)表示：

$$N_0 = \frac{1}{\sqrt{4K^2\tan^2(\alpha - \beta) + 1}}Af_y \tag{6-81}$$

$$Q_0 = \frac{K\tan(\alpha - \beta)}{\sqrt{4K^2\tan^2(\alpha - \beta) + 1}}Af_y \tag{6-82}$$

锚杆节理抗剪贡献（R）可由下式表示：

$$R = \frac{(\cos\alpha + \sin\alpha\tan\varphi) + K\tan(\alpha - \beta)(\sin\alpha - \cos\alpha\tan\varphi)}{\sqrt{4K^2\tan^2(\alpha - \beta) + 1}}Af_y \tag{6-83}$$

式中：A——锚杆的横截面积；

f_y——锚杆的屈服强度。

Liu 和 Li（2020）开发了一种改进的方法，该方法考虑了锚杆中的轴向力和剪切力，并结合了最小总势能原理，导出了计算剪切下被动完全注浆锚杆横向变形部分长度的算法。

基于结构力学方法，Li 等（2021）研究了大变形下岩石锚杆的塑性应变硬化。在弹性阶段，得到屈服开始时锚杆横向变形长度的隐函数：

$$\frac{10.56Q_o l}{\pi {d_b}^3} + \frac{4N_o}{\pi {d_b}^2} - \sigma_y = 0 \tag{6-84}$$

式中：Q_o——锚杆在 O 点的剪切力；

N_o——锚杆在 O 点的轴向力；

σ_y——锚杆的屈服强度。

锚杆塑性变形阶段的塑性应变按下式计算：

$$\varepsilon_p = \int_{\frac{N_1}{A}}^{\frac{N_2}{A}} \frac{1}{H_p} \mathrm{d}\sigma \tag{6-85}$$

式中：N_1和N_2——屈服阶段和最终断裂阶段的轴向力；

A——锚杆的横截面积；

$$H_p = 1/(1/D - 1/E);$$

D——锚杆的应变硬化模量；

E——锚杆的弹性模量。

为了研究预拉力、节理粗糙度和锚杆倾斜度对节理平面和岩石强度的影响，Ranjbarnia等（2022）提出了一种简单的分析方法，以更好地了解预应力注浆岩石锚杆在顺层岩石边坡中的性能。他们利用力法方法和变形相容原理，对锚杆与节理平面相交处产生的锚杆轴力和剪力的贡献进行建模，以评估岩石锚杆在弹性状态下的行为。由预紧锚杆提供的设计支撑力或无预紧力抵抗滑动的屈服状态可表示为：

$$\begin{aligned} R = {} & T[\sin\alpha\tan(\varphi_r + i) + \cos\alpha] + N_o\{[\cos\alpha + \sin\alpha\tan(\varphi_r + i)] + \\ & \mathrm{K}\tan(\alpha - i)[\sin\alpha - \cos\alpha\tan(\varphi_r + i)]\} \end{aligned} \tag{6-86}$$

式中：T——预拉力；

N_o——锚杆的轴向力；

α——锚杆轴线与节理平面之间的夹角；

i，φ_r——岩石节理的粗糙度和摩擦角；

$$K = \frac{1}{\frac{5}{24r^2}\left[\frac{Af\mathrm{y} - (T + N_o)}{\sigma_c}\right] + \frac{5E}{9G}};$$

σ_c——岩石或注浆材料的单轴抗压强度。

在设计支撑力时，考虑了取决于有效法向应力的节理粗糙度角，如式(6-87)所示（Barton，1973；Barton 和 Choubey，1977；Barton 等，1985）：

$$i = \mathrm{JRC} \cdot \lg\left(\frac{\mathrm{JCS}}{\sigma_n}\right) \tag{6-87}$$

式中：JRC——节理粗糙度系数；

JCS——节理面在垂直方向上的抗压强度；

σ_n——由两个因素产生的有效正应力：滑块重量（σ_{nW}）和预拉荷载（σ_{nT}）。因此：

$$\sigma_n = \sigma_{nW} + \sigma_{nT} \tag{6-88}$$

其中：

$$\sigma_{nT} = \frac{T\sin\alpha}{s_l s_t} \tag{6-89}$$

式中：s_l，s_t——块体中的纵向和横向锚杆距离（使用系统锚杆模式来稳定岩石边坡时）。

复习思考题

1. 比较早期的岩石锚杆剪切分析模型与基于弹性地基梁理论的模型之间的差异。

2. 解释超静定梁理论在锚杆剪切分析中的应用，并讨论其优缺点。

3. 请计算位移角与加载角之间的解析关系，结合实际工程数据进行分析。

第 7 章

工程应用与案例分析

岩石锚杆剪切
支护机理与锚固机制

7.1　基于残余拉力变化的边坡锚固稳定性分析

Hara 等（2023）针对基于残余拉力变化的锚固边坡稳定性评估进行了研究。该研究的项目背景为日本的某边坡工程。日本由多个岛屿组成，约有 70%的国土面积被山脉覆盖；因此，多采用开挖法修建山区道路和铁路，许多被判断为危险的边坡需通过锚固进行加固，如图 7-1 所示。然而，这些锚固边坡的稳定性可能随时间变化，因此对锚固边坡的维护至关重要。

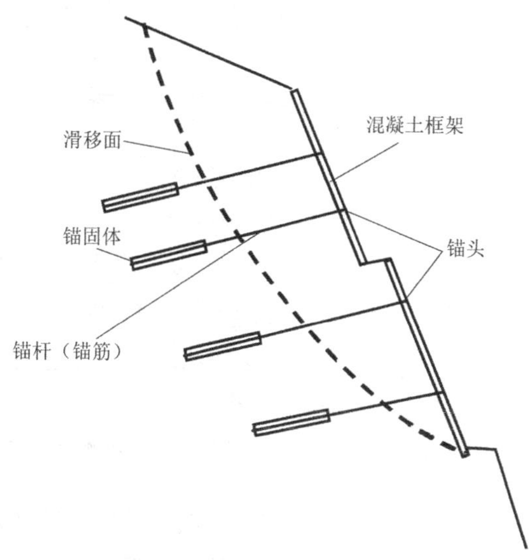

图 7-1　锚固边坡工程案例（Hara 等，2023）

该研究包含了用于测量现有地面锚固拉力的典型拉拔测试方法，图 7-2、图 7-3 分别展示了拉拔测试的设备和程序。测量方法如下：首先，定义测试的最大拉力，一般为设计拉力的 1.5 倍或钢索屈服强度的 90%；其次，设置测试的拉力增量，一般为 10～20kN；在测试过程中，计算拉力与锚头位移之间的关系。

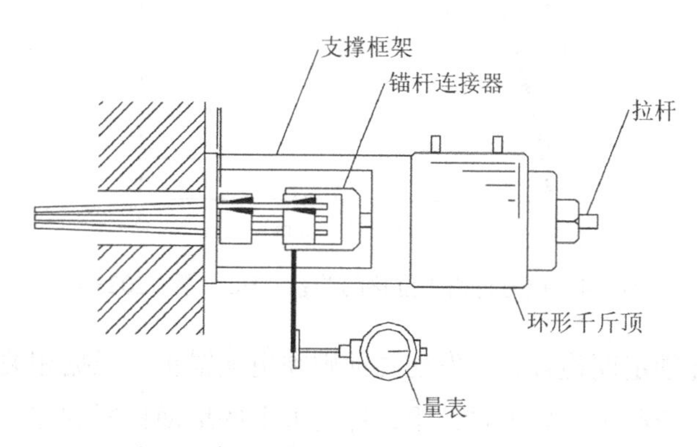

图 7-2　拉拔测试设备（Hara 等，2023）

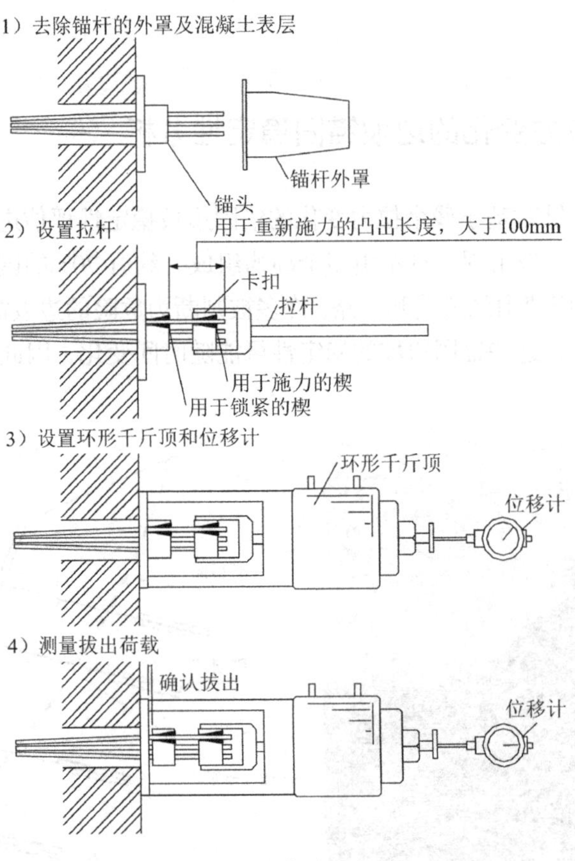

图 7-3　拉拔测试程序（Hara 等，2023）

检查作用于锚杆的拉力，然后结束测试并减少拉力，拉拔点的拉力设置为与作用在锚杆的力相等。拉力与锚头位移的关系见图 7-4。

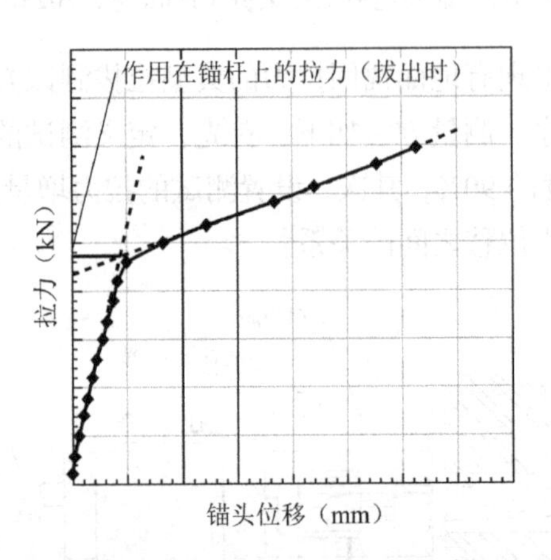

图 7-4　拉力与锚头位移的关系（Hara 等，2023）

锚头的腐蚀情况须定期检查，如发现腐蚀则须更换锚头。根据相关维护手册，边坡监测的第一步是进行拉拔测试，以测量位于目标边坡上的地面锚固的拉力。通常，初步测试5%～10%的锚杆；如果发现其中几个锚杆受到过大的拉力，则应进行额外的拉拔测试以确认拉力超标的锚杆在边坡上的分布。图 7-5 和图 7-6 展示了某边坡的拉拔测试结果变化，该边坡被技术委员会认定为危险边坡，拉力超标的锚杆集中在开展拉拔测试的不同区域；此外，还可以看到，拉拔测试进行过程中，拉力的平均值和标准差通常呈增加趋势，并且能够更精确地识别潜在的坍塌区域。

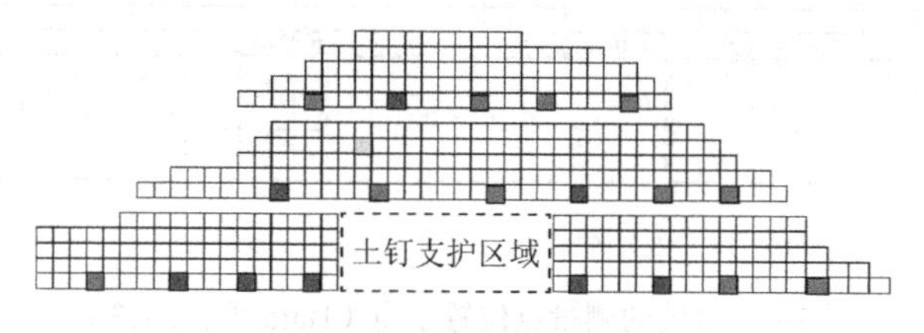

(a) 2006 年的拉拔测试结果

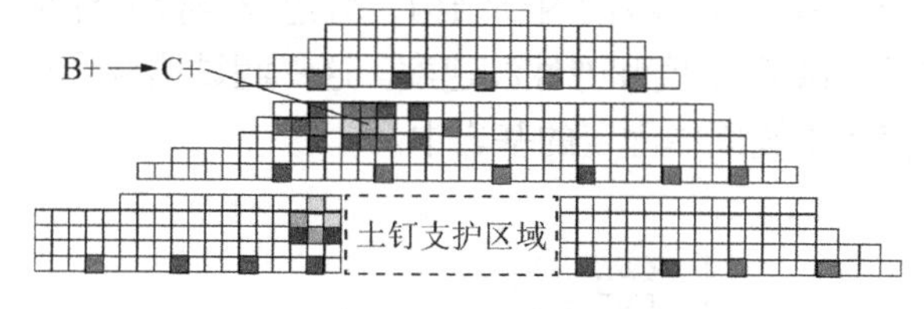

(b) 2006 年和 2013 年的拉拔测试结果

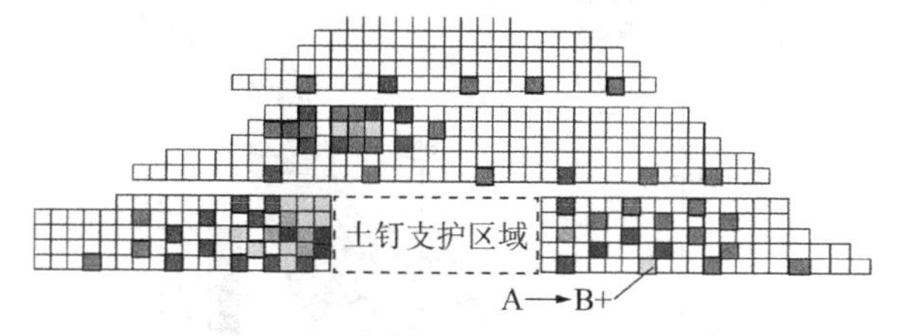

(c) 2006 年、2013 年和 2016 年的拉拔测试结果

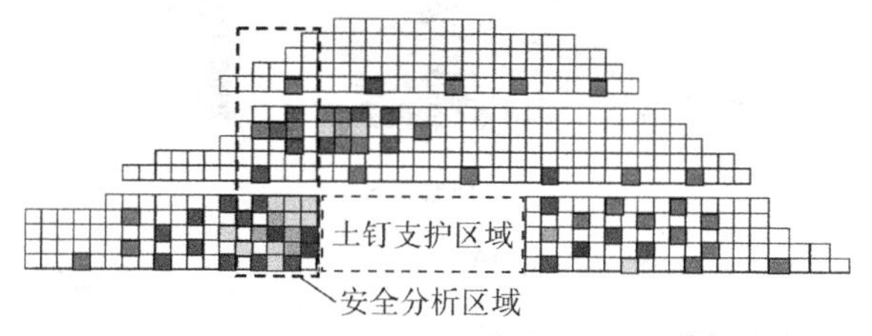

(d) 从 2006 年、2013 年和 2016 年的拉拔测试结果得出的安全分析区域

T.F.	≥$0.9T_{ys}$	≥$1.3T_d$	≥$1.2T_d$	≥$1.1T_d$	(1.1～0.8) T_d	(0.8～0.5) T_d	(0.5～0.1) T_d
评价标准	E+	D+	C+	B+	A+	B−	C−
颜色							

T.F—作用于锚杆的拉力；
T_{ys}—锚筋实际屈服拉力（本案例为624kN）；
T_d—设计拉力（本案例为348kN）。

(e) 拉拔测试评估标准

图 7-5　边坡的拉拔测试结果变化示意图（Hara 等，2023）

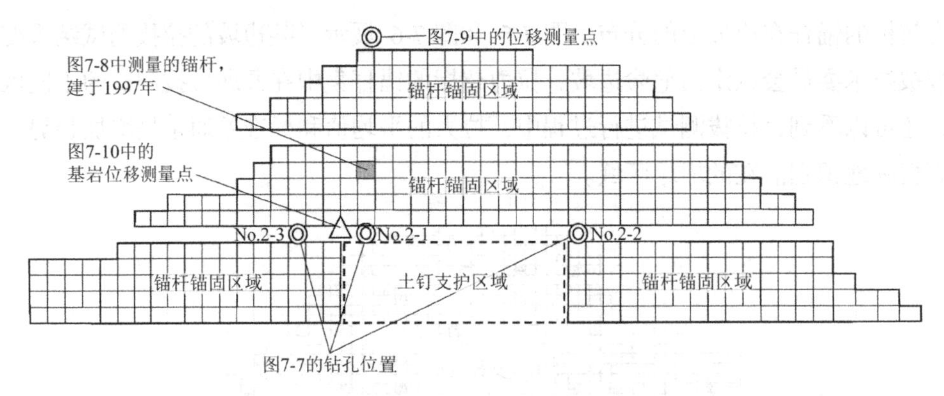

图 7-6　边坡的测量点位置示意（Hara 等，2023）

如图 7-7 所示，为重新确认边坡的内部结构，对边坡进行额外钻孔，取出岩芯，然后测量了每一层的标准贯入试验 N 值和弹性波速度。这一测试明确了内部地层结构，根据结果确认了断裂带完全存在于锚固体固定的基岩中。

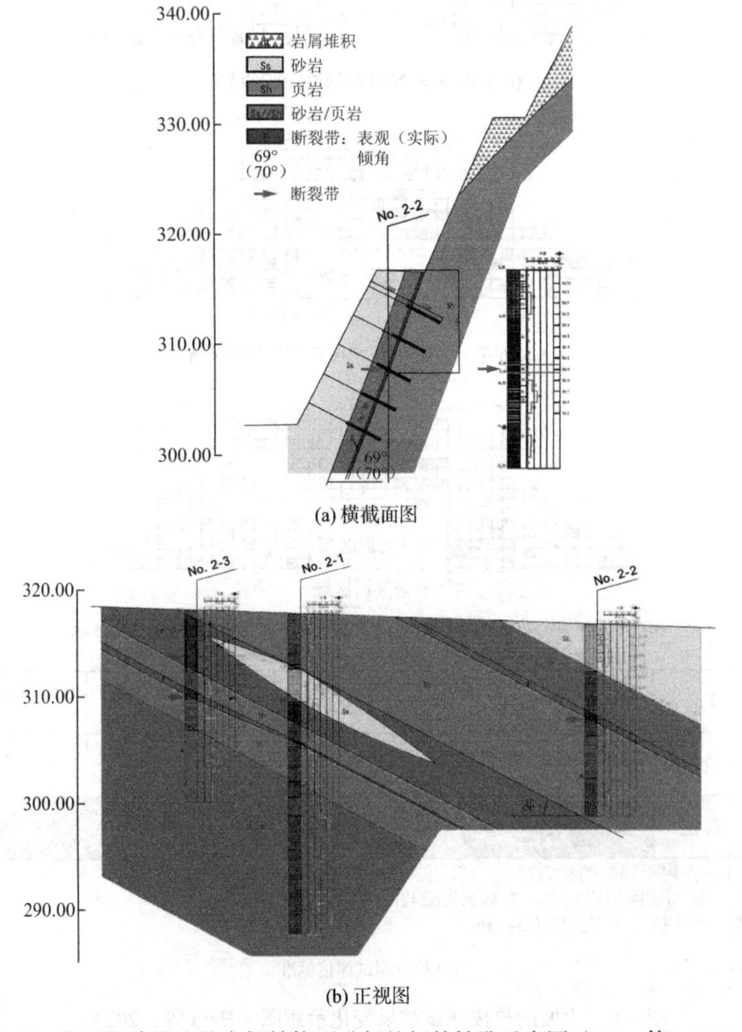

图 7-7　为重新确认边坡内部结构而进行的额外钻孔示意图（Hara 等，2023）

如图 7-8 所示，对边坡地面倾斜变化进行了测量，在 11～12m 深度的区段内，边坡地面发生了较大的倾斜，并且从 2002 年到 2016 年，倾斜程度持续增加。

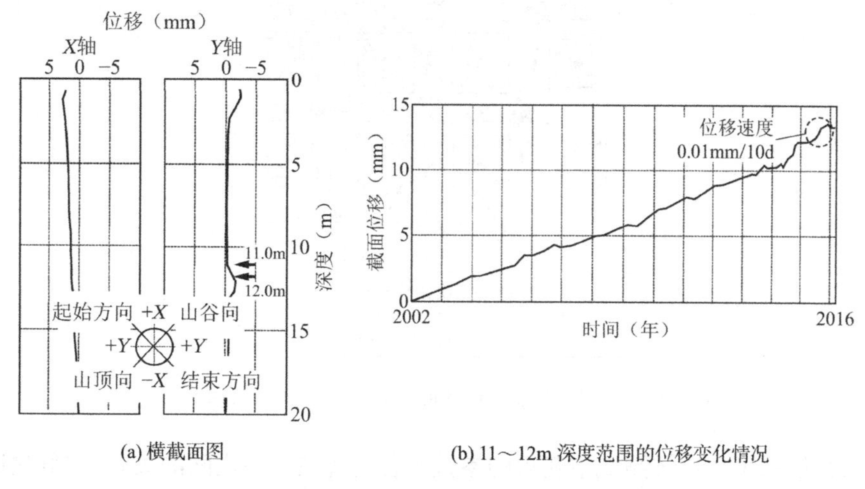

(a) 横截面图　　(b) 11～12m 深度范围的位移变化情况

图 7-8　边坡倾斜变化的测量（Hara 等，2023）

如图 7-9 所示，对基岩位移变化进行了测量。分析测量的基岩位移变化和边坡区域的气象条件，结果显示基岩位移随着温度的下降而增加，并且从 2013 年到 2017 年，位移持续增加。

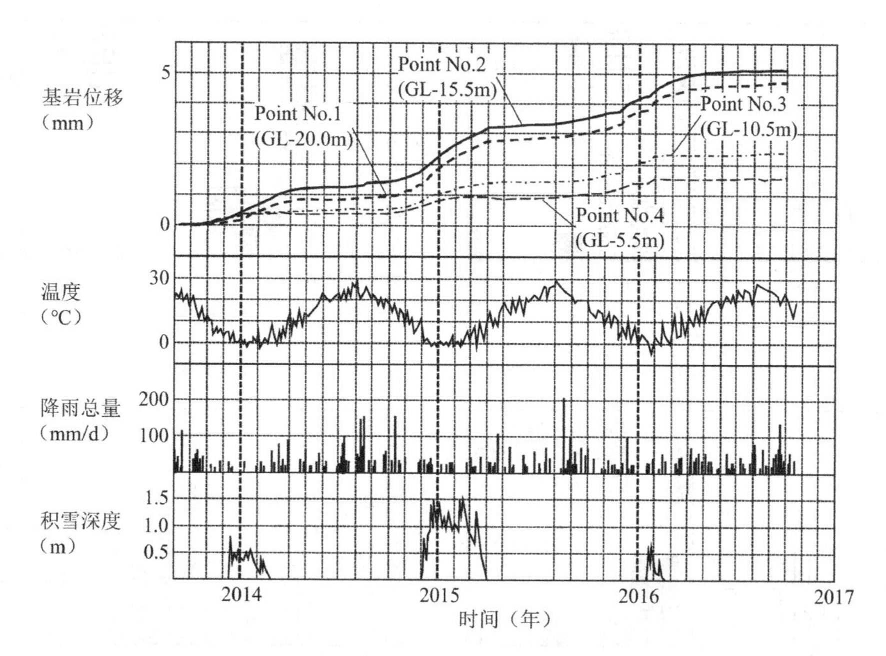

图 7-9　不同气象条件下的基岩位移变化测量（Hara 等，2023）

根据额外勘测结果，该项目也计划采取对策，如增加锚杆锚固、安装钢筋/混凝土桩、设置排水设施等。图 7-10 展示了为边坡规划的加强锚杆锚固加固的示例，十字形锚头为之前存在的锚固，而矩形锚头为额外锚固。

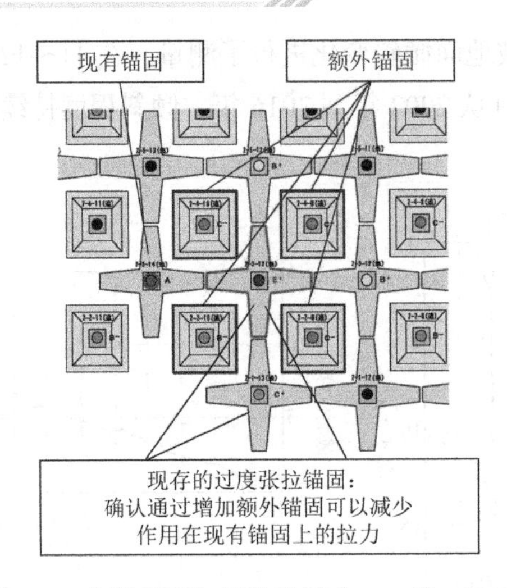

图 7-10　额外锚固加固的示例（Hara 等，2023）

图 7-11 展示了从拉拔测试中获得的参数与各自边坡状态之间的关系。“危险边坡”是指技术委员会已规划边坡稳定性加固措施的边坡，“观察中的边坡”是指正在进行额外勘测以判断是否需要边坡稳定性加固措施的边坡，而“安全边坡”是指技术委员会立即判断为不危险的边坡。对于该边坡可能存在的危险区域，MA + SD 可以作为阈值，明确区分需要加固措施的边坡与不需要加固措施的边坡。

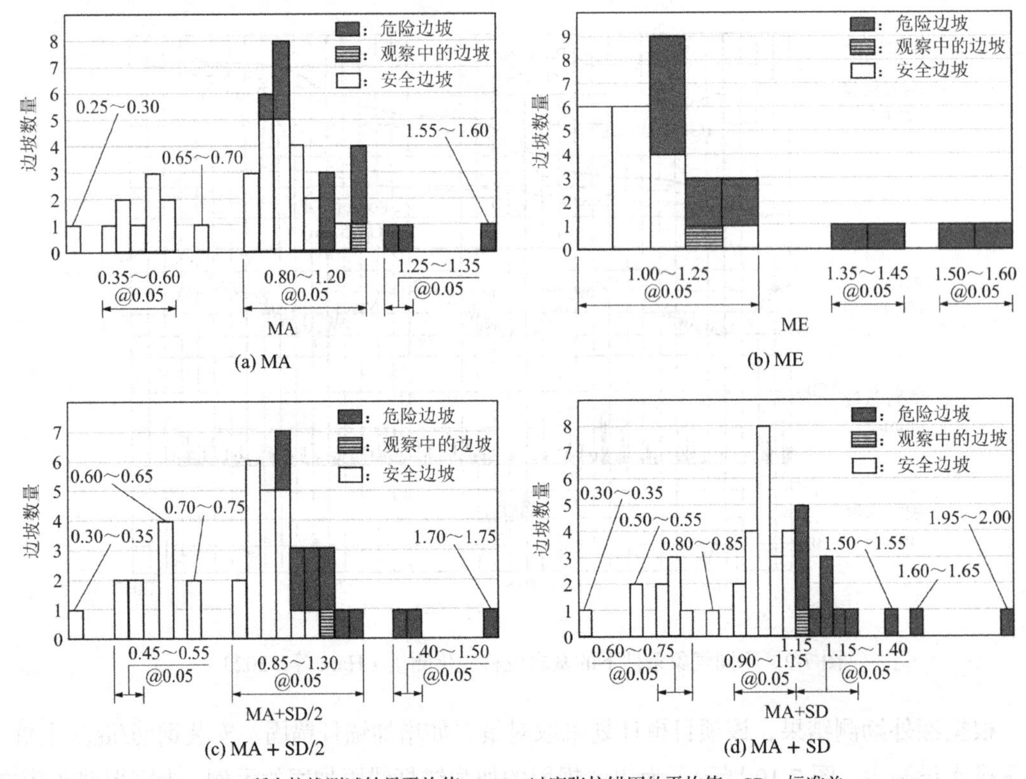

MA—所有拉拔测试结果平均值；ME—过度张拉锚固的平均值；SD—标准差

图 7-11　从拉拔测试中获得的参数与危险边坡之间的关系（Hara 等，2023）

图 7-12 给出了不同条件下分析截面及宽度的确定方法。如图 7-12（a）所示，过度张拉锚固分布在整个地面锚固表面，在这种情况下，分析在地面锚固表面的中心和边缘进行。如图 7-12（b）所示，过度张拉锚固位于地面锚固表面边缘：在这种情况下，分析在过度张拉锚固的中心进行。如图 7-12（c）所示，存在分组的过度张拉锚固，分析可以在各组的中心进行。如图 7-12（d）所示，进行的拉拔测试数量较少，在这种情况下，分析在确认了过度张拉锚固的位置后，使用从所有拉拔测试中获得的变化数据进行。

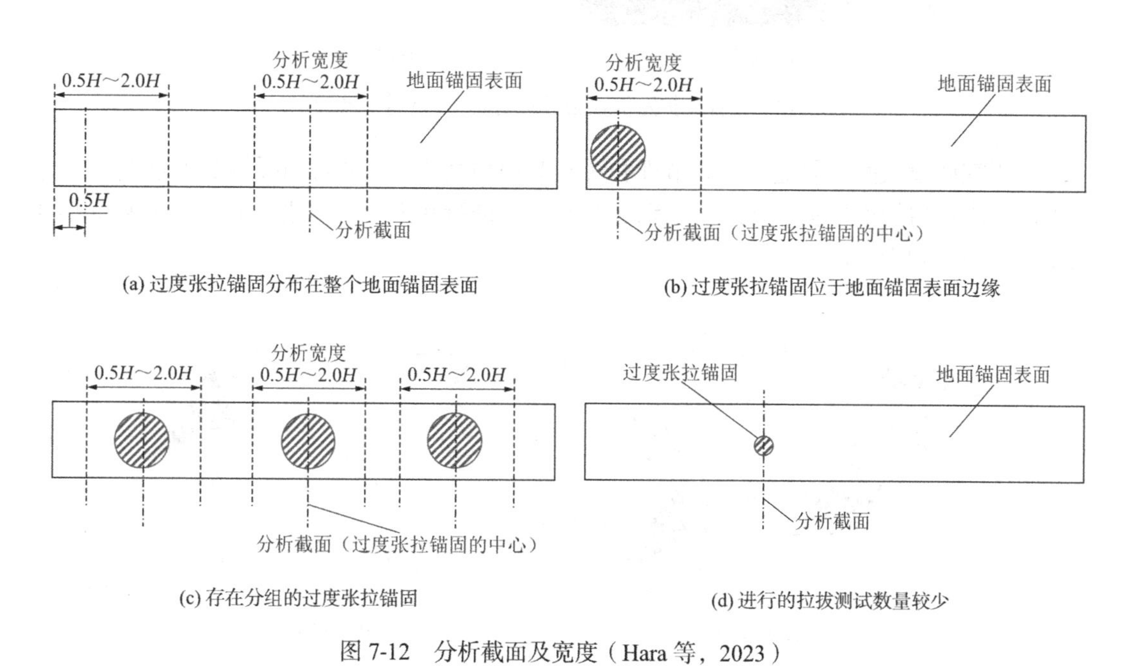

图 7-12　分析截面及宽度（Hara 等，2023）

7.2　锚杆支护隐伏顺层岩质边坡的双平面稳定性分析

Sun 等（2023）研究了锚杆支护隐伏顺层岩质边坡（CBRS）的双平面失稳现象。顺层岩质边坡是一种层状岩质边坡，其边坡表面与岩层的走向和倾向大致相同。这种边坡在许多工程项目中广泛存在，例如山区公路和铁路的修建、水电站的建设，以及露天采矿等。该研究提出了一种新的方法来评估锚杆支护的隐伏顺层岩质边坡在双平面失稳下的稳定性。通过分析主动块和被动块之间的相互作用，建立了滑移体的双平面力学模型。研究了锚杆角度、锚杆直径和锚杆位置对边坡稳定性的影响。

单斜序列是隐伏顺层岩质边坡和沿坡陡倾节理的主要地质特征。在外部因素（如降雨和地震）的影响下，缓倾节理易在坡脚处穿透表面，导致沿这些节理发生双平面滑移失稳。主动块在其自身重力滑动力的驱使下沿坡面结构面滑动，而坡脚的被动块由于防滑作用而受被动挤压，当这种挤压超过临界量时，失衡导致滑坡发生。全长粘结锚杆作为一种有效且低成本的防止滑坡措施被广泛应用于边坡加固中。图 7-13（a）显示了典型的锚杆支护隐伏顺层岩质边坡，图 7-13（b）为相应的概念图。

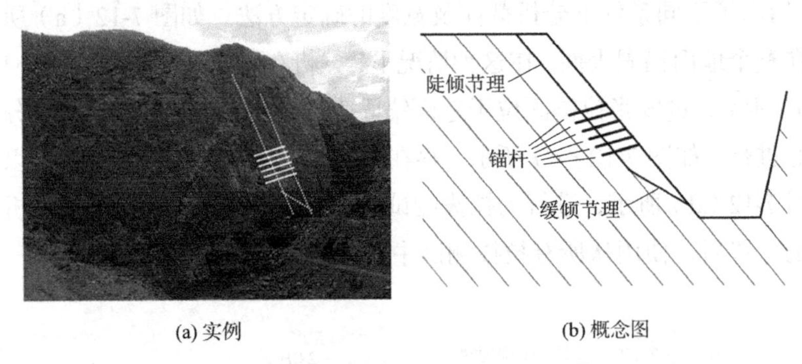

(a) 实例　　(b) 概念图

图 7-13　锚杆支护隐伏顺层岩质边坡（Sun 等，2023）

该研究假设块间边界通过陡倾节理和缓倾节理相交的点，并且与缓倾节理垂直。为更好地匹配内部剪切面并更方便地对主动块和被动块进行受力分析，建立了双平面失稳力学模型，如图 7-14 所示。

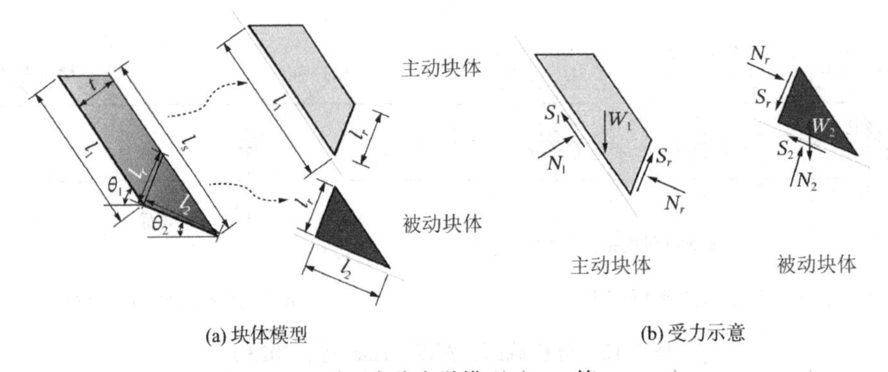

(a) 块体模型　　(b) 受力示意

图 7-14　双平面失稳力学模型（Sun 等，2023）

全长粘结锚杆在锚固岩体有微小横向位移时会产生支护力。这种锚杆的“楔入效应”通过小的剪切位移被激活，产生锚杆的剪切支护力，有助于边坡的稳定性。因此，锚杆的剪切和轴向力共同作用，防止沿节理面的滑动，从而提高边坡稳定性（图 7-15）。

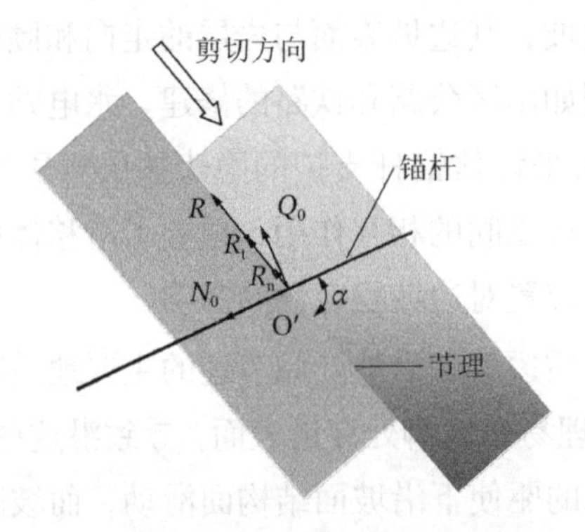

图 7-15　锚杆加固节理的示意图（Sun 等，2023）

用于支护隐伏顺层岩质边坡的全长粘结锚杆通常由常用材料制成（例如 HRB400 钢筋和 M30 灌浆料），因此主要需要对锚杆角度和直径进行设计。节理强度对锚杆支护边坡的稳定性有显著影响。该研究所用的锚杆支护隐伏顺层岩质边坡模型如图 7-16 所示。模型宽度为 190m，高度为 77m，坡角（即陡倾节理的倾角）为 50°，缓倾节理的倾角为 30°。滑移体的长度和深度分别取 50m 和 5m。

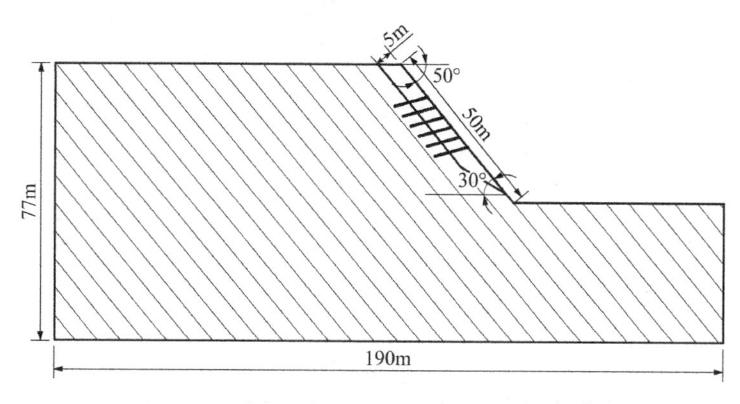

图 7-16　模型边坡的几何特征（Sun 等，2023）

图 7-17 展示了锚杆角度（α）与单个锚杆的支护力（R）结果和锚杆支护边坡安全系数增量（ΔF_s）的关系。图中曲线对应三种不同的节理摩擦角（φ_j），锚杆直径（d）固定为 25mm。从图中可以看出，存在一个最优的锚杆角度，可以最大化锚杆支护隐伏顺层岩质边坡的稳定性；此外，这个最优 α 值大致等于节理的摩擦角。因此，在给定的锚杆轴向力下，节理摩擦角越大，锚杆提供的支护力越大，锚杆支护隐伏顺层岩质边坡的安全系数增量也越大。

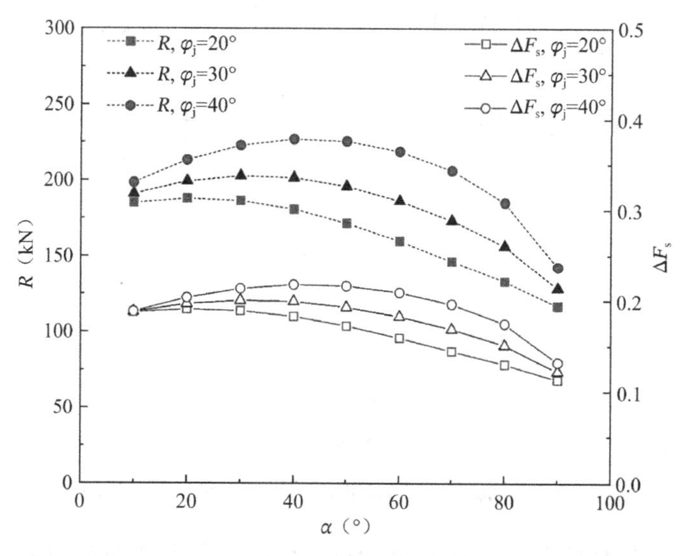

图 7-17　不同 φ_j 值下 α 对 R 和 ΔF_s 的影响（Sun 等，2023）

图 7-18 进一步描述了 α 对支护力（R、R_t和 R_n）及力比（R_t/R 和 R_n/R）的影响，图中对应的节理摩擦角为 30°，锚杆直径为 25mm。如果选择较小的锚杆角度，则锚杆中的轴向力对抵抗变形的贡献最大。随着锚杆角度的逐渐增加，锚杆中剪切力的贡献开始逐渐增

大。锚杆角度越大，锚杆剪切的贡献越大，楔入效应越明显。

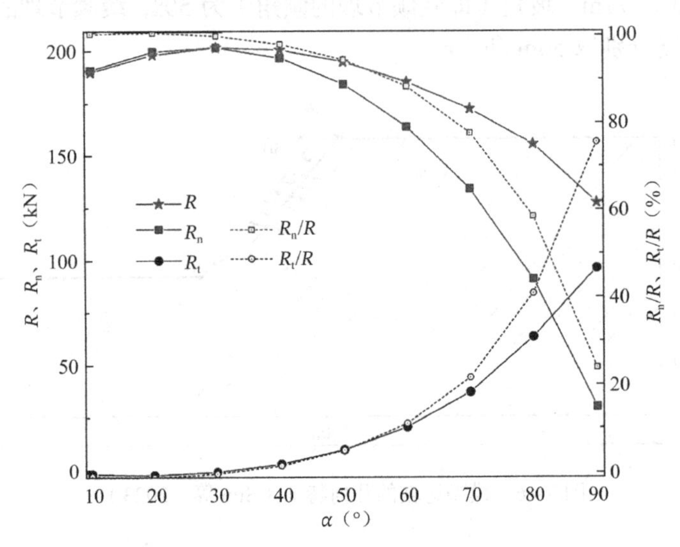

图 7-18　α 对支护力 R、R_t 和 R_n 及力比 R_t/R 和 R_n/R 的影响（Sun 等，2023）

图 7-19 展示了锚杆直径（d）、单个锚杆的支护力（R）结果和锚杆支护边坡的安全系数增加（ΔF_s）的关系。在特定范围内，增加锚杆直径和节理摩擦角可以有效提高锚杆支护隐伏顺层岩质边坡的稳定性。

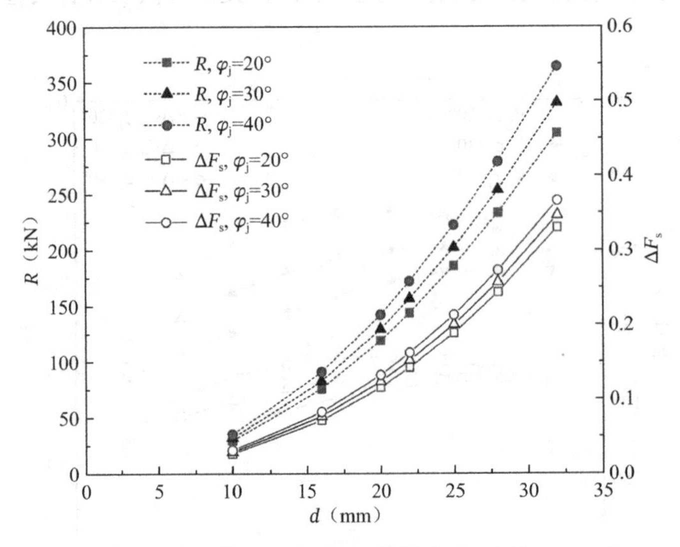

图 7-19　不同φ_j值下d对R和ΔF_s的影响（Sun 等，2023）

图 7-20 显示了锚杆位置（n_1 和 n_2分别对应在陡倾节理和缓倾节理布置的锚杆数量）对边坡的安全系数（F_s）的影响。图中曲线对应于固定的锚杆角度（α）和节理摩擦角（φ_j），均为 30°。n_1 和 n_2 之和设定为 6（对应六排）；当 n_1 和 n_2 的总数固定时，F_s 随着 n_2 的增加而增加，可知多个锚杆穿透缓倾节理会更有效。但需要注意的是，在这样的边坡上，主动块体的滑动面通常比被动块体的长得多，并且能够穿透缓倾节理安装的锚杆数量有限。

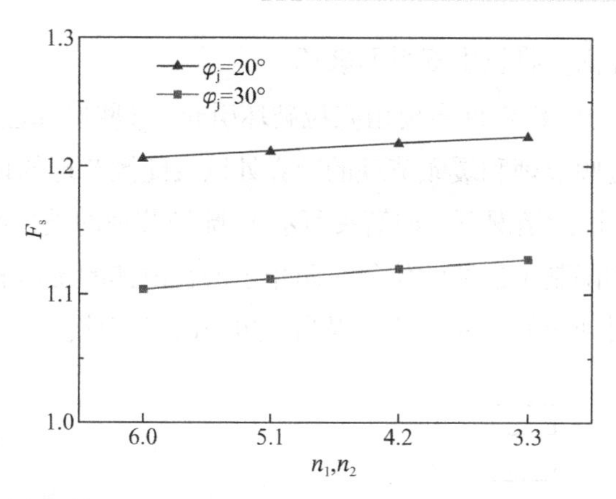

图 7-20　不同 φ_j 值下，锚杆位置（n_1 和 n_2）对 F_s 的影响（Sun 等，2023）

使用 UDEC 建立锚杆支护的隐伏顺层岩质边坡数值模型。图 7-21 所示数值模型的水平位移在其两个侧边界处受到约束，底部边界的垂直和水平位移均被固定。位移监测点（M）安装在边坡肩部。

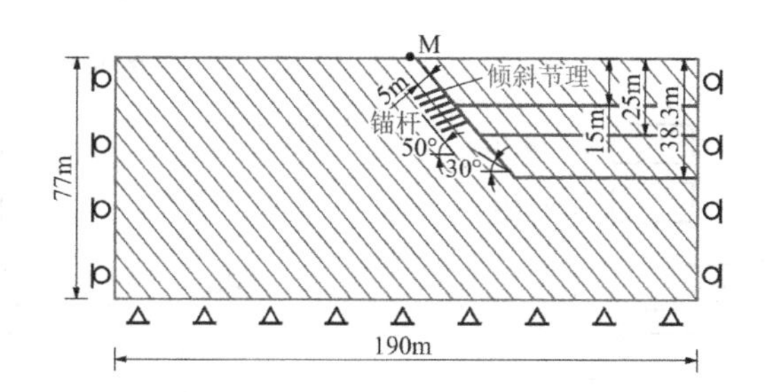

图 7-21　锚杆支护的数值（UDEC）模型（Sun 等，2023）

在 UDEC 模型中，分别采用 Mohr–Coulomb 塑性模型和 Coulomb 滑移模型来表征岩体和节理的力学行为。此外，使用局部加固模型“REINFORCE”来模拟加固材料穿过现有节理时的局部效应。该模型使用了两个弹簧来模拟锚杆的剪切变形特性，这两个弹簧位于节理界面，方向分别垂直和平行于锚杆轴线（图 7-22）。

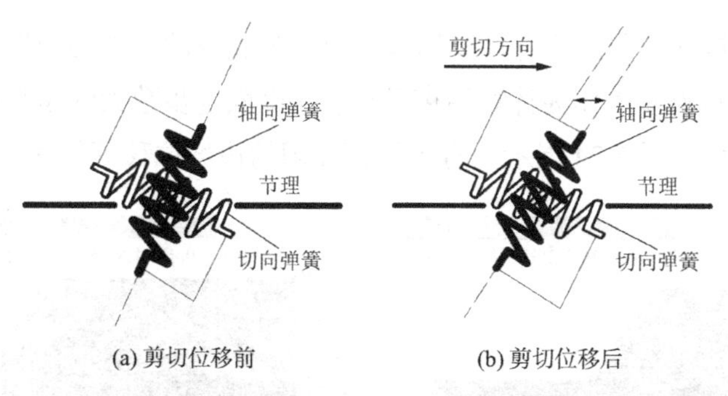

图 7-22　局部加固模型中的剪切和轴向弹簧及其表示加固的方向（Sun 等，2023）

图 7-23 展示了在边坡未加固和采用不同锚杆角度加固时的节理破坏情况。在图 7-23（a）（无锚杆加固）中，陡倾节理和缓倾节理的破坏面相互连接，形成贯通的滑动

面。如果未使用锚杆加固，将发生双平面破坏。

图 7-23（a）还显示出，滑动面主要由张拉破坏引起。某些局部位置也发生了剪切破坏，这些剪切破坏出现在陡倾节理和缓倾节理的交界处以及陡倾节理的顶部。图 7-23（b）～（d）显示出，在使用锚杆加固的情况下（如箭头所示），陡倾节理的破坏面并不完整。在边坡加固后，锚杆的抗拔作用限制了边坡的位移，防止了潜在滑体的变形和旋转。这限制了缓倾节理的张开并抑制了滑动面的贯通，从而提高了边坡的稳定性。

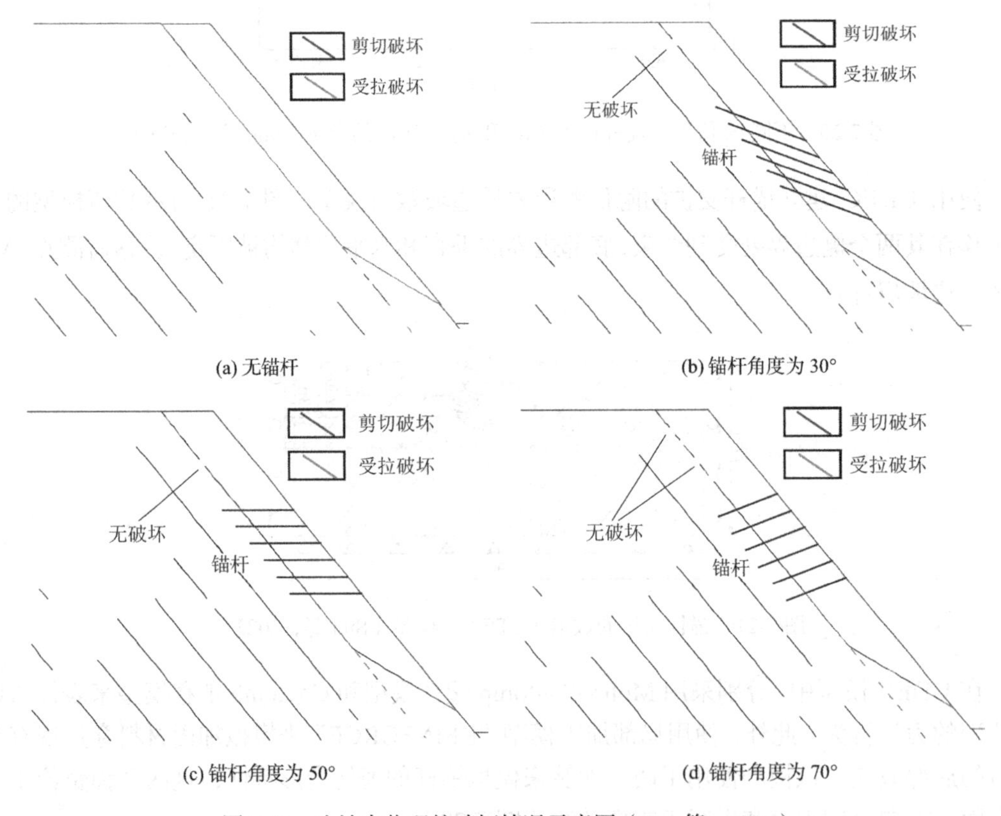

图 7-23　边坡中节理的破坏情况示意图（Sun 等，2023）

为了获得有无锚杆加固的所有计算结果，对于未收敛的未加固边坡模型，可以使用更大的固定步数（100000 步）作为计算结束条件。这个固定步数大约是加固边坡分析中达到收敛所需步数的五倍，图 7-24 展示了有无锚杆加固的边坡位移等值线图。

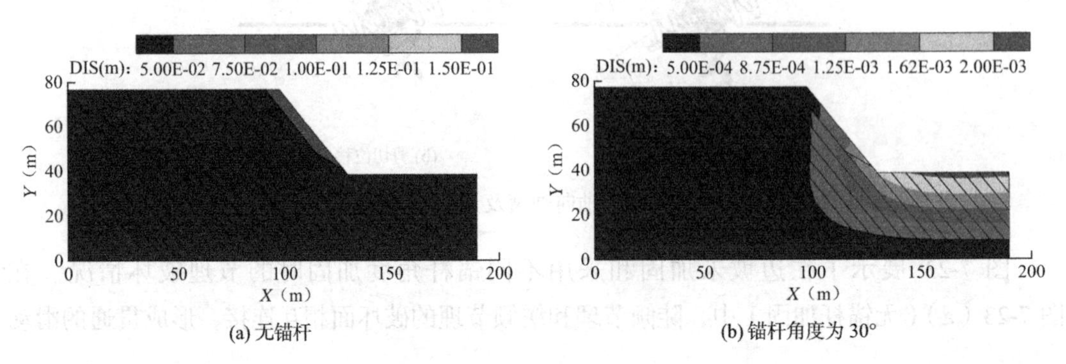

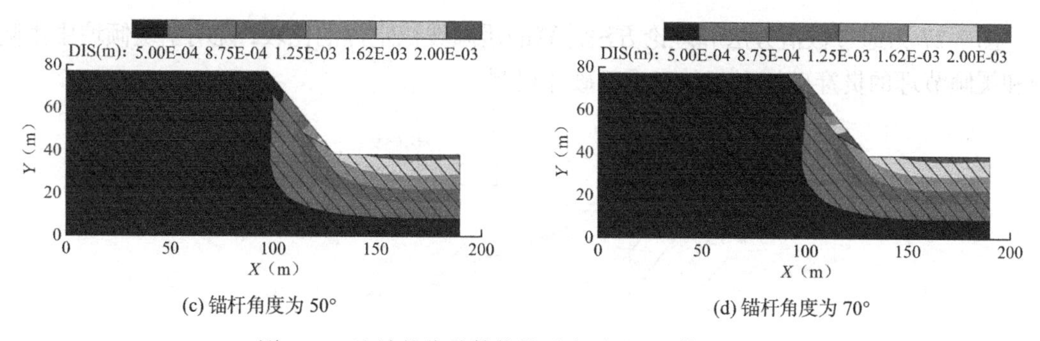

(c) 锚杆角度为 50°　　(d) 锚杆角度为 70°

图 7-24　边坡的位移等值线示意图（Sun 等，2023）

由图 7-25 可知，在锚杆加固后，CBRS 中的双平面滑体位移显著得到控制。更具体地说，未加固的滑体位移为 171mm，而锚杆加固将其减少到约 0.24mm，从而确保了边坡的稳定性。不同锚杆角度加固的边坡位移大致相同。当锚杆角度等于节理的摩擦角（30°）时，坡肩位移最小。该发现表明存在一个最佳锚杆角度，这与之前的理论分析结果一致。

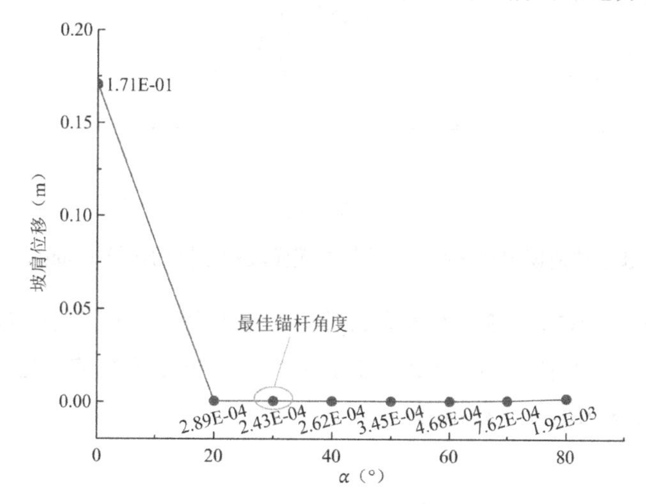

图 7-25　坡肩位移随锚杆角度的变化关系（Sun 等，2023）

为了阐明缓倾坡的双平面破坏机制，研究人员建立了一个典型的边坡模型，见图 7-26。坡角（θ_s）为 35°，陡倾节理（θ_1）和缓倾节理（θ_2）的倾角分别取为 50°和 20°，并且假设陡倾和缓倾节理是连续的。实际边坡中陡倾和缓倾节理的方位可以通过节理极点图的统计分析确定。

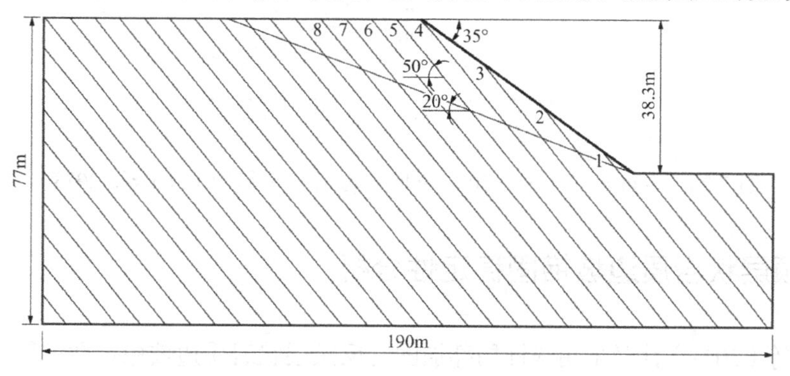

图 7-26　缓倾坡的计算模型（Sun 等，2023）

图 7-27 为通过数值方法和理论方法计算的缓倾坡稳定性的比较，说明了缓倾坡中由陡倾和缓倾节理的贯穿破坏引起的双平面破坏机制。

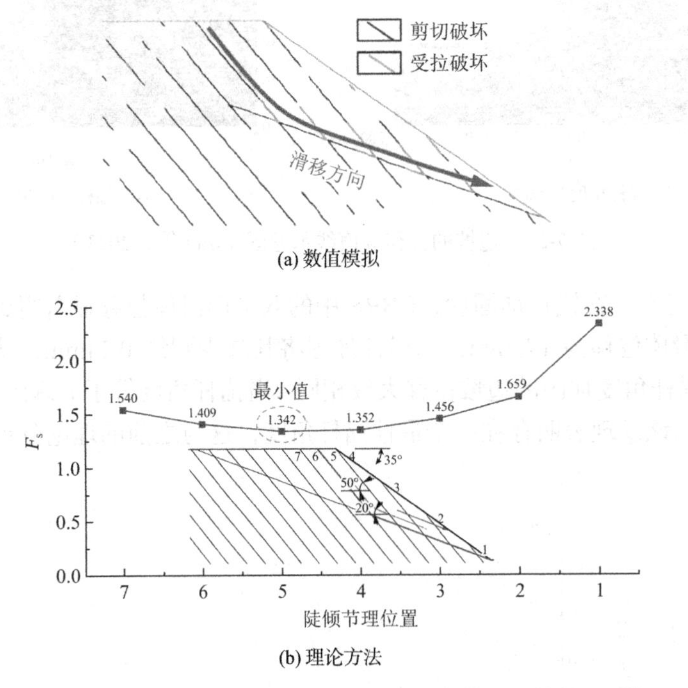

图 7-27　通过数值模拟和理论方法计算的缓倾坡稳定性的比较（Sun 等，2023）

图 7-28 展示了不同坡角（θ_s）对安全系数（F_s）的影响。图中陡倾节理的倾角（θ_1）为 50°，节理摩擦角（φ_j）和锚杆角度（α）均为 30°，边坡安全系数的变化趋势与缓倾节理倾角为 20°和 30°时的变化趋势大致相同。

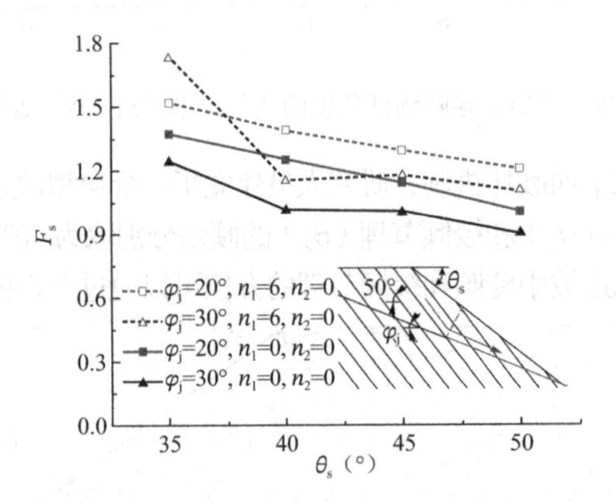

图 7-28　不同 θ_2 值（$\theta_1 = 50°$）下坡角 θ_s 对 F_s 的影响（Sun 等，2023）

7.3　反倾层状岩质边坡锚固稳定性分析

Zheng 等（2019）针对采用锚杆局部加固的反倾层状岩质边坡稳定性进行了分析研究。该研究针对由一组平行的不连续面构成的岩体，其倾角陡峭地反向于边坡面，类似于叠放在一起的岩层。在这种情况下，由于岩层自重作用，这些岩层会处于拉伸和弯曲应力状态。在无限长的层状岩体中，纯弯曲倾倒破坏是罕见的，这是因为岩石是一种天然材料，且不连续面普遍存在。最终，研究对这种复杂弯曲倾倒的基本机制进行了全面的解析。

在岩层自重和层间力的共同作用下，坡脚附近的岩层首先发生剪切滑动破坏，从而形成滑动区（Sliding Zone），如图 7-29 所示。这是因为破坏面以上岩层的层高与层厚的比值较小，意味着它们对弯曲的抵抗能力相对较高。在滑动区之上的岩层中，随着相应层高的增加，弯曲倾倒破坏而不是滑动破坏更有可能发生。这些层作为重叠梁，形成重叠倾倒区（Superimposed Toppling Zone），并一起受到弯曲倾倒破坏的作用。由于下部岩层的支撑随之丧失，位于重叠倾倒区之上的岩层作为悬臂梁逐层发生弯曲倾倒破坏，从而形成悬臂倾倒区（Cantilevered Toppling Zone）。滑动区和重叠倾倒区中的岩层紧密接触，因此层间力在其破坏过程中起关键作用。当采用锚杆加固反倾层状岩质边坡时，锚杆不一定需要穿过潜在的破裂面。如果安装位置位于悬臂倾倒区内，即使支护强度极高，也无法实现加固效果。这是因为悬臂倾倒区内的岩层不能限制其下方岩层的运动。

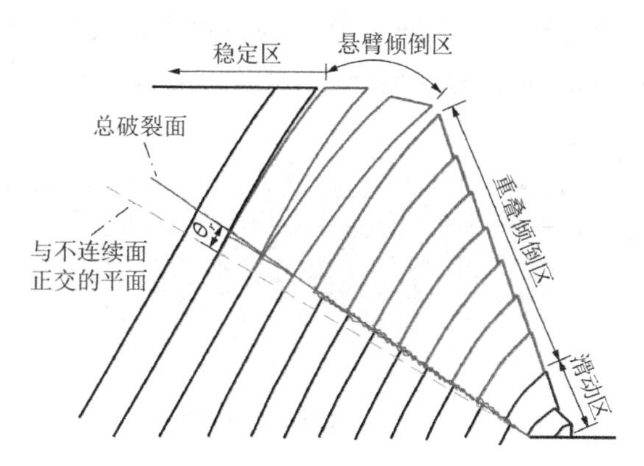

图 7-29 模型中弯曲倾倒破坏的不同区域（Zheng 等，2019）

在加固的反倾层状岩质边坡中，锚杆必须先失效（由于弯曲倾倒破坏发生前的剪切和拉伸共同作用），才能保证发生弯曲倾倒破坏（图 7-30）。因此，在对这种加固岩坡进行稳定性分析之前，理解受剪切和拉伸共同作用下的锚杆失效过程是必要的。类似加载条件下锚杆的力学模型已经被多位学者研究过，相关成果已在本书中详述。

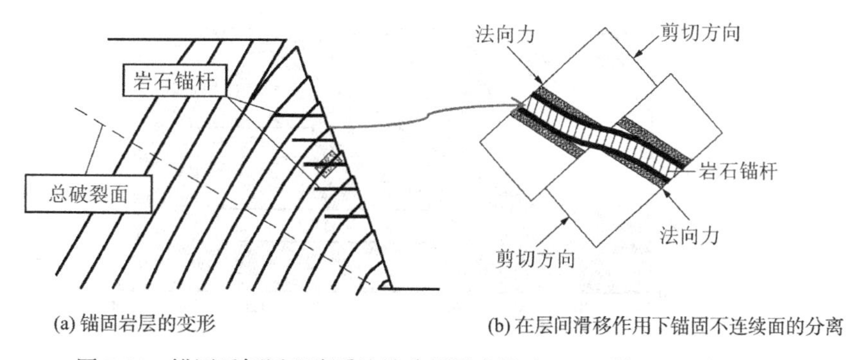

(a) 锚固岩层的变形

(b) 在层间滑移作用下锚固不连续面的分离

图 7-30 锚固反倾层理岩质边坡分析示意图（Zheng 等，2019）

为了验证所提方法的有效性，该研究选取了一个实际案例进行数值和理论分析。所选案例是位于山西省的某矿山坡面（图 7-31）。目前该坡面是稳定的，但是矿山计划在未来 20 年内开采花岗岩，最终形成 50m 高的边坡。因此需要对最终边坡的稳定性进行预评价。

图 7-31　矿山坡面实景（Zheng 等，2019）

该边坡的地质模型如图 7-32 所示。在模型中，垂直方向的位移仅在底部受限，而水平位移在底部和侧向边界处受限。模型坡面划分为 248430 个最大边长为 0.5m 的三角形单元，采用应变软化和 Mohr-Coulomb 滑移模型分别模拟完整岩体和不连续面的行为。

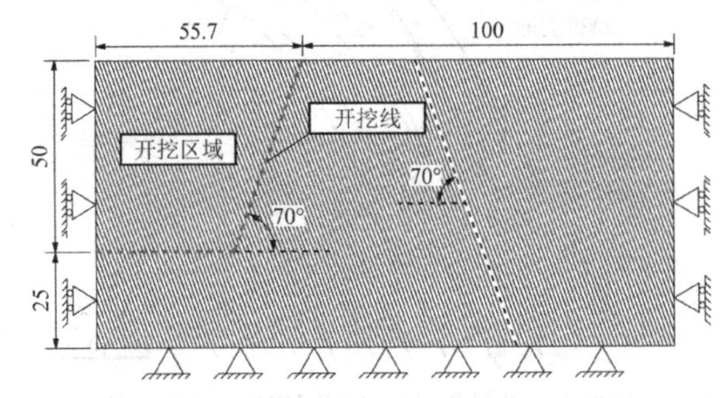

图 7-32　矿坡 UDEC 模型中的几何尺寸和边界条件（单位：m）（Zheng 等，2019）

模拟结果表明，如果不进行加固，矿山坡面将会出现失稳，且失稳发生在 $F_s = 0.25$ 时。图 7-33 为使用 UDEC 模拟获得的塑性区分布图。可以看出，预计发生纯弯曲倾倒破坏（拉伸破坏），且对应的总破裂面角度约为 10°。弯曲倾倒破坏主要发生在岩层 1～82，并最终形成总破裂面，这些岩层之上的层可被认为处于稳定状态。

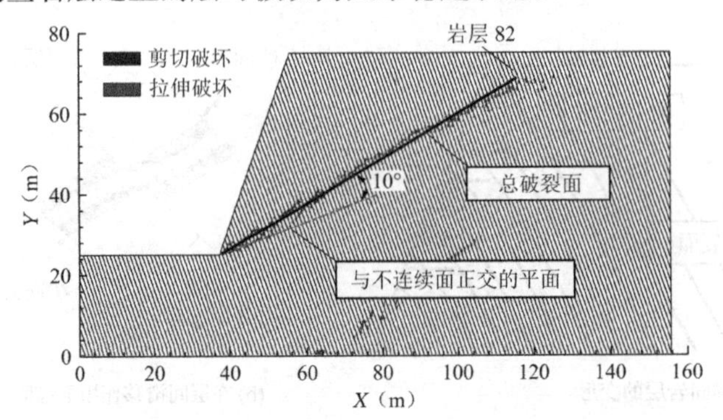

图 7-33　未加固矿坡的塑性单元分布图（Zheng 等，2019）

图 7-34 和图 7-35 展示了随着释放系数 R_f 的增加，岩层中的滑动破坏和拉伸破坏的发展过程。破坏过程可分为两个阶段：①弯曲倾倒变形的形成［即 D 阶段，如图 7-34（d）所示，$R_f \leqslant 0.6$］；②弯曲倾倒破坏的形成［即 F 阶段，如图 7-34（f）所示，$R_f > 0.6$］。

当 $R_f \leqslant 0.6$ 时，层间滑动从坡脚开始，并随着 R_f 的增加逐渐向上发展随后延伸到坡面的深部［图 7-34（a）～（d）］。这是因为边坡的开挖导致每层岩石向外移动，从而导致层间滑动。在 D 阶段（$R_f \leqslant 0.6$），除了一些零星分布在坡顶之上的区域，层间几乎没有拉伸破坏。

当 $R_f > 0.6$（F 阶段）时，情况立即发生变化，拉伸破坏开始在更大范围内发生，并随着 R_f 的增加向坡面深部发展［图 7-35（e）、（f）］。这表明，在 F 阶段，倾倒破坏开始发生，随后向后延伸进入岩体中，形成深部张裂缝。倾倒模拟表明，边坡在倾倒破坏发生之前先经历了层间滑动（D 阶段）。

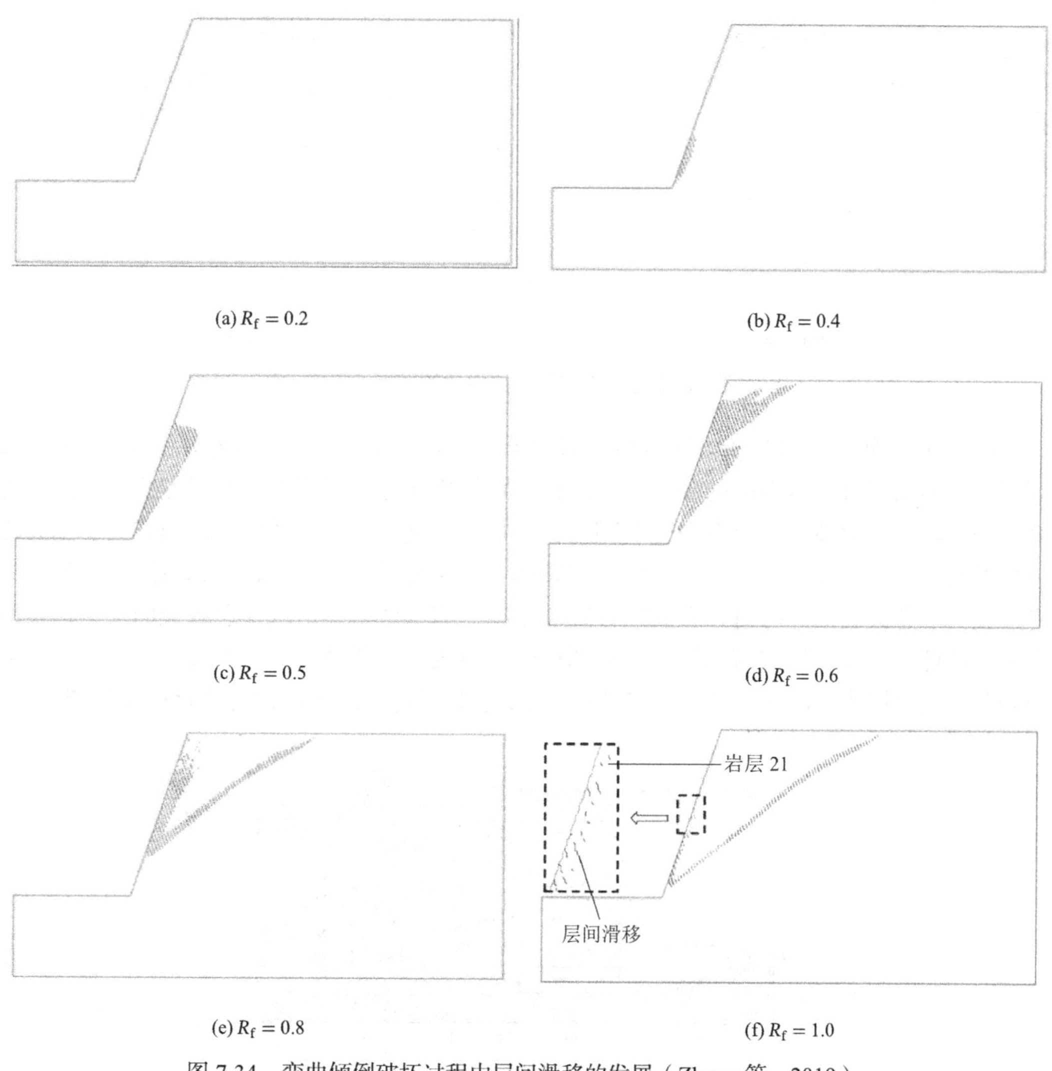

(a) $R_f = 0.2$　(b) $R_f = 0.4$

(c) $R_f = 0.5$　(d) $R_f = 0.6$

(e) $R_f = 0.8$　(f) $R_f = 1.0$

图 7-34　弯曲倾倒破坏过程中层间滑移的发展（Zheng 等，2019）

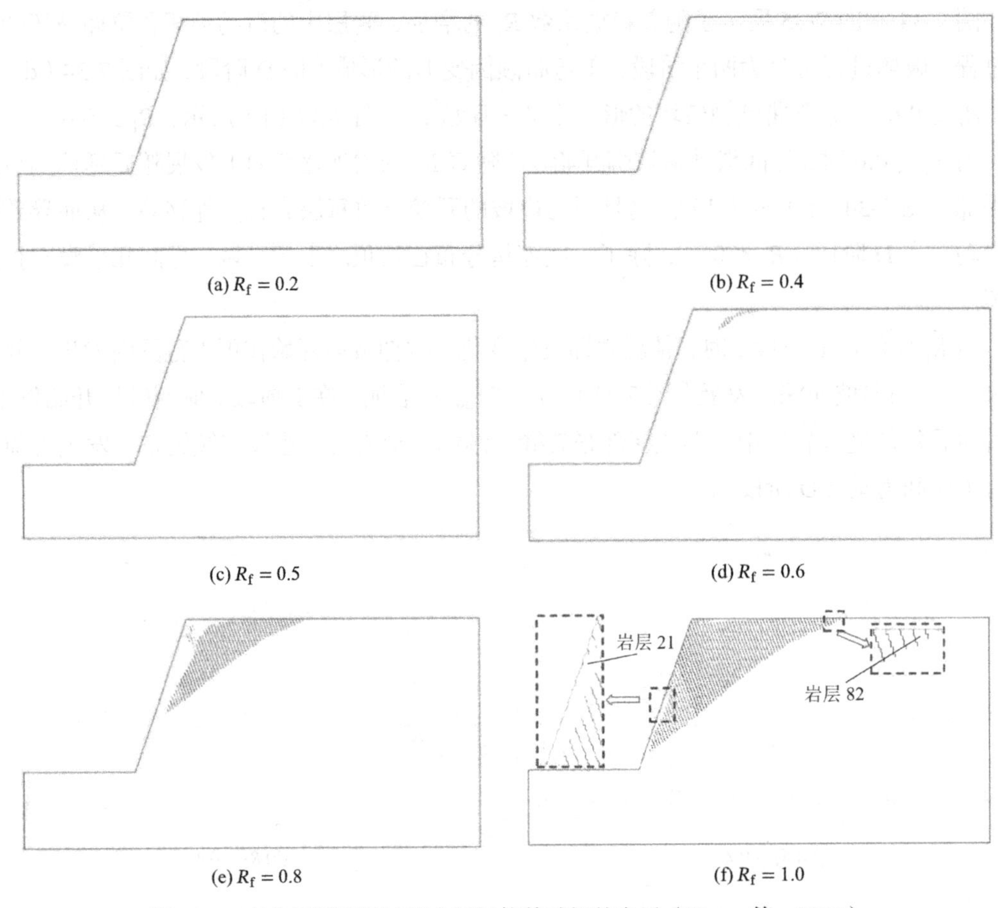

图 7-35　弯曲倾倒破坏过程中层间拉伸破坏的发展（Zheng 等，2019）

图 7-36 为使用数值分析方法获得的对应于加固方案 1（重叠倾倒区）和方案 2（悬臂倾倒区）的加固边坡塑性区的分布图。两种加固的塑性区范围不同。使用方案 1 加固的边坡将是稳定的，塑性单元分布在边坡脚附近，并未形成贯穿的破裂面。使用方案 2 加固的边坡可能会因弯曲倾倒而失稳，弯曲倾倒破坏（拉伸破坏）在一个较大的范围内发生，最终形成一个总破裂面。同时，在加固方案 2 中，一些塑性单元出现在总破裂面上，这是因为安装锚杆会导致岩层内部的拉应力局部集中。边坡在这两种情况（方案 1 和方案 2）下的安全系数分别为 1.05 和 0.45。图 7-37 为安全系数随首个加固层位置变化的曲线图。

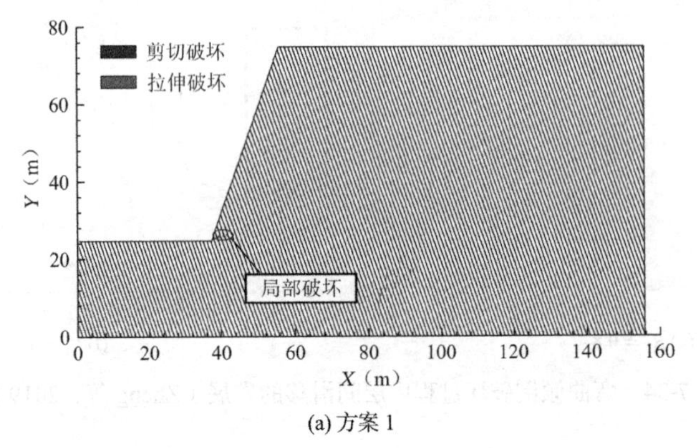

(a) 方案 1

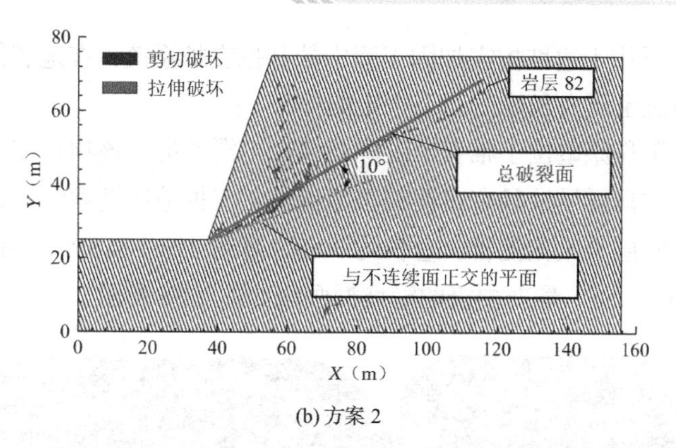

(b) 方案 2

图 7-36　加固后 Juxing 矿山边坡的塑性区域分布（Zheng 等，2019）

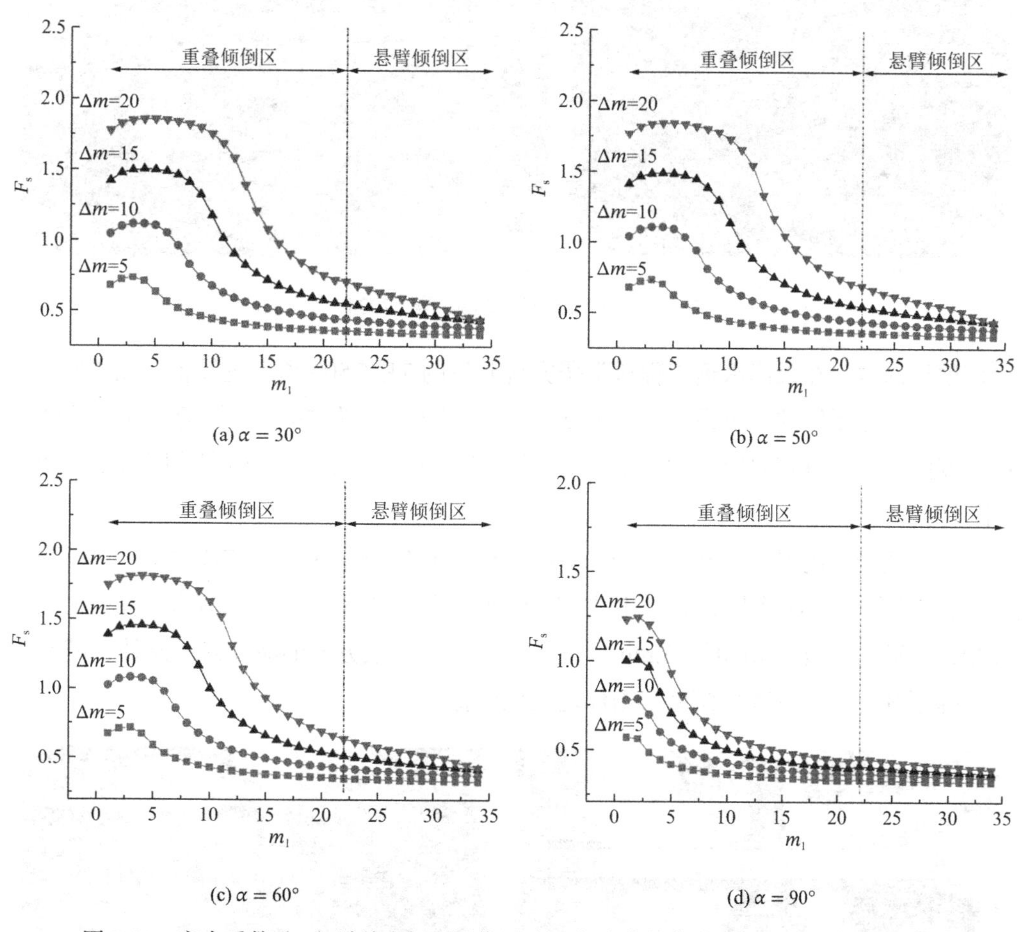

图 7-37　安全系数（F_s）随首个加固层位置（m_1）变化的曲线图（Zheng 等，2019）

注：参数 $\Delta m = m_2 - m_1$，表示最后一个（m_2）与第一个加固岩层（m_1）之间的差异。

7.4　锚固角度对锚固稳定桩地震响应影响分析

Wang 等（2024）针对锚固角度对锚固稳定桩地震响应的影响进行了系统的研究。锚固稳定桩（ASPs）广泛用于边坡抗震加固工程中的开挖支护系统，在地震作用下，锚索的不同角度不会改变地震土压力和峰值动态弯矩的分布。

该锚固稳定桩工程原型位于雅安市汉源县北后山滑坡群，该项目在 2008 年汶川地震中表现优异，设计数据详尽，具有重要的参考价值。根据地质勘察结果，项目中滑坡的上覆土为粉质黏土，底层为风化泥岩，总长约 30m，高约 25m。ASPs 项目位于滑坡的下部，桩体的截面为 1.5m × 2m。最新拍摄的滑坡群画面如图 7-38 所示。

图 7-38　工程原型（Wang 等，2024）

该项目的试验在天津水运工程科学研究院开发的 TK-C500 离心机设备［图 7-39（a）］上进行。该离心系统的主机最大容量为 500g · t，最大半径为 5m。系统配备的振动台可提供高精度的水平和垂直双向振动，其最大水平加速度可达 40g，振动频率范围为 20～200Hz（水平方向）。

试验中使用了内尺寸为 0.8m × 0.4m × 0.65m 的刚性模型箱［图 7-39（b）］。模型箱与振动台之间采用刚性连接，以确保地震运动能够传递至模型。在模型箱的前后设有 DUXSEAL 吸波介质（每侧厚 25mm），用于减小地震加载方向的波反射。此外，模型箱的两侧涂抹了凡士林，以减少模型与箱体之间的摩擦。

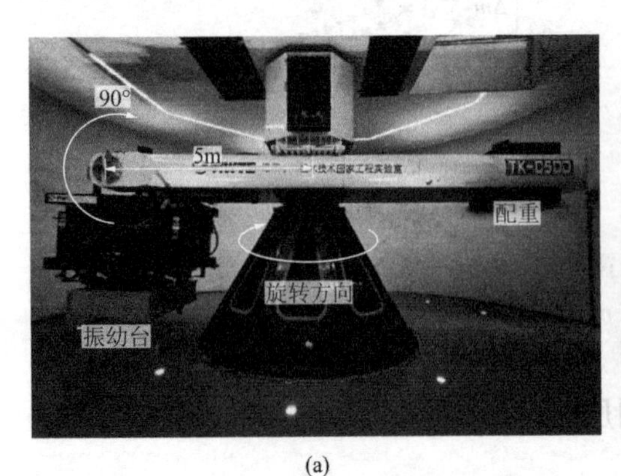

(a)

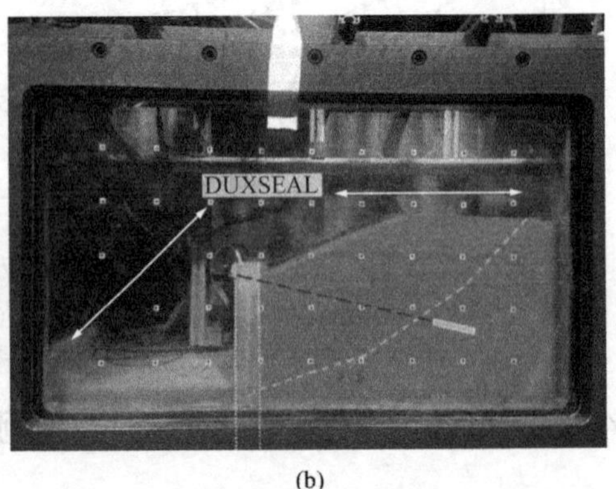

(b)

图 7-39　TK-C500 多功能岩土离心模型试验系统（Wang 等，2024）

模型设计图及传感器分布如图 7-40 所示。模型的准备工作主要在刚性模型箱内进行，边坡轮廓绘制在模型箱的内壁上，边坡通过逐层动态压实（每层 30mm）并切坡完成。当第一层基岩完成时，稳定桩固定，锚索在成型过程中埋入基岩中。需要注意的是，在逐层压实时，每层的压实次数应保持一致。此外，在试验开始前，通过调整预应力螺栓将锚索预应力稳定在 49N。

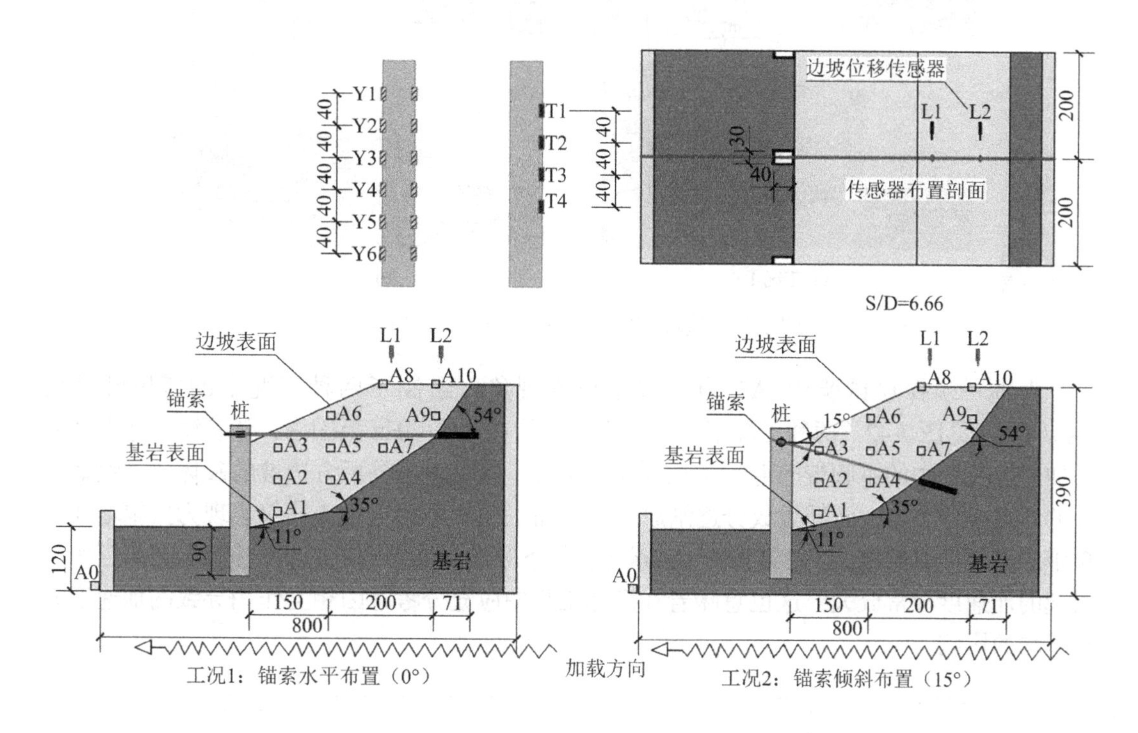

图 7-40　模型结构与传感器分布（Wang 等，2024）

在试验过程中，所有结构均通过离心数据采集设备进行监控。系统主要包括土压力传感器（T1～T4）、弯矩应变计（Y1～Y6）、锚索轴力计、加速度传感器（A0～A10）和边坡位移传感器（L1～L2）。所有传感器在试验前须进行校准，并连接至离心机的自动采集设备。

在地震作用下，边坡的破坏形式及范围是直观判断支护系统抗震加固效果的重要指标。试验记录了地震作用后的边坡破坏情况。图 7-41 显示了两种工况的地震后边坡破坏特征，结果表明两种工况存在显著差异。在工况 1［图 7-41（a）］中，边坡顶部出现了贯穿性横向拉裂缝及稀疏的网状裂缝（纵向压缩及横向拉伸剪切裂缝），且裂缝从边坡顶部向下发展，牵引段出现了滑移裂缝。地震后，中间桩后方的土拱剥落，土岩接触面出现剪切。而在工况 2 中［图 7-41（b）］，边坡顶部仅出现不连续的网状裂缝，未形成贯穿性拉裂缝，且裂缝向下延伸。地震后，边坡牵引段仅出现轻微的羽状滑移裂缝。此外，工况 2 的最大位移为 5.3m，远小于工况 1 中的 8.1m，表明工况 1 中的边坡可能滑动至更深层次。

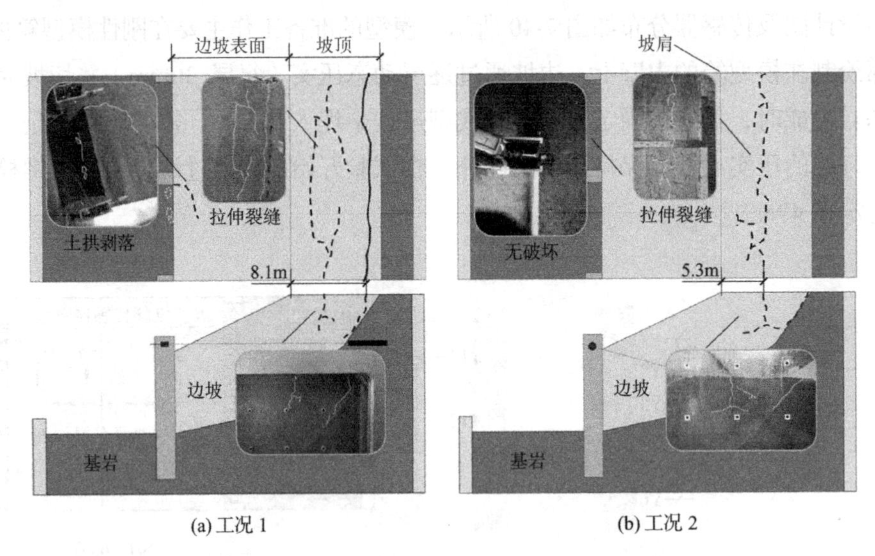

(a) 工况 1　　(b) 工况 2

图 7-41　边坡变形特征图（Wang 等，2024）

为进一步探讨试验中 A3 点的异常放大现象，绘制了两种工况下的傅里叶谱比（A3/A0），见图 7-42。两种工况下的主放大频带均在 3.5～4Hz 范围内，随着输入地震动的增加，工况 1 中的主频带向低频（长周期）偏移。这是由于桩后方边坡的破坏，导致地震中的高频成分减少，而低频成分逐渐放大。然而工况 2 中傅里叶谱比仅表现为振幅增加，频带未出现类似偏移。该差异表明，锚索角度的下倾布置能够有效减少由桩-锚-坡相互作用引起的加速度异常放大，这也意味着在实际工程中应充分考虑因相互作用导致的加速度分布不均的影响。

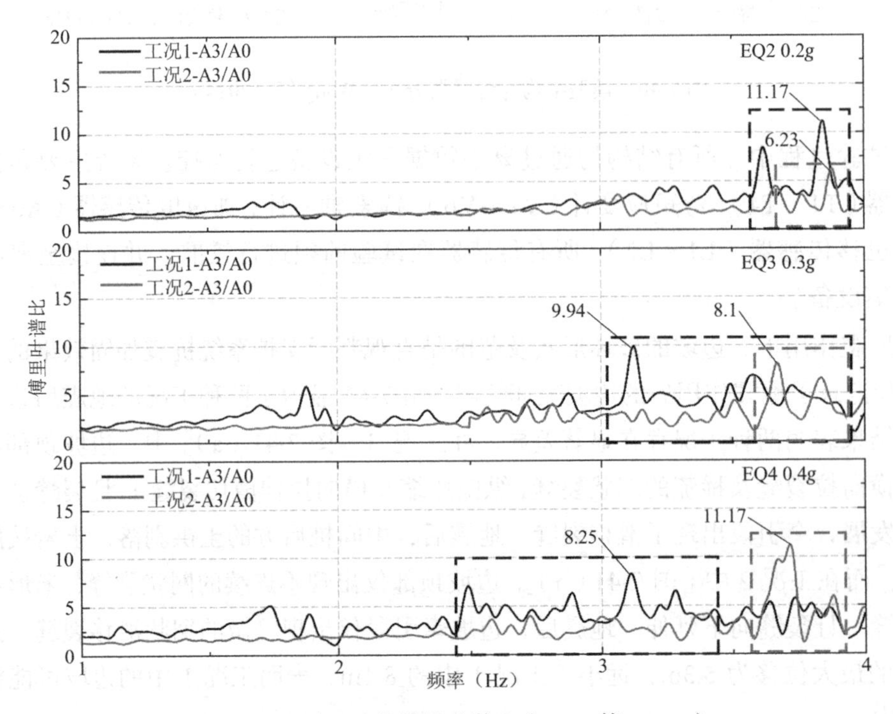

图 7-42　A3 与 A0 的傅里叶谱比（Wang 等，2024）

为了解不同锚索角度对侧向土压力的影响，项目记录了桩体测点（T1～T4）的动态土压力时程曲线，如图 7-43 所示。图中各次地震事件的时程曲线仅绘制了主要响应部分（100s），正方向定义为被动方向，正负土压力仅代表方向，由动态作用产生的残余土压力定义为永久动态土压力（PDE）。

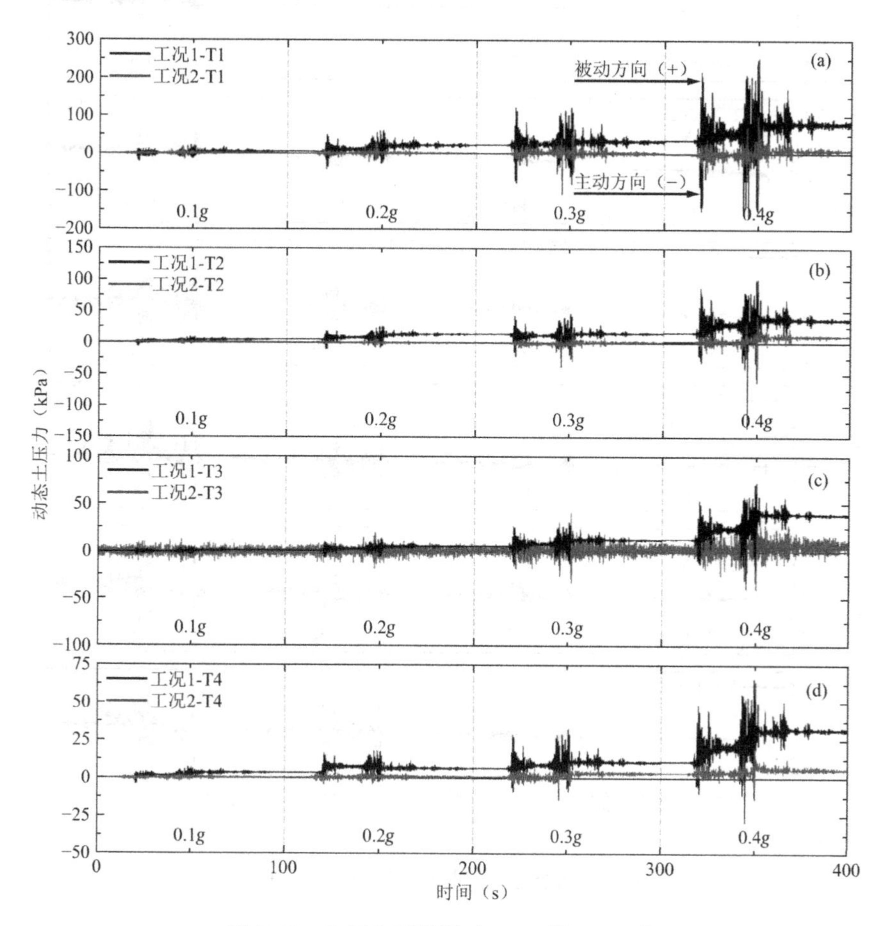

图 7-43　土压力时程图（Wang 等，2024）

桩的动态弯矩是结构在地震作用下承受外力效果的综合反映。试验通过弯矩应变计（Y1～Y6）记录了桩的弯矩时程曲线，见图 7-44。当桩体朝向坡面受拉一侧时，弯矩为正值。图中两种工况下的时程特征与输入地震动一致，动态弯矩的增长趋势也相符。在桩体上部（Y1）[图 7-44（a）]，工况 2 中的动态弯矩峰值（绝对值）较大。时程整体呈现正向上升趋势，但峰值为负。在桩体中下部（Y2～Y6），工况 1 中的峰值动态弯矩相对较大，且为正值 [图 7-44（b）～（f）]。

根据图 7-44 的数据，提取并绘制了每次地震事件中各测点的阶段峰值，如图 7-45 所示。在两种工况下，桩的动力弯矩峰值沿桩呈现 S 形分布，最大值出现在基岩表面（Y5）。随着输入地震动强度的增加，每个测点的峰值也随之增加，但分布形式保持不变。当输入地震动强度增加至 0.4g时，工况 1 中最大动态弯矩（Y5）达到 6.91MN · m，而工况 2 仅为 4.66MN · m。值得注意的是，试验中仅在 Y1 点观察到了负弯矩。然而，这并不意味着可以忽视锚索约束强度的差异。锚索对桩-锚-坡系统的影响是连续且复杂的。应整体考虑这种差异对桩-锚系统动力响应的影响。

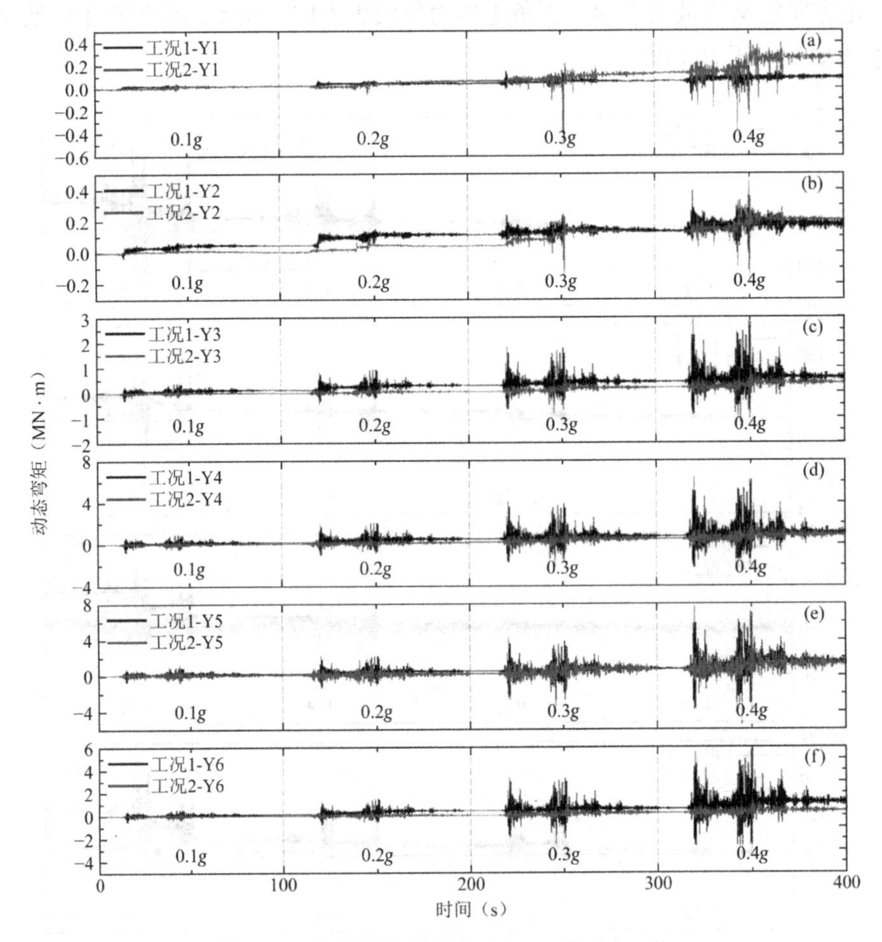

图 7-44　动态弯矩总时程（Wang 等，2024）

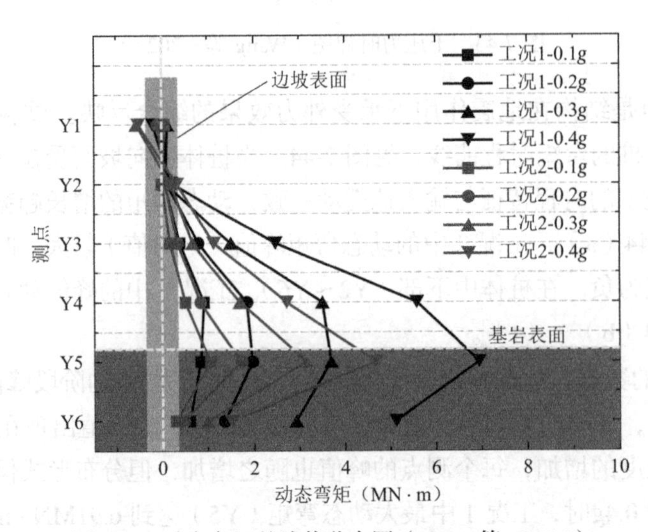

图 7-45　动态弯矩的峰值分布图（Wang 等，2024）

7.5　锚杆在混凝土构件中的剪切分析

Foraboschi（2024）针对后装锚杆在硬化混凝土构件中的剪切强度进行了研究。该研究通过钻孔在已经压实的混凝土结构中安装后装锚杆，锚杆用于将外部连接构件的荷载传递到混凝土上，并承受作用于混凝土端部的力，该力垂直于锚杆（无轴向力的剪切力）。锚杆与混凝土边缘保持较大距离，并单独使用或与其他锚杆保持较大距离。

如图 7-46 所示，结构为嵌入半空间（混凝土）的锚杆，半空间的表面为混凝土的外表面。嵌入系统在极限状态下的受力参数包括作用点及其与旋转中心的距离。右侧是胶粘锚杆横截面示意。

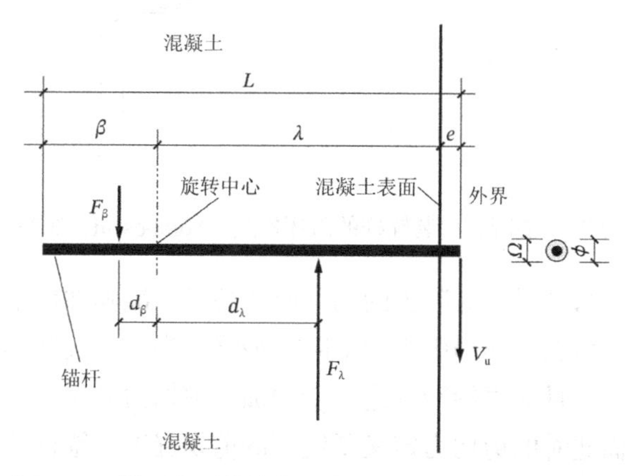

图 7-46　锚固作用的结构示意图（Foraboschi，2024）

实际上，锚固材料以及锚杆与锚固材料之间的界面在极限状态下并不起作用。因此，建模时将整个嵌入系统视为一个整体，不作区分。锚杆的外端从混凝土表面凸出并与连接件相连，而内端嵌入混凝土中。锚杆的外端可通过钢板固定，亦可嵌入连接件的混凝土或木质构件中。这种连接限制了外端的旋转，从而贡献了锚杆的剪切强度。

如图 7-47 所示，空间中的位置由笛卡尔坐标系描述，原点位于半空间表面（即混凝土的外表面）。x 轴与 y 轴位于表面上，z 轴沿深度方向，其正方向由表面向内。建模考虑了强力轴及与边缘有足够间隙的单一锚杆。因此，锚杆的破坏始终由锚杆周围的混凝土决定。

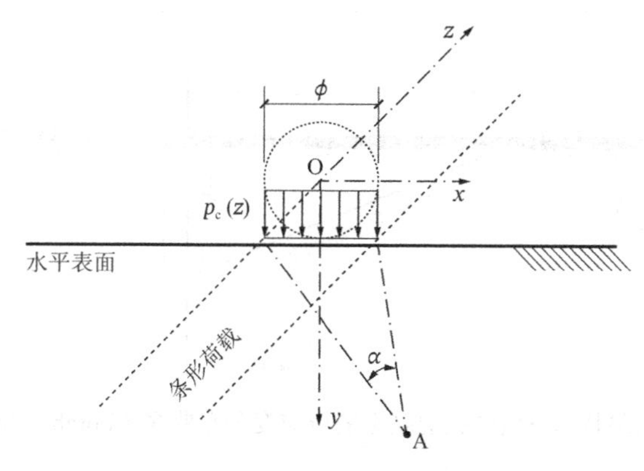

图 7-47　受力体系示意图（Foraboschi，2024）

此外，剪切力引起的锚杆位移是由混凝土中的显著应变导致的，而锚杆和锚固材料中的应变可以忽略不计，这表明锚杆表现出刚体运动（图 7-48）。

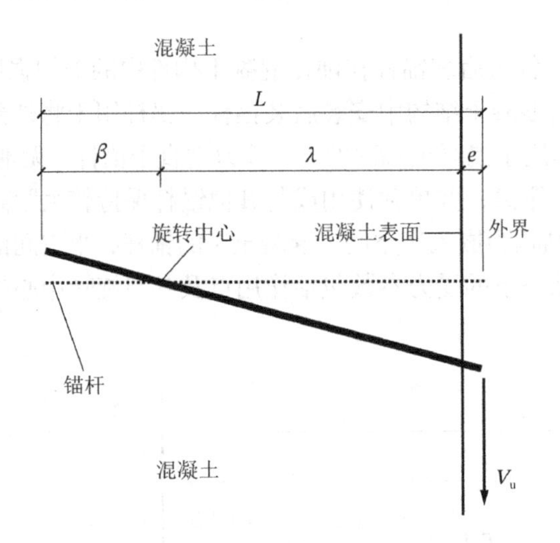

图 7-48　混凝土后装锚杆的破坏模式（Foraboschi，2024）

当剪切力达到一定水平时，混凝土的局部应变超出了准弹性极限。随着剪切力进一步增大，锚杆的旋转加速增加，即锚固刚度下降。最终，当锚杆旋转到一定程度时，外端的剪切力无法再继续增大，且随着旋转的进一步增加，剪切力开始下降。此时的旋转量确定了锚杆的极限状态，而此时的剪切力定义了锚杆的剪切强度。锚杆的剪切力在接近极限状态时增加得较为缓慢，而当旋转超过极限状态时，剪切力则下降得较为平缓。

在其他条件相同的情况下，嵌入未开裂混凝土中的锚杆与嵌入开裂混凝土中的锚杆的剪切强度差异较小。在锚杆安装之前，可以证明混凝土中的应力状态对锚固的剪切强度没有影响。由于锚杆的刚体行为，钻孔处的压应变沿 z 轴呈双三角形分布（图 7-49），且应变分布不对称，应变的最大绝对值发生在混凝土表面。

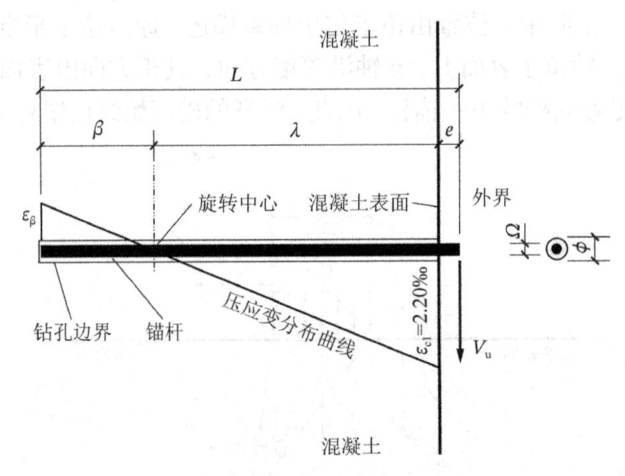

图 7-49　极限状态下沿钻孔混凝土的压应变分布曲线（Foraboschi，2024）

因此，研究人员设计了一套试验装置，可用于锚杆的剪切测试（图 7-50、图 7-51）。如

图 7-50 所示，所测试的锚杆嵌入在混凝土墙体中，千斤顶通过方形截面的钢杆将剪切力施加到锚杆底部，减小了剪切力的偏心距。图中还展示了承受千斤顶反作用力的工字钢梁，该钢梁由两个大直径、长嵌入长度的锚杆支撑。如图 7-51 所示，千斤顶推动与被测试锚杆垂直的钢杆，而钢杆则推动从混凝土表面突出的锚杆段（图中上方的锚杆）。支撑千斤顶的工字钢梁由下方的两根锚杆简单支撑，并在中跨处通过横向板进行加固。测试装置从下方向上施加剪切力。

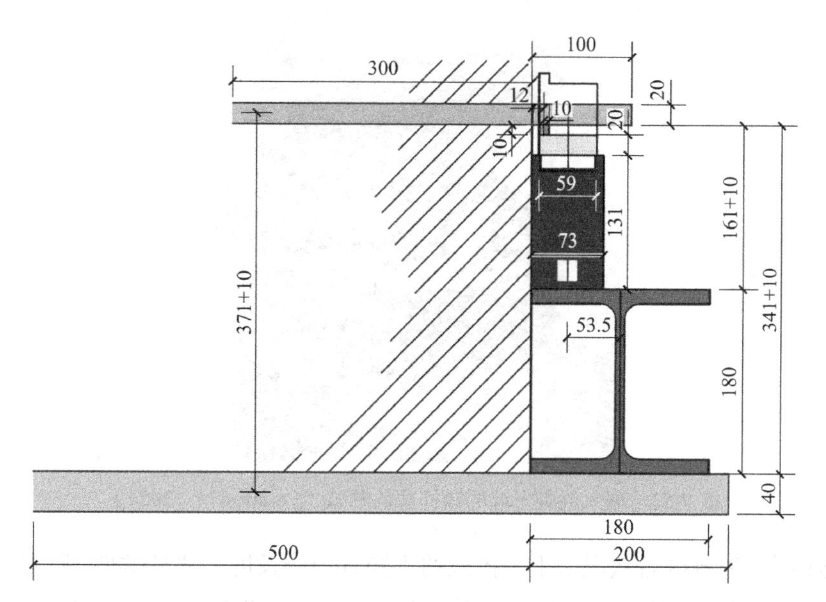

图 7-50　锚杆测试装置侧视图（Foraboschi，2024）

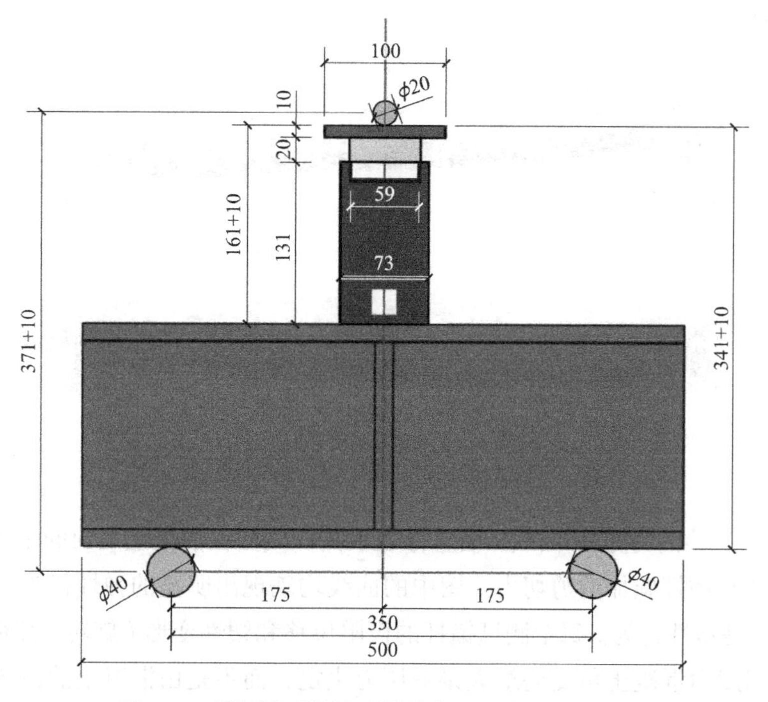

图 7-51　锚杆测试装置正视图（Foraboschi，2024）

嵌入混凝土墙的锚杆的剪切测试如图 7-52 所示。在测试之前没有移除灰泥，一方面是因为它不会影响锚杆的行为，另一方面是因为它有助于更好地观察和识别混凝土的破碎。

图 7-52　嵌入混凝土墙的锚杆剪切测试（Foraboschi，2024）

图 7-53 所示为测试后从混凝土中提取的不同直径和长度的锚杆试件，所有经过测试后从混凝土中提取的锚杆的嵌入部分均未表现出塑性，而有些从混凝土表面突出的部分表现出明显的弯曲。

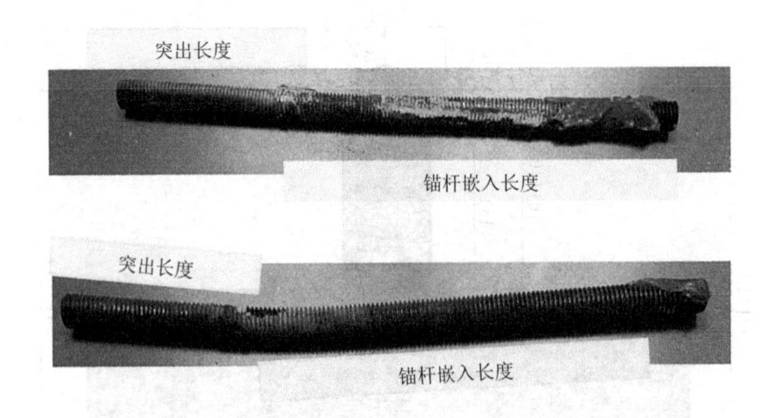

图 7-53　测试后的锚杆试件（Foraboschi，2024）

图 7-54 为试验的力-位移曲线，横坐标表示锚杆截面在混凝土表面的垂直位移，纵坐标表示千斤顶对锚杆施加的剪切力。图中的曲线均表现出明显的弹性行为，随后是弹塑性行为，最后是塑性行为。每个测试锚杆的极限位移和塑性变形（旋转）都很大，因此可以得出剪切强度由混凝土承受的最大接触压力决定，而不是由混凝土的破坏应变决定的结论。

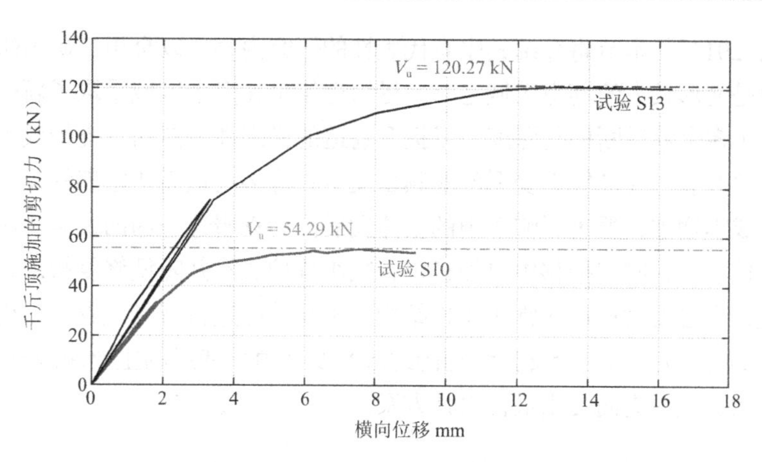

图 7-54　剪切试验的力-位移曲线（Foraboschi，2024）

如图 7-55 所示，每个测试锚固系统的失效都是由锚杆周围的混凝土破坏决定的，即混凝土压碎模式总是与失效模式一致。

图 7-55　试验后混凝土的压碎情况（Foraboschi，2024）

7.6　深部高应力软岩巷道围岩支护分析

针对深部高应力软岩巷道的复杂围岩支护，笔者所在团队进行了多项相关的研究（Do，

2018；Du 等，2017）。本节将介绍其中有代表性的研究内容。以金川二矿为研究对象，该矿山深部巷道是变形较大的巷道区域之一。尽管近年来在多个区域采取了新的支护与加固措施，并涵盖了多个巷道断面与深度，以提升巷道的稳定性；然而，支护效果仍然较差，顶板坍塌、帮壁开裂、底鼓等大变形问题频繁发生；许多巷道需要定期修复，维修费用昂贵，导致生产成本增加，严重影响矿山的整体发展。为克服这一局面，需要研究并提出最优支护方案，使巷道在时间推移中更加稳定，减小维护成本并降低修复频率，从而保障生产安全。因此，有必要对该矿区常用支护结构的破坏情况进行现场调查、分析、统计与评估，并对近年来矿山应用的复合支护结构的适应性及巷道大变形的主要原因进行统计分析，总结每种结构的优点，进而提出最优设计方案。

7.6.1 围岩与支护结构的破坏特征

根据对金川二矿 1058m 段水平深部巷道的现场调查结果，巷道围岩有以下四种变形与破坏形式：①巷道顶板弯曲；②巷道底板产生底鼓；③巷道肩部破裂；④帮壁弯曲并发生位移。在高地应力作用下，围岩在开挖后会发生大变形，围岩的破坏形式直接影响支护结构的应力特性，进而导致巷道支护结构的不稳定。

根据现场调查结果，部分深部巷道支护结构的破坏形式如下：

（1）大变形。根据现场调查结果，深部巷道的收敛变形较大，通常从几厘米到几十厘米不等，最大可达 1.0m 以上。例如，在 1000m 段巷道中，采用锚杆-喷射混凝土-钢筋网支护后，不到两周时间，收敛变形达 500mm，底鼓达 1000mm；在 1150m 段通风巷道中，底鼓达约 1.5m。变形主要表现为帮壁位移、顶板坍塌与底鼓。

（2）变形速率高。根据现场测量结果，1238m 段通风巷道初期变形速率为 4.53mm/d，收敛变形达到总量的 50%～80%。在 1000m 深度处，巷道围岩变形速率随矿山深度的增加而上升，初期变形速率甚至达到 6mm/d。

（3）变形持续时间长。由于岩体具有流变特性，在巨大地压作用下，岩石的变形随时间推移而变化。通过监测与测量变形过程，可将围岩变形分为三个阶段：剧烈变形、缓慢变形与稳定变形。第一阶段持续约 30d。第二阶段持续较长时间，期间岩体趋于稳定，历时数月甚至数年。最终的稳定变形阶段，岩体趋于稳定，几乎无显著变形。根据现场部分监测点的数据，开挖后 6 个月，变形速率保持在 0.4～2.15mm/d 不变。岩体在高应力平衡状态下，开挖瞬间应力从高压状态变为低压状态，甚至从三向应力状态转变为二向应力状态，低应力状态加速了巷道围岩的蠕变变形阶段。研究表明，水平压力的降低会显著增加岩体的蠕变变形。Hoek-Brown 岩石强度准则也表明，围压的降低会显著降低岩石的屈服强度，提高围压可以增加岩石破坏的应力差，并在破坏前产生较大的变形。

根据现场调查结果，大多数巷道的支护结构都遭到破坏，尤以次喷层损坏最为明显，部分位置的次喷层破坏后暴露出内部钢筋网。在部分采用钢筋混凝土单拱支护及钢筋混凝土与 U 形钢组合支护的巷道中，也发现了类似的变形特征。如图 7-56 所示。

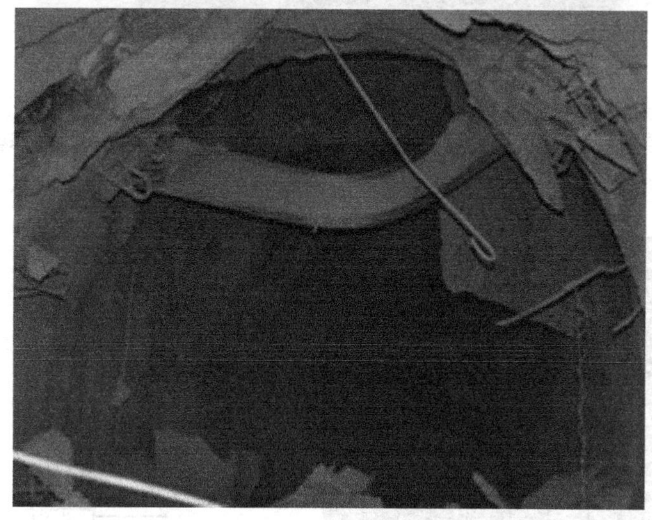

图 7-56　钢筋混凝土单拱支护与 U 形钢拱支护的变形与破坏情况（Do，2018）

巷道围岩的变形是衡量巷道压力强度的重要指标，它是围岩应力、围岩强度与巷道支护相互作用的结果。一般的巷道围岩变形指的是顶板下沉量、底鼓量、两帮相向位移量以及巷道断面的剩余面积。

由于高压下岩体较软，极大地影响了巷道的收敛变形特征。尽管采用了锚杆和 U 形钢拱支护，并随后使用钢筋混凝土进行支护，然而巷道顶板岩体仍继续松散并损坏。变形主要表现为水平收敛，同时底鼓现象也较为常见。在某些区段，底鼓现象可达数十厘米。巷道顶板、底板及侧壁的初始变形均收敛，因此截面明显减小。

根据现场调查与分析，金川软岩巷道支护的破坏特征主要为：

（1）高水平压力下的破坏特征。巷道侧壁受水平挤压压力开裂，岩体的弱结构面向巷道空间方向移动。当挤压压力超过支护结构的抗力时，巷道会发生底鼓和拉伸裂缝现象。由于各巷道的承载强度及巷道周围岩体状况不同，在高地应力下，部分巷道变形为椭圆形，部分倾斜，且侧壁的一侧或两侧发生严重断裂，如图 7-57 所示。尤其是当巷道方向与主应力方向垂直时，巷道变形更为严重。

图 7-57　巷道在高水平压力下的破坏情况（Do，2018）

（2）压力不平衡导致巷道的不对称变形与破坏。当巷道穿过分层岩体或岩层受损时，很可能由于两侧侧壁的水平压力不平衡导致巷道发生不对称变形并引发破坏，如图 7-58 所示。

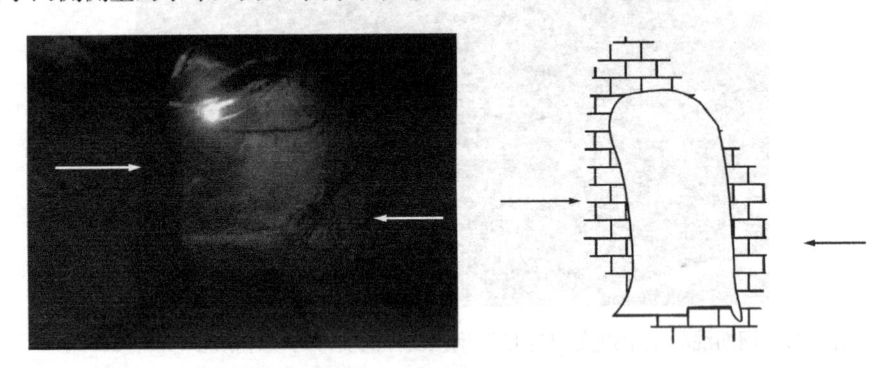

图 7-58　不对称变形工程记录及示意图（Do，2018）

（3）顶板高压力导致的变形破坏。当巷道顶部承受压缩应力时，顶板支护结构受压，巷道顶板的拱形截面变平，巷道肩部的支护结构被破坏，巷道高度降低，巷道逐渐被破坏，如图 7-59 所示。

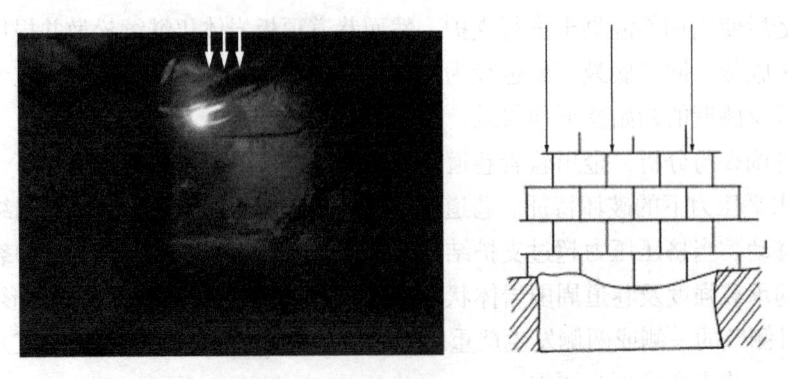

图 7-59　顶板压力变形工程记录及示意图（Do，2018）

（4）底鼓现象。巷道底鼓多发生在破碎带和断层破碎带的充填物区域。局部断层破碎带的泥质成分中含有膨胀性黏土矿物，遇水后会产生膨胀应力。巷道开挖后，围岩应力得到释放，地下水渗入，导致岩体吸水膨胀并产生膨胀压力，该压力超过了岩体的屈服强度。随后，围岩发生塑性变形和流变，导致巷道底鼓现象，如图 7-60 所示。尤其是对于未进行底部加固的巷道，底鼓现象更为明显。

图 7-60　底鼓引起铁路损坏（Do，2018）

（5）巷道整体收敛变形。由于巷道处于较大的深度且穿过弱岩层，因此巷道四周的压力较高，围岩出现塑性变形现象。随着巷道变形的持续，巷道截面面积逐渐缩小，如图 7-61 所示。

图 7-61　巷道整体收敛变形（Do，2018）

7.6.2　围岩变形规律与破坏原因

该区域的围岩变形规律总结如下：

（1）不同位置的巷道具有不同的变形特征。由于不同位置巷道的岩体特性不同，巷道的变形与破坏也表现出明显差异。同一区域内，矿体上部巷道的收敛变形通常大于矿体下部巷道，矿体内部巷道则相对较为稳定。对于同一巷道截面，水平应力对巷道变形的影响较大，水平变形值通常大于垂直变形值。

（2）变形过程受时间因素影响。初始变形发生速度快，变形速率较高。通常情况下，围岩在开挖后的几周内发生的变形速率最大，变形量超过 300mm，占围岩总变形量的 30%～40%。根据现场测量，一些巷道段的初始变形速率可达到 6mm/d，收敛变形达到总量的 50%～80%。变形过程持续时间较长，根据现场测量，金川深部巷道的变形可持续数年，并分为三个阶段：第一阶段持续数周，属于开挖引起的变形，如前所述，变形速率＞0.2mm/d，收敛变形约占总量的 50%～80%；第二阶段持续数月甚至数年，变形速率≤0.2mm/d；第三阶段持续数年，收敛速率$V<0.1$mm/d，最终收敛速率小于 0.02mm/d。

（3）深部巷道的收敛变形值与邻近弱岩层的厚度有关：深部巷道具有较高的地热条件，弱岩层在压缩力的作用下体积强烈压缩，巷道开挖后弱岩层释放应力并膨胀，形成新的弱区并向巷道空间扩展。同时，巷道开挖使地下水活动更加活跃，若岩体含有蒙脱石或其他遇水膨胀的岩石，体积膨胀显著。因此，弱岩层越厚，岩体的变形能力越强。支护结构在多个位置发生凸出，甚至脱落，尤其是在巷道交叉处。

（4）破坏范围较广：矿区主要包括各种硐室，如变电站、风机站、污水硐室、维修硐室等。上述巷道均经过多次变形和维修以维持使用，但有些段落无法修复，破坏发生在矿山的不同层次的大部分巷道中。

金川矿区的深部巷道处于高应力和应力变化的环境中，影响围岩和巷道支护结构稳定性的因素复杂且相互关联，采矿活动对其影响尤为显著。此外，地质构造导致的弱岩层形成以及高地热对支护结构的破坏效应也不可忽视。该区域的破坏原因总结如下：

（1）采矿因素的影响。爆破和大型机械的持续活动产生的动荷载改变了围岩的应力环境，影响了围岩结构和弱结构面，从而加速了巷道的变形和破坏。采矿活动导致压力分布发生变化，围岩在劣质岩层中的应力集中增加，使得支护结构的应力加大。重型机械对巷道底板的撞击也加剧了支护结构表面的破坏。

（2）岩体结构因素的影响。围岩多为劣质岩层，其结构可能为碎裂状、块状或多结构面，整体结构形式复杂，含有大量断层、破碎带及层间滑动面。弱结构面是围岩变形和稳定性的决定性因素，结构面强度是影响围岩失稳的主要参数。

（3）支护因素的影响。支护系统的初始强度和刚度较低，喷射混凝土层厚度不足，锚杆长度较短，无法深入稳定岩层。受大型采矿荷载和地压作用，支护结构被拉伸并开裂，锚杆松动或断裂，导致其强度下降。支护设计未充分考虑工程结构与围岩参数之间的关系，致使在大断面和宽破碎带的条件下强化措施效果不佳。

（4）地应力因素的影响。该区域巷道深度较大，原岩的初始应力非常高。通常在 300m 以下深度，岩石的水平方向最大主应力大于垂直方向。高地应力导致围岩变形加剧，且随时间推移，这一效应更加明显。巷道越深，岩石应力越高，围岩的位移越大，断面收敛变形更为明显，支护系统的破坏也更加严重。

7.6.3　深部巷道的支护系统数值建模

金川矿区的矿体形成过程中，高地应力、高温和地质构造起到了重要作用。当巷道施工深度增加时，填充材料的厚度显著增加，导致应力重分布，进而频繁引起巷道围岩的不稳定。在高地应力作用下，严重破碎的岩石可能产生蠕变。此外，水平应力通常为垂直应力的 1.5～2.0 倍，这进一步加剧了围岩的破坏。

目前，在较浅巷道中使用的支护系统主要包括喷射混凝土、钢筋网、锚杆和钢拱架等，且在深部巷道施工中也沿用了这种支护体系。此外，现浇混凝土也被应用于高结构应力区的巷道段。然而，在深部巷道中，这种支护体系无法满足需求，导致巷道维护周期缩短。施工进度因此受到延误，还会使维护费用显著增加。在深部围岩中，垂直和水平应力显著增加。这种软性支护系统的刚度和强度相对较低，无法抵抗围岩的变形。同时，该软性支护系统可能为严重破碎的岩石蠕变提供空间，进一步导致巷道的大幅度收敛变形和维护周期缩短。高地应力是支护系统失效的内部因素，而在深部巷道中采用软性支护系统是导致大幅变形收敛的主要原因。

金川矿区所采用的三种支护系统的刚度和强度从大到小依次为：双层混凝土与锚杆和钢筋网支护、钢拱架支护、现浇混凝土支护。开放支护系统的刚度和强度决定了支护系统的失效情况。这一结论可以解释为何不同支护系统的失效模式有所不同：对于现浇混凝土支护，失效通常发生在开口部分；对于双层混凝土与锚杆和钢筋网支护，失效通常发生在结构体以及支护系统的开口部分；对于钢拱架支护，结构失效或开口部分的失稳可能取决于应力特征。因此，通过安装锚杆或反拱来实现支护结构之间的直接连接，形成封闭支护系统的方式难以实现。应采取一些间接措施，形成在巷道开挖过程中干扰较小且具有足够刚度和强度的封闭支护系统，从而实现两帮底部的相互作用传递。根据上述设计思路以及水平钢结构的应用，课题组提出以锚杆支护为主，在巷道底部辅以安装水平钢管梁，以形成封闭支护系统。为了验证支护方案的可行性，采用有限元分析软件 ANSYS 建立了巷道模型，并将该模型导入 FLAC3D 进行数值分析，根据数值分析结果评估了该支护系统。

金川矿区的现场调查表明，巷道侧壁和顶板的围岩发生剥落，而底板钢板未出现大变形，锚杆端部的损伤尤为明显。相反，锚杆和围岩同时发生收敛，这表明锚杆在支护围岩方面几乎没有发挥作用。在旧的支护系统中，锚杆长度为 2.25m。结合支护系统的变形以及锚杆的破坏特性，可以初步得出结论：支护系统可能因锚杆长度不足而失效。基于这一假设，利用声波探测技术测量了开挖巷道的松动圈厚度（图 7-62）。测量结果显示，侧壁松动圈厚度大于顶板，这可能是由于高水平应力引起的。此外，松动圈的厚度大于锚杆的长度。基于这一测量结果，验证了支护系统因锚杆长度不足而失效的结论。

在巷道开挖过程中，随着距巷道轴线距离的增加，围岩可以分为破碎带、松散带和稳定带，破碎带和松散带统称为松动圈。为了避免应力向巷道内部释放及松动圈的扩大，基于松动圈支护理论，建议在开挖后立即对围岩进行支护。松动圈的测量结果表明，当声波探测孔深度达到 2.8m 时，声波信号变得不稳定，表明该巷道的松动圈厚度比新开挖的巷道要厚。因此，可以得出结论：松动圈会随着时间的推移而膨胀。

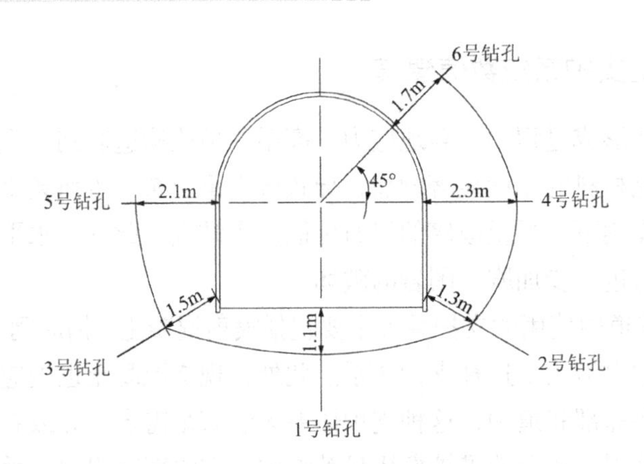

图 7-62　松动圈示意图（Du 等，2017）

为了评估松动圈对支护系统的影响，并分析围岩塑性区的扩展规律，本数值模拟采用了以下假设：

（1）岩体为各向同性的连续介质，遵循 Mohr-Coulomb 强度准则。

（2）锚杆的径向和周向间距均为 0.8m。

（3）锚杆为完全锚固状态。

（4）内衬作用于巷道的直墙和拱部，由喷射混凝土和钢拱架组成，作为整体进行作用。

数值模型的力学参数见表 7-1。

数值模型力学参数（Do，2018）　　**表 7-1**

	弹性模量/GPa	泊松比	抗拉强度	黏聚力/MPa	内摩擦角/°
岩体	2.471	0.273	1.8MPa	4.856	31.3
钢拱架	220	0.26	235MPa	—	—
喷射混凝土	30	0.2	2.25MPa	4.61	46
锚杆	210	0.28	2×10^5N	—	—
钢管梁	206	0.28	235MPa	—	—

7.6.4　旧支护系统评估

数值模拟针对旧支护系统和新提出的支护系统在巷道变形、应力演变及塑性区分布等方面的特性进行分析。图 7-63 展示了旧支护系统，包括双层喷射混凝土、钢筋网和锚杆，以及钢拱架。该支护系统在浅层矿区表现良好，但由于深层矿区的高地应力，导致严重的底板隆起（图 7-64）。

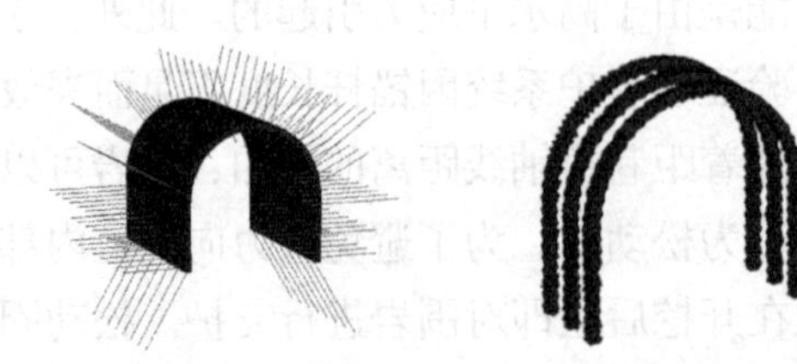

(a) 双层喷射混凝土、钢筋网和锚杆　　(b) 钢拱架

图 7-63　旧支护系统（Do，2018）

图 7-64 旧支护系统中的底板隆起（Do，2018）

开挖后，围岩中的应力可能重新分布，导致不同程度的应力集中。图 7-65 展示了水平应力和垂直应力的演变。在 FLAC3D 中，拉伸应力为正值，压缩应力为负值。开挖后，由于底板未得到适当支撑，形成了一个应力释放区。在巷道的肋部出现了两个拉伸集中区，这些拉伸集中可能是由于高垂直应力引起的。相反，在巷道顶板，由于拱架、锚杆、喷射混凝土和钢筋网在水平方向上提供了充分支撑，形成了一个高度压缩区。以上现象有效验证了现场典型的顶板失效情况（图 7-66）。

当步骤增加到 500 和 750 时，肋部的应力释放区显著扩大，而底板的应力释放区受到约束，并向浅层顶板传播。换句话说，底板的水平压缩应力增加。此外，在巷道底角出现了两个高度压缩区，且压缩应力集中逐渐增强。由此推断，水平方向的压缩应力集中在支撑的顶板和底角，而拉伸应力集中可能出现在肋部和底板。

(a) 第 250 步

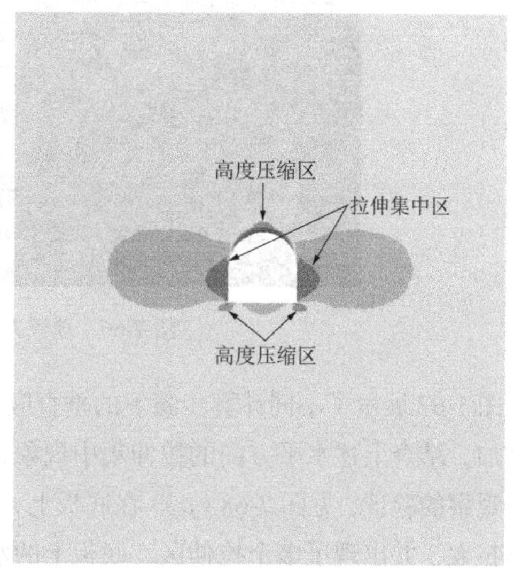

(b) 第 500 步

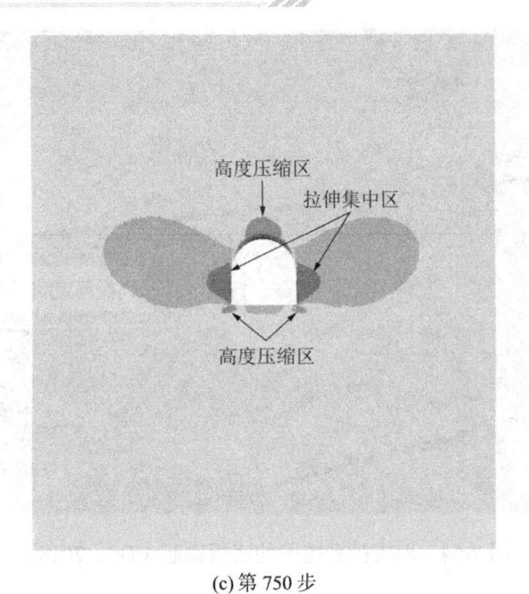

(c)第 750 步

图 7-65　水平应力等值线示意图（Do，2018）

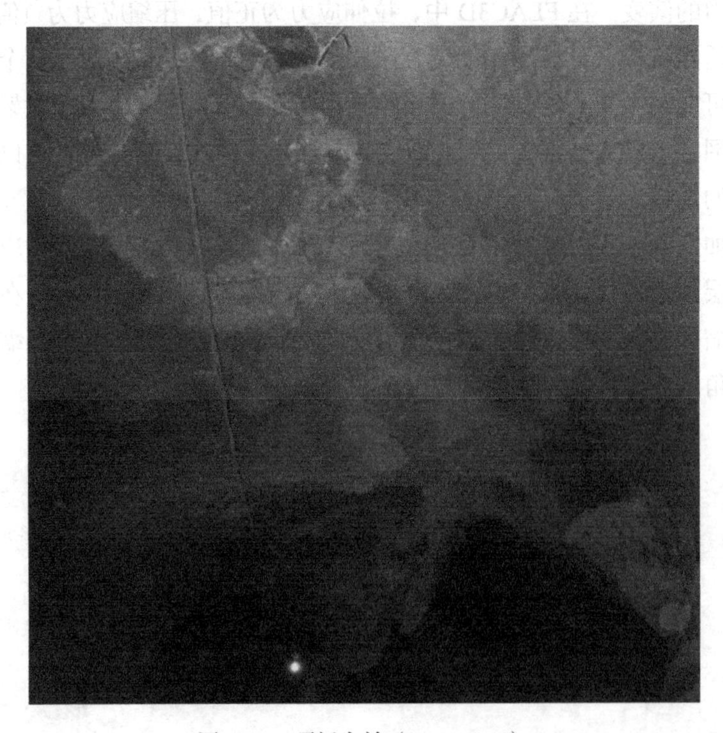

图 7-66　顶板失效（Do，2018）

图 7-67 展示了不同计算步骤下的垂直应力等值线。在巷道的肋部，垂直方向的压缩显著增加。结合上述水平方向的拉伸集中现象，可推测肋部可能发生断裂。这一推测得到了现场观察的验证，见图 7-68（a）。在底板上，随着计算步骤增加到 750，底板的应力释放区显著扩大，并出现了多个拉伸区。底板上的水平压缩增加有效验证了现场严重的底板隆起现象，见图 7-68（b）。

(a) 第 250 步

(b) 第 500 步

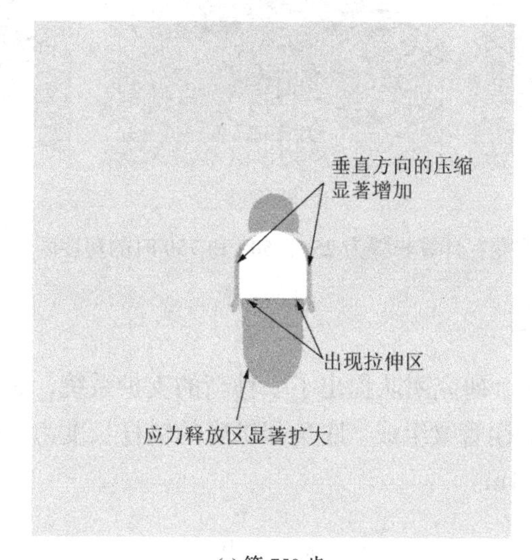

(c) 第 750 步

图 7-67　垂直应力等值线示意图（Do，2018）

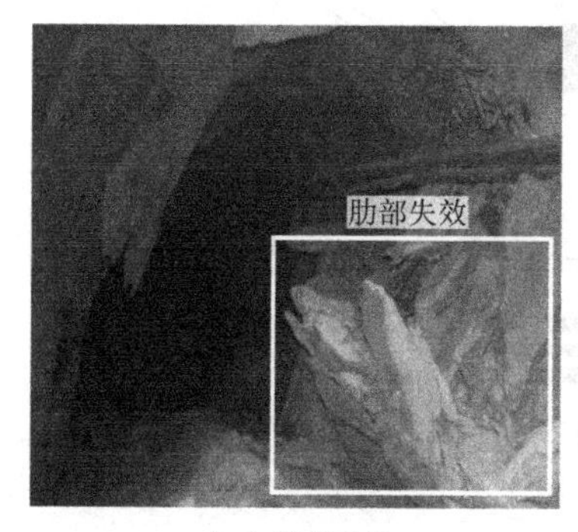

（a）肋部失效

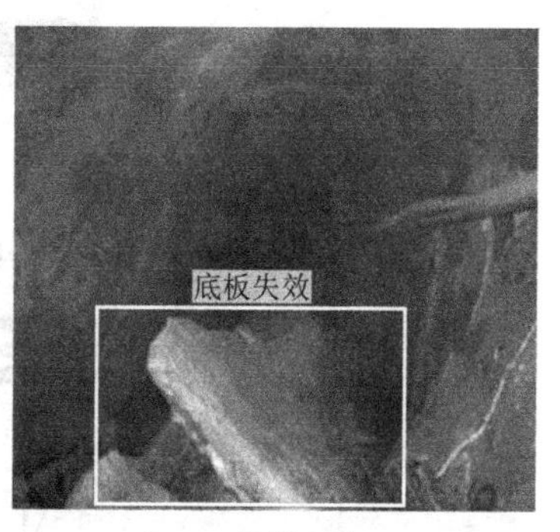

(b) 底板失效

图 7-68　典型的肋部和底板失效（Du 等，2017）

塑性区的演变可以揭示旧支护系统的支护机制。如图 7-69 所示，由于高水平应力，底板发生了严重的失效。在支护系统后方的围岩中出现了一些小的塑性区。随着计算步骤增加到 500，由于垂直方向的压缩应力和水平方向的拉伸应力集中，肋部的失效区显著扩展。此外，由于压缩应力集中，底角处出现了两个失效区。塑性区的范围部分超过了锚杆长度，且一些塑性区出现在内衬中，即支护系统部分失效。当计算步骤进一步增加到 750 时，塑性区持续增加。肋部的锚杆完全被塑性区包围，因此失去了支撑能力；内衬中的塑性区显著扩展，整个支护系统无法有效工作。

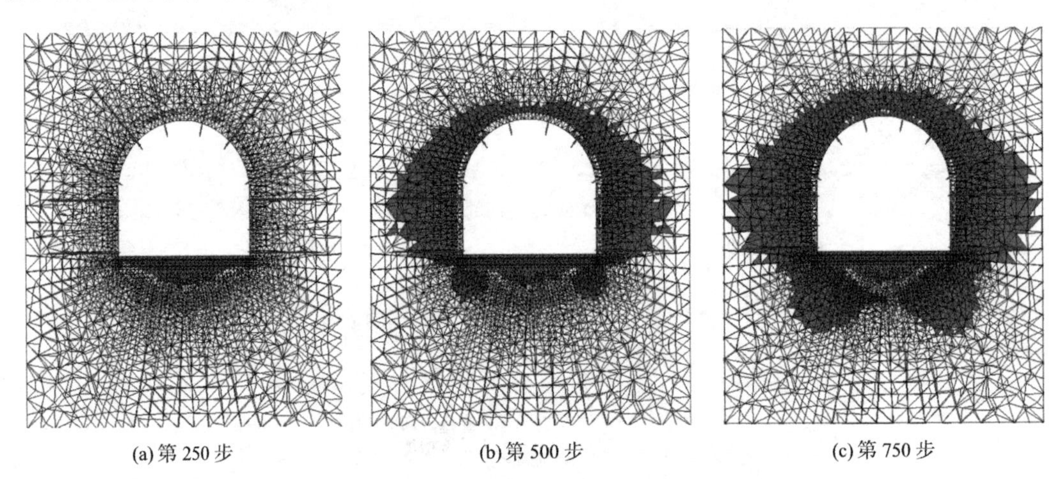

(a) 第 250 步　　(b) 第 500 步　　(c) 第 750 步

图 7-69　塑性区演变：计算步骤为 250、500 和 750 时的塑性区分布（Do，2018）

7.6.5　新支护系统评估

为了控制巷道的收敛，研究团队提出了一种新的支护系统，如图 7-70 所示，该系统由长短组合锚杆和底板上的钢管梁组成。底角和拱肩的锚杆长度为 3.5m，而其他锚杆长度为 2.25m，钢管梁的间距为 1m。

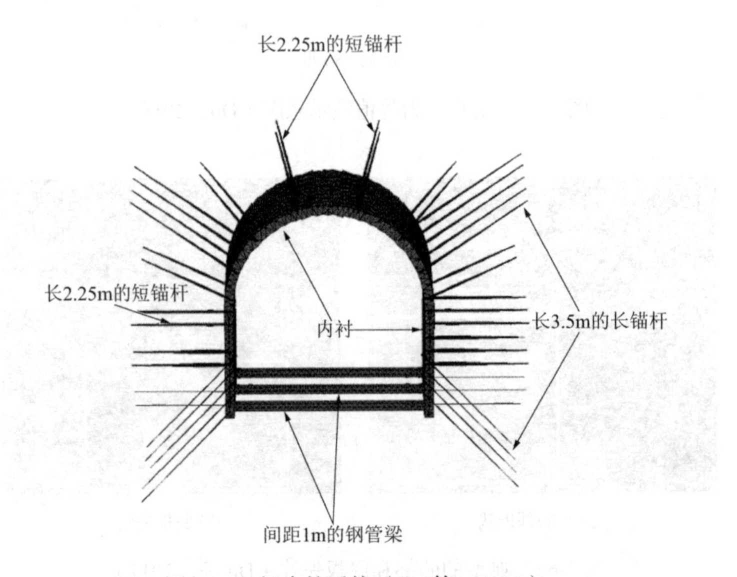

图 7-70　新支护系统（Du 等，2017）

图 7-71 展示了安装长锚杆和钢管梁时的典型水平应力等值线，结果显示顶板拱部的水平压缩集中得到了有效控制，底板上的应力释放也得到了抑制；表明新支护系统的设计有助于减少顶板和底板的失效现象。采用新支护系统的肋部围岩呈现压缩状态而非部分拉伸，这种水平方向的压缩在一定程度上抑制了肋部的断裂。

(a) 第 250 步

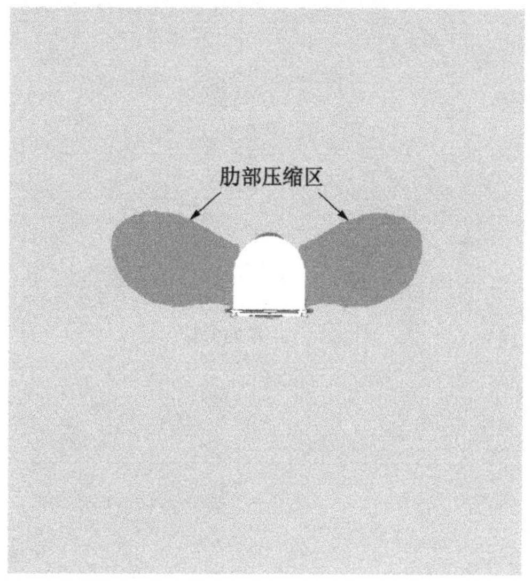

(b) 第 500 步

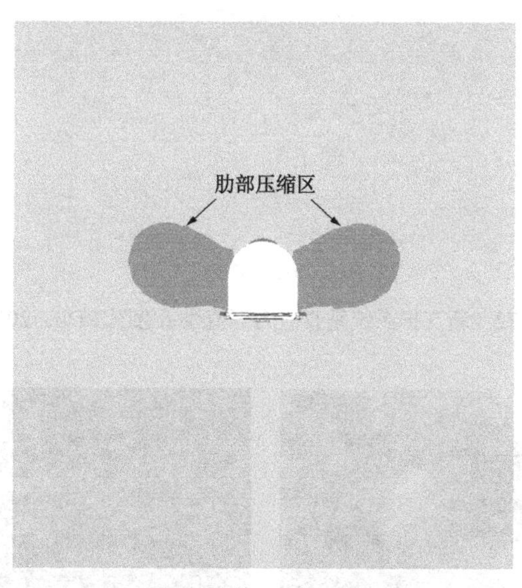

(c) 第 750 步

图 7-71　新支护系统水平应力等值线示意图（Do，2018）

图 7-72 展示了垂直应力等值线，安装的长锚杆和钢管梁减轻了内衬上的压缩应力集中，肋部的失效也得到了相应的抑制。安装的长锚杆和钢管梁可以抑制巷道周围的不利应力传播，从而在一定程度上控制巷道变形。这一推测得到了图 7-73 中现场观察的验证。

(a) 第 250 步

(b) 第 500 步

(c) 第 750 步

图 7-72 新支护系统垂直应力等值线示意图（Do，2018）

(a) 钢拱架、喷射混凝土和短锚杆支撑的巷道

(b) 新支护系统支撑的巷道

图 7-73 不同支护系统下的底板隆起（Du 等，2017）

图 7-74 展示了塑性区的演变情况。与旧支护系统中的塑性区分布相比，新支护系统的围岩失效首先发生在肋部，而非底板。这一差异可能是由钢管梁的水平支撑效应限制了底板上的水平压缩而造成的。随着计算步长的增加，肋部和拱部的塑性区逐渐发展。然而，底板上的塑性区略有增加。如图 7-74（c）所示，锚杆的外端位于完整的岩石中。因此，这些锚杆能够提供足够的拉力，限制围岩的变形。此外，仅有少数内衬和钢管梁部分失效。因此，现有支护系统仍能有效运行。综上所述，新支护系统能够有效地限制塑性区的发展，且该支护系统在高地应力条件下仍能保持稳定。

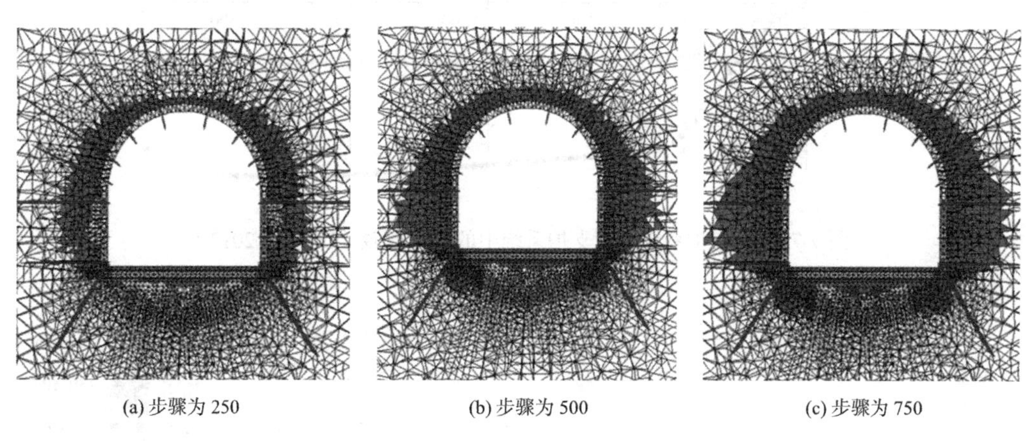

(a) 步骤为 250　　(b) 步骤为 500　　(c) 步骤为 750

图 7-74　新支护系统塑性区演变（Do，2018）

7.6.6　新旧支护系统的比较

为了确保巷道运输的安全，应严格控制巷道收敛（主要包括肋部收敛、顶板下沉和底板隆起）。因此，监测侧肋的位移以测量肋部的收敛情况。顶板下沉和底板隆起通过监测顶板和底板中点的垂直位移进行测量。

图 7-75 展示了旧支护系统和新支护系统中肋部的水平位移。在旧支护系统中，肋部收敛的初始阶段（阶段 A）持续了近 700 步，肋部的水平位移超过了 300mm。在随后的稳定变形阶段（阶段 B）中，变形速率减小，持续时间为 1300 步，阶段末的位移略微增加至 352mm。在新支护系统中，观察到了类似的收敛趋势。然而，收敛减少了超过 50%，阶段 A′和阶段 B′的持续时间仅为 1355 步。以上收敛值和变形持续时间的减少表明，新支护系统能够更有效、更迅速地控制肋部收敛，这可以归因为短锚杆和长锚杆的良好支护功能。在新支护系统中安装了钢管梁。图 7-76 显示，钢管梁的末端集中有压缩应力，而中部则集中有拉伸应力。这一现象表明，钢管梁施加的抗力有助于限制肋部收敛。此外，钢管梁中部的拉伸应力集中可能部分源于底板隆起。

图 7-77 展示了顶板和底板中点的垂直位移。在旧支护系统中，巷道截面的最大顶板下沉和底板隆起分别达到近 300mm 和 400mm；而在新支护系统中，相应地值降至 50mm 和 172mm。这些显著的下降表明，长锚杆和钢管梁的添加有效地限制了垂直方向上的变形，在变形持续时间的计算步骤中也观察到了类似的趋势。

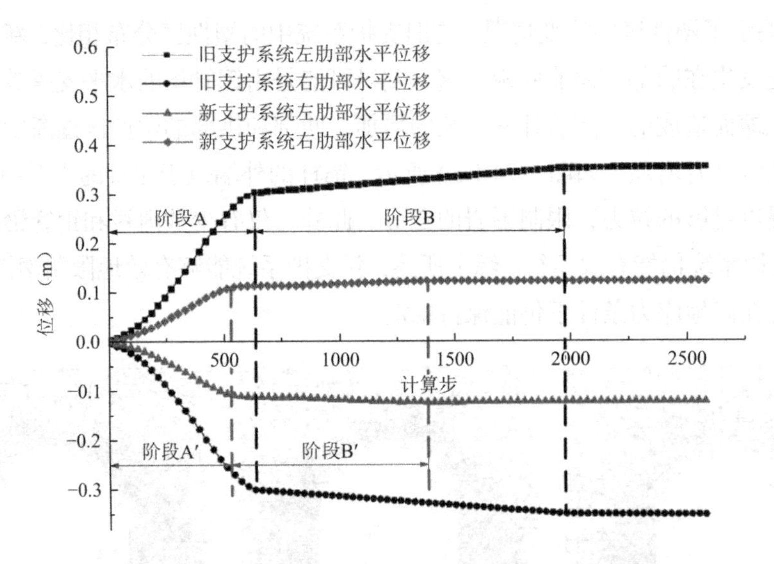

图 7-75　旧支护系统和新支护系统中的肋部收敛（Du 等，2017）

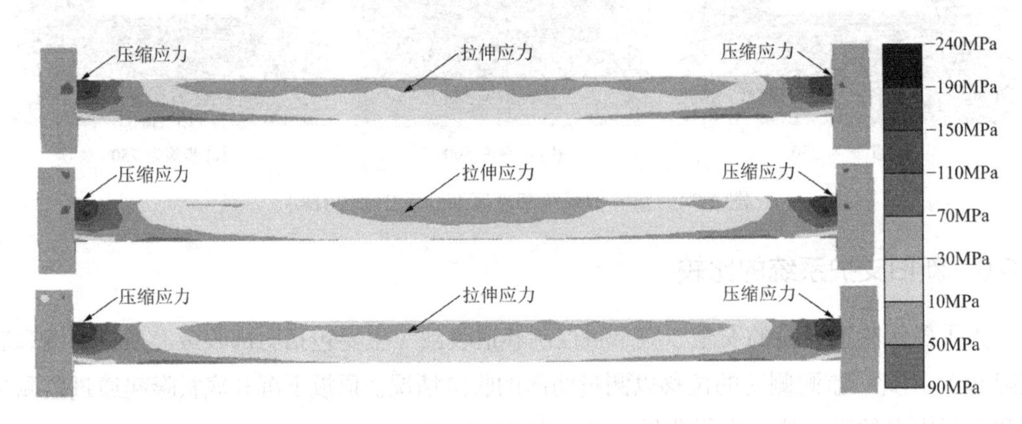

图 7-76　钢管梁上的水平应力（Du 等，2017）

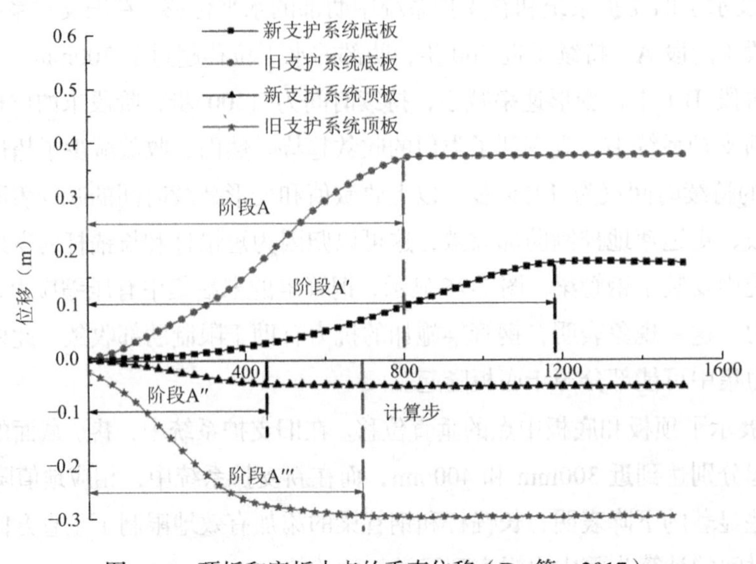

图 7-77　顶板和底板中点的垂直位移（Du 等，2017）

7.6.7　支护方案的现场测试

1. 支护系统设计

对围岩稳定性影响的数值分析结果表明，结合长锚杆、短锚杆、钢筋网和底梁的支护结构效果良好。然而，为了满足现场施工条件，也对该支护结构的一些细节进行了调整，如图 7-78 所示。

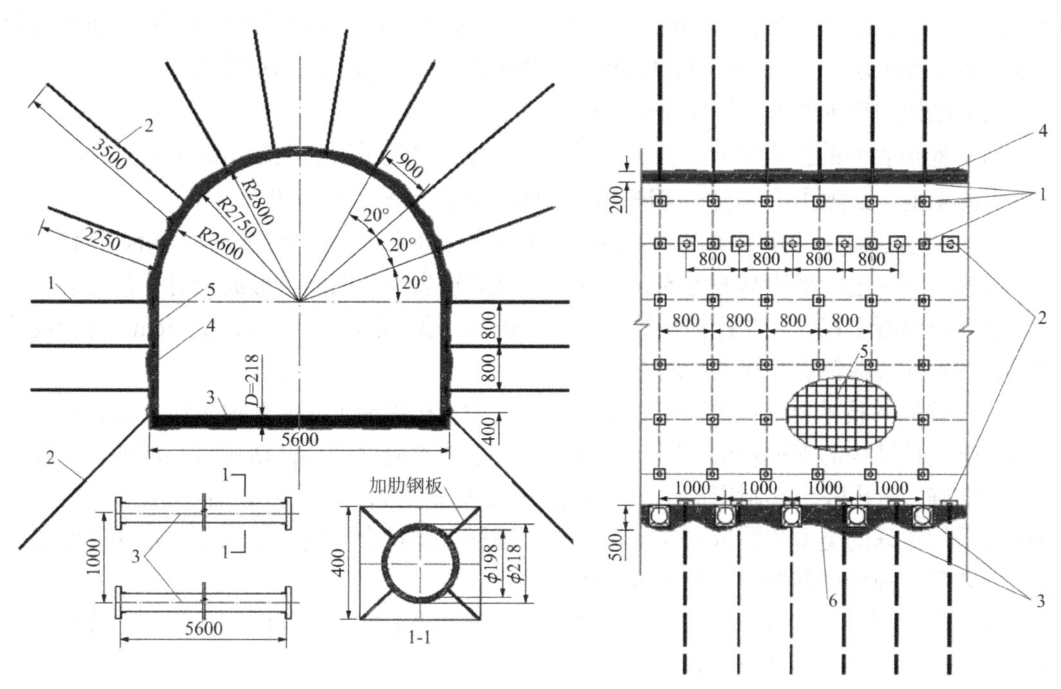

图 7-78　支护系统设计图（Do，2018）

1—短锚杆；2—长锚杆；3—钢管梁；4—喷射混凝土；5—钢筋网；6—底部混凝土

2. 支护结构技术参数及技术要求

根据图 7-78 中的支护系统设计图，支护结构包括长锚杆、短锚杆、钢筋网、喷射混凝土和钢管梁，其技术参数具体描述如下：

（1）短锚杆参数：短锚杆主体由直径 25mm 的钢筋制成，长度为 $l = 2250$mm；锚孔直径选择 32mm；锚固形式为全长锚固。短锚杆排间距约为 700～800mm，锚杆在排中的间距为 800mm。锚板尺寸为 200mm × 200mm × 10mm。使用的锚固材料为塑料树脂锚固剂 MSCKa2840。

（2）长锚杆参数：长锚杆主体由直径 25mm 的钢筋制成，长度为 $l = 3500$mm；锚孔直径选择 32mm；锚固形式为全长锚固。长锚杆排间距为 800mm。锚板尺寸为 300mm × 300mm × 25mm。长锚杆的安装角度如下：拱顶约 90°，拱肩约 45°；墙面侧约 0°。特别地，将锚杆安装在巷道墙面脚部，其位置距离巷道底部约 15cm，并向外下倾约 45°。使用的锚固材料为塑料树脂锚固剂 MSK2840。

（3）喷射混凝土层参数：喷射混凝土强度等级为C25，骨料尺寸为0.5～1.0cm。喷射混凝土分两层喷射，第一层的平均厚度为5cm，足以形成相对平整的巷道表面；第二层厚度约为15cm，喷射在钢筋网安装后进行，两层喷射间隔的时间为4～6周。

（4）钢筋网参数：钢筋网材料为ϕ6.5mm的钢筋，网孔尺寸为150mm × 150mm。钢筋网采用热焊接工艺加工，每个网格的尺寸为1.2m × 2.1m。

（5）钢管梁（底梁）参数：底梁材料为碳钢，屈服强度为235MPa，稳定系数为0.88，轴向承载能力为1900kN，长度为4.5m，外径为219mm，壁厚为16mm。钢管梁两端焊接有矩形钢板，钢板尺寸为400mm × 400mm × 30mm。为增强钢管梁的承载能力和稳定性，钢板与管的接合部焊接有肋条。钢管单位长度的质量约为80kg/m，长度与巷道底宽度一致。

支护结构的技术要求具体描述如下：

（1）巷道表面的技术要求：巷道表面的粗糙程度决定了喷射混凝土的附着力，因此在喷射混凝土前，必须用压缩空气清理表面，对凸起部分进行锤击破碎。

（2）喷射混凝土的技术要求：除了确保材料质量达标外，还必须选择适当的喷射方式。第一层喷射混凝土的平均厚度为5cm，确保填充巷道表面的凹陷，形成相对平整的表面。第二层喷射混凝土在安装锚杆和悬挂钢筋网后进行，第二层的平均厚度为15cm，符合设计要求，并确保覆盖钢筋网和锚杆尾部。

（3）锚固的技术要求：锚固和底梁安装是支护结构中最重要的两项工作。锚固的质量直接影响支护结构的支护效果。因此，锚固必须按技术流程进行；钻孔时必须确保位置和长度的准确；钻孔后，必须用压缩空气清理锚孔；树脂锚固剂的注入必须采用正确的技术，并确保采用正确的类型和数量；安装在孔中的锚杆必须符合长度、直径和完整性的要求；锚杆安装后，锚杆尾部的钢板必须紧贴巷道表面。

（4）钢筋网悬挂的技术要求：钢筋网必须紧贴巷道表面；相邻网格面板的重叠长度至少为20cm，并固定到锚杆尾部。

（5）底梁安装的技术要求：底梁安装质量的好坏直接影响工程建设的成败。因此，在施工过程中，必须满足的技术要求包括：钢管梁的加工规格必须符合设计要求，其中钢管梁的长度应与巷道断面宽度一致；梁的安装槽应按照设计进行开挖，确保槽的宽度、深度和间距准确；安装梁后，安装槽必须用小粒土填充并夯实；梁头与巷道侧壁脚部之间的缝隙必须用混凝土填充。

为测试支护结构的可行性，在现场进行了测试施工，见图7-79。

(a) 锚固措施

(b) 锚固监测

(c) 底梁施工

图 7-79　巷道断面测试施工照片（Do，2018）

3. 支护结构监测

为了准确评估锚杆和底梁对巷道稳定性的影响，需要对巷道周围岩体的变形进行长期监测。该监测涵盖巷道断面的顶板、侧壁及底部。

1）监测点的确定

为了提高测量的准确性，将监测点设置在支护系统的锚杆尾部［图 7-80（c）］。在喷射第二层混凝土之前，需要采用多种方法覆盖监测点，以防其被混凝土遮挡，从而使其在监测过程中可以多次使用。选择了 10 个监测点，左侧 5 个点，从 L_{i0} 到 L_{i4}，右侧 5 个点，从 R_{i0} 到 R_{i4}［图 7-80（a）、（b）］。监测截面之间的距离为 1.6m，相当于锚杆排间距的两倍。现场总共有 7 个监测截面（即 $i=1$～7）。

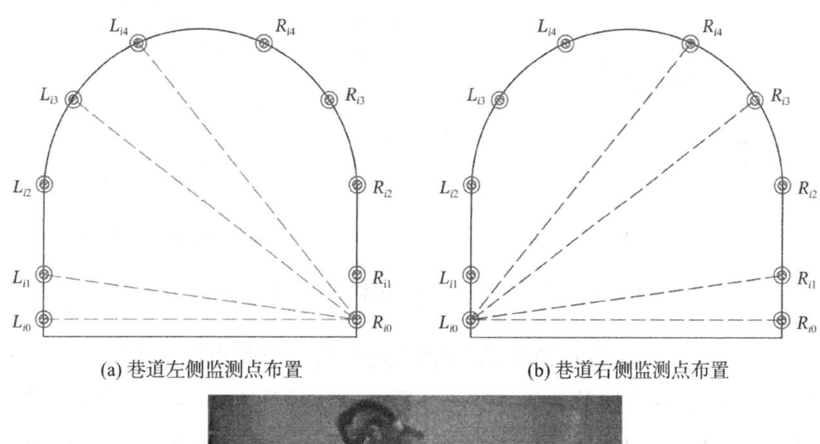

(a) 巷道左侧监测点布置　　(b) 巷道右侧监测点布置

(c) 监测点照片

图 7-80　巷道边界变形监测点布置图（Do，2018）

2）监测结果分析

（1）巷道边界变形分析

在现场测量过程中，对每个监测点进行了多次测量，以消除随机误差，将测得的数据编制并存储在计算机软件中，作为确定巷道边界位移的基础数据。每个截面的初始位移被确定为第二层喷射混凝土完成时监测点的位移。我们假设该值为 0。两次连续测量之间的时间间隔为 2d。每次测量后的巷道边界位移值由该测量与第一次测量的平均距离差（ΔR 和 ΔL）确定。

图 7-81 显示了监测点累计位移的关系，其中 ΔL_i 和 ΔR_i 分别表示断面 i 左侧和右侧监测点的位移值。从图中可以看出，施工完成后的监测点累计变形呈现随时间增加的趋势。由于巷道的埋深较大，岩体中的水平压力非常高。因此，在这种压力的作用下，巷道的变形在支护设置后继续增加。同时，变形的增加趋势趋于减缓，但在 60d 内变形并没有停止。监测截面的平均位移值并不大，仅约为 20～30mm。因此，由于支护结构的支撑作用，试验巷道段的变形相比于采用其他方法支护的巷道段大大减少。然而，试验支护结构并没有采用预应力锚杆和高强度喷射混凝土，因此在短时间内未能充分发挥其承载能力，导致巷道变形进一步发展。

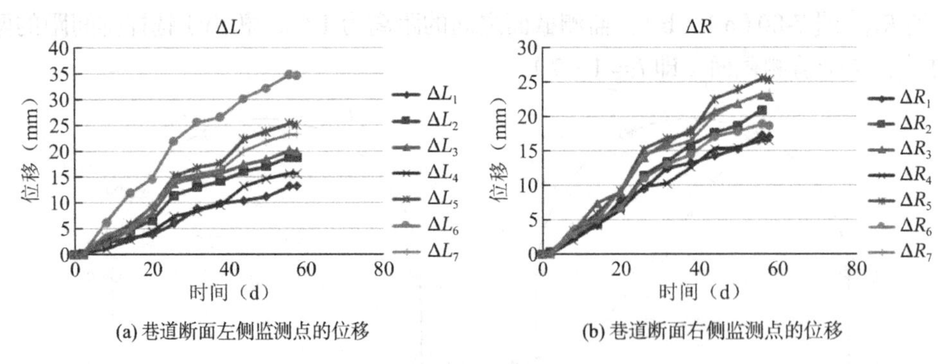

(a) 巷道断面左侧监测点的位移　　(b) 巷道断面右侧监测点的位移

图 7-81　巷道边界监测点位移图（Do，2018）

图 7-82（a）显示了 58d 后巷道左侧每个监测断面中监测点的位移情况。总体上，巷道空间的位移相对稳定，最小位移约为 25mm，最大位移约为 85mm，分别位于第 6 个监测断面的拱顶和巷道脚部。可以看出，巷道段的局部变形不大，经过约 2 个月的试验，最大变形小于 10cm，可以得出巷道相对稳定的评估结论。这表明沿巷道长度方向的压力特性变化较大，其原因是岩体的不稳定性和采矿活动的影响。

图 7-82（b）显示了 58d 后巷道右侧每个监测断面中监测点的位移情况。总体上，巷道空间的位移相对稳定，最小位移约为 30mm，发生在 R_{45} 位置，即第 4 个监测断面右侧的拱顶位置；最大位移点为 R_{70} 和 R_{72}，位移值约为 75mm，分别位于第 7 个监测断面的巷道脚部和拱顶。可以看出，巷道段的局部变形不大。L_{i4} 和 R_{i4} 的变形相对较大，这表明在试验巷道段中，拱顶的岩体压力不稳定，压力的大小和方向不断变化。巨大的压力导致巷道边界的变形在多个位置增加。

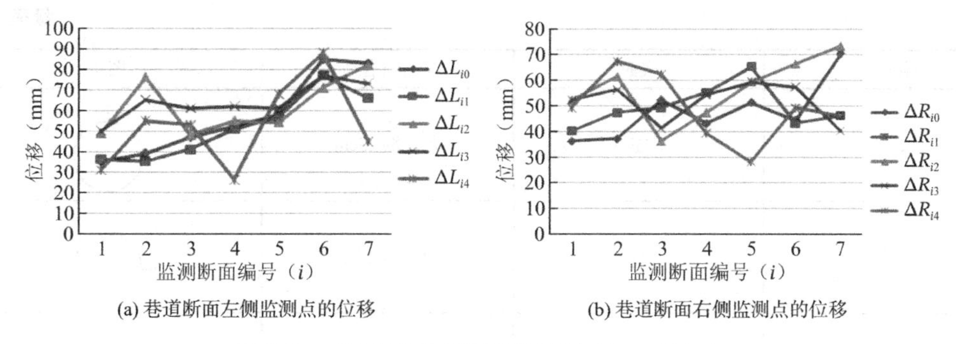

(a) 巷道断面左侧监测点的位移　　(b) 巷道断面右侧监测点的位移

图 7-82　58d 后的监测断面位移图（Do，2018）

图 7-83 显示了第 3 断面监测点在 1d、120d 和 150d 后的相对坐标。由图可见，监测点的位置变化不大，120d 和 150d 时监测点的位置几乎重合。可以看出，在此期间，巷道边界保持稳定，支护结构的强度得到了充分发挥。120d 时监测点的位置比 1d 更接近巷道中心，这表明巷道的变形趋于收敛，巷道截面的面积有缩小的趋势。除了 L_{34} 位置（拱顶右侧）外，其余监测点倾向于向外移动。因此，可以发现巷道周围的压力是不对称的，巷道边界上的一些区域压力集中，容易形成拉伸应力区域，可能导致支护结构的局部裂缝和损坏。

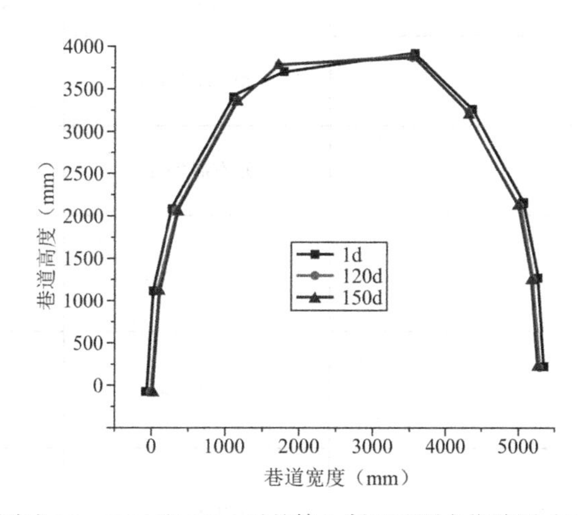

图 7-83　测试 1d、120d 和 150d 后的第 3 断面监测点位移图（Do，2018）

（2）巷道底部变形分析

为监测支护结构中底梁的变形，在安装钢管梁之前，需要将应变计附着在梁上，如图 7-84 所示。这些应变计将帮助我们在支护结构的工作过程中确定梁的曲率值。应变计的位置如表 7-2 所示。

钢管梁应变计安装位置（Do，2018）　　**表 7-2**

梁编号	表面	应变计位置	图示
1 号	左	距左端 30cm 中间	1, 2, 3; 5, 6, 7, 8

续表

梁编号	表面	应变计位置	图示
2号	左	距左端 25cm	1 4 2 3
3号	右	距右端 25cm	1 4 2 3
4号	左	距左端 25cm 中间	1 4 3 2　5 8 7 6
5号	右	距右端 25cm 中间	1 4 3 2　5 8 7 6
6号	右	距右端 25cm	1 4 2 3
7号	左	距左端 25cm 中间	2 3 1 4　6 7 5 8
8号	左	距左端 25cm	2 3 1 4
9号	右	距右端 25cm	2 3 1 4
10号	左	距左端 20cm	1 4 3 2
11号	右	距右端 20cm	3 2 4 1 5
12号	左	距左端 20cm	1 4 2 3

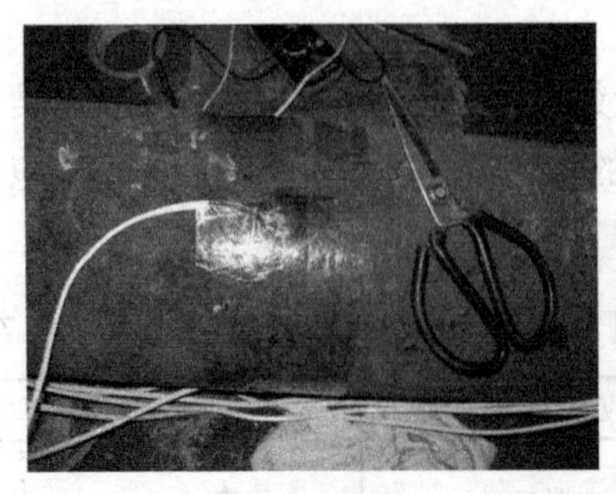

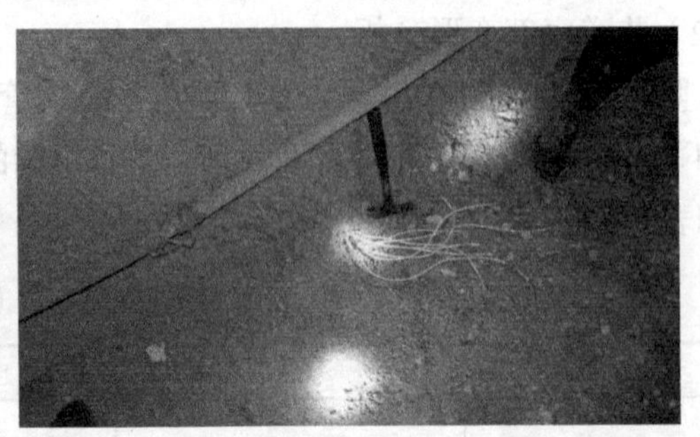

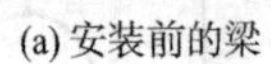

(a) 安装前的梁　(b) 安装后的梁

图 7-84　在底梁上安装应变计（Do，2018）

此外，根据现场测量结果，巷道底鼓得到了有效控制，钢管梁的支护效果良好。具体观察从腰部到底梁两端及中心点的距离（*H*），可以看到底梁中心的 *H* 值总是略小。这表明梁向上弯曲，说明巷道存在底鼓，且底梁的抗弯和抗压强度起到了作用。观察钢管梁到腰部的平均距离（*H*）的变化，显示该值变化不大。经过 120d 的测试，这一值平均仅约为 90mm；最大值出现在 12 号梁，达到 110mm；最小值出现在 10 号梁，仅为 30mm。这表明巷道底鼓的范围较小，不会对巷道中的生产造成影响（图 7-85）。

图 7-85　巷道在 120d 测试后未出现明显的底鼓（Do，2018）

4. 结论

本研究采用包括长锚杆、短锚杆、钢筋网、喷射混凝土和底梁相互结合的新型支护结构，并在实际工程现场进行了支护测试。在试验过程中，按照技术流程进行巷道支护施工，并进行了持续的监测。现场数据分析结果表明，新型支护结构可提供良好的支护效果，采用该支护结构的巷道段变形和底板隆起都不大；经过超过 120d 的测试，最大位移位置变形量也小于 10cm；底梁有效地控制了底板隆起。根据上述试验结果，这种新型支护结构对于压力大、变形大和底板隆起严重的深部巷道是有效的，可以将其应用于地质条件与金川地区 2 号矿相似的巷道中。

7.7　倾斜地层巷道围岩支护稳定性分析

Li 等（2024）针对倾斜地层中巷道围岩发生严重变形与破坏时的围岩支护进行了详细研究，采用锚杆拉剪破坏数值模型分析锚杆破坏行为及围岩力学响应，并探讨了不同因素对锚杆破坏的影响。通过开发锚杆拉剪屈服与断裂修正程序进行数值模拟，研究锚杆的破坏行为及围岩的力学响应，相关研究可为倾斜地层巷道的变形与稳定控制提供参考。

研究的巷道位于山东龙口某煤矿，煤矿的平均开采深度为 600m，主要开采 1 号、2 号和 4 号煤层。其中，4 号煤层的平均厚度为 7m，倾角约为 20°。在某些区域，地层的倾角超过 20°，属于典型的倾斜地层。上、下煤层分别为砂质泥岩和油页岩，煤层与砂质泥岩的交界处有明显的滑移现象。使用SVIC（正弦黏性和瞬时应变修正）蠕变模型模拟围岩的流变特性。

根据现场应力测试，巷道所在地层的垂直地应力为10MPa，最大水平主应力为14.5MPa，最小主应力为10MPa，最大主应力的方向与巷道方向基本一致。煤矿巷道采用锚杆和钢拱架的组合支护方式，锚杆的间距分别为650mm和800mm，钢拱架的型号为U36。根据现场监测和调查结果，在这种支护条件下，锚杆频繁发生破坏，巷道变形严重。此外，锚杆的破坏多发生在煤岩交界处，呈现出S形断裂或平断特征。钢拱架的屈曲变形和破坏给工程施工带来了危险和不便。支护方案及现场破坏情况如图7-86所示。

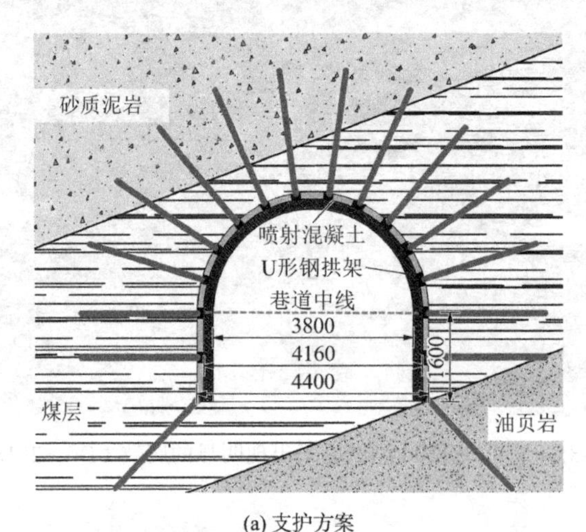

(a) 支护方案

(b) 岩石锚杆剪切破坏

(c) 拱架变形

图7-86　支护方案与现场破坏情况（Li等，2024）

基于地质勘探报告的结果优化并建立了数值模拟模型。为避免尺寸效应的影响，围岩的尺寸取为巷道跨度的四倍。模型的总尺寸为40m × 40m × 0.8m（宽×高×厚）。巷道的断面形状为直墙半圆形钢拱架，其中直墙的高度为1.6m，半圆形钢拱架的半径为2.2m。数值模拟模型的巷道断面及支护情况如图7-87所示。底面的位移在各个方向上受到约束，顶面不设置位移约束，但施加了相应的上部地层地应力。其他四个表面的法向位移受到约束。围岩分为三层，依次为砂质泥岩、煤层和油页岩，倾角为20°。

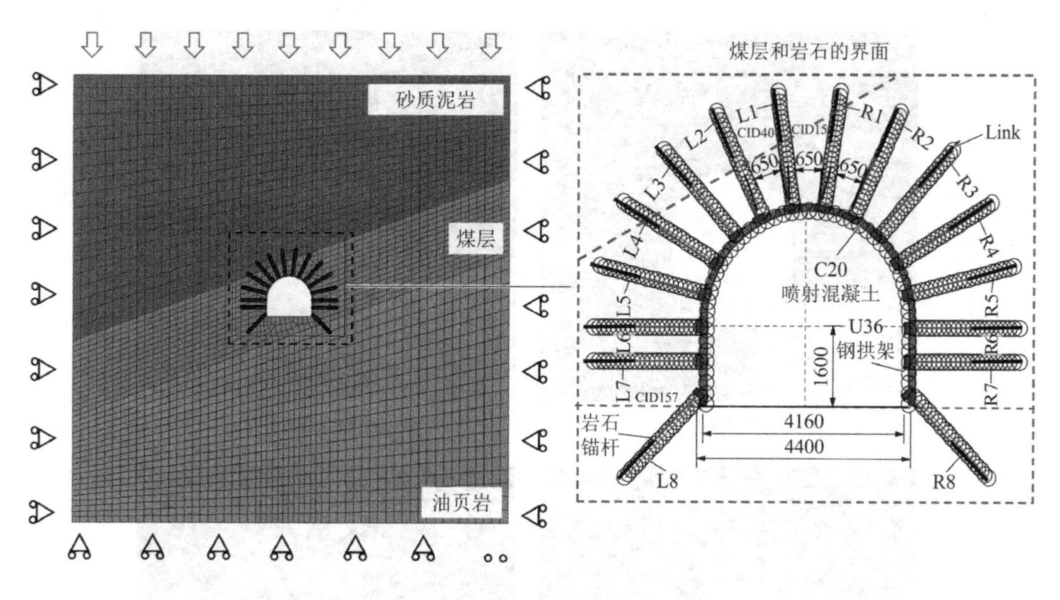

图 7-87　数值模拟模型（Li 等，2024）

为满足实际工程需求，该研究采用了桩单元拉剪屈服与断裂修正模型，如图 7-88 所示，其中 a 为拉伸模型，b 为剪切模型。当锚杆的剪力和轴力满足屈服条件时，锚杆进入屈服阶段，锚杆继续承受拉剪作用。当锚杆的伸长量达到破坏条件时，锚杆发生破坏。拉伸力学和剪切力学模型均分为三个阶段：①在弹性阶段，随着应变的发展，锚杆的内力和应变呈线性增加；②在塑性阶段，当内力达到屈服条件时，锚杆进入屈服阶段，随着应变的发展，锚杆的剪力和轴力不再变化；③在破坏阶段，当应变达到预设的应变值时，锚杆的内力降为 0，进入破坏阶段。

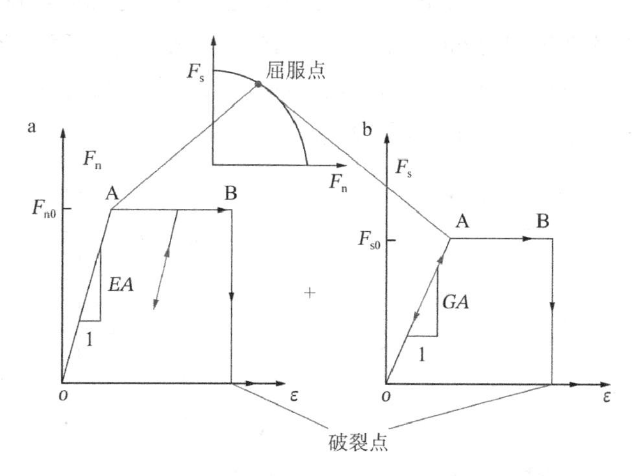

图 7-88　锚杆拉剪屈服与破坏修正模型（Li 等，2024）

锚杆的破坏结果如图 7-89 所示，数字代表锚杆的破坏顺序。从图中可以看出，由于倾斜地层中煤岩界面的滑移作用，锚杆通过界面时受到剪切作用，表现出明显的拉剪破坏特征。

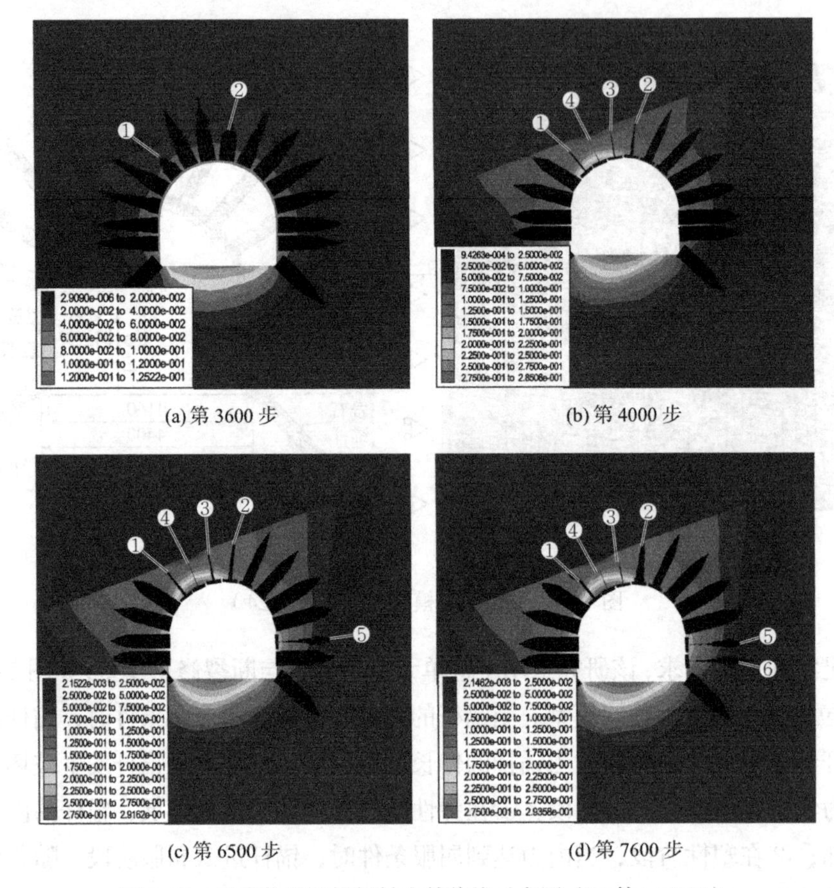

图 7-89　围岩位移及锚杆轴力等值线示意图（Li 等，2024）

如图 7-90 所示，锚杆 5 和 6 在底面受力显著，呈现拉伸弯曲破坏特性；锚杆 1 和 2 首先断裂，锚杆与界面的夹角约为 60°；锚杆 3 随后断裂，夹角约为 75°；随后，锚杆 4 断裂，夹角约为 90°。这表明锚杆与界面的夹角影响了锚杆的作用效果，随着夹角的减小，锚杆的作用减弱，最终锚杆 5 和 6 在巷道拱腰处断裂。

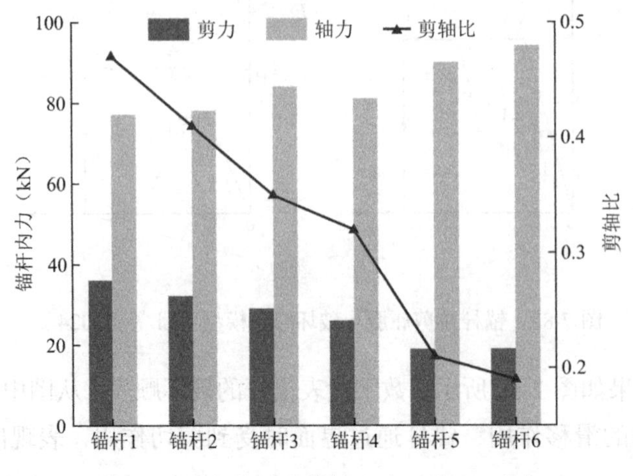

图 7-90　锚杆内力及剪轴比（Li 等，2024）

不同时间点的锚杆元件位移分析如图 7-91 所示，靠近界面的锚杆随着周围岩体的滑移受到剪切作用。在约 7600 步时，界面处的锚杆基本断裂，表现为 S 形断裂或平断裂。随着角度的减小，S 形断裂加剧。断裂位置的最大位移为 250.2mm，这与工程实例中的锚杆断裂形态一致。

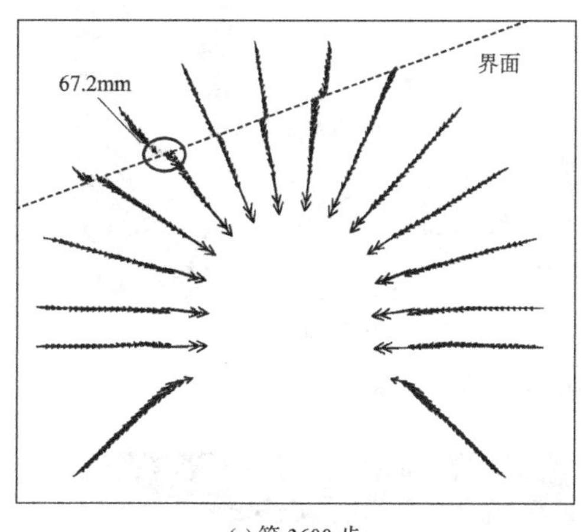

(a) 第 3600 步

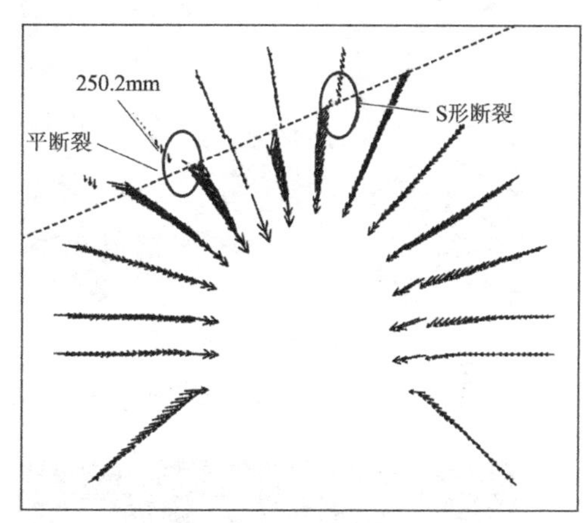

(b) 第 7600 步

图 7-91　锚杆单元位移（Li 等，2024）

周围岩体的最大主应力等值线如图 7-92 所示。在 3600～4000 步期间，拱顶和拱腰处的锚杆开始断裂，此时拱顶和拱腰处周围岩体的应力也开始下降。拱腰处的应力在锚杆开始断裂时下降了 44%，拱顶处的应力下降了 25%。侧墙处的锚杆没有断裂，周围岩体的应力也没有变化。

在 4000～7600 步期间，拱顶和拱腰处的锚杆已经断裂，此时这些位置的应力不再继续变化。侧墙处的锚杆开始断裂，该位置的应力下降了 40%。通过分析锚杆断裂过程中的周围岩体应力变化，可以得出结论，周围岩体的应力削弱效应随着锚杆断裂位置的变化而移动。

锚杆断裂瞬间的周围岩体应力变化如图 7-93 所示。从图中可以看出，在锚杆断裂的瞬间，周围岩体的应力下降了约 1MPa，这与图 7-92 中的分析结果一致。

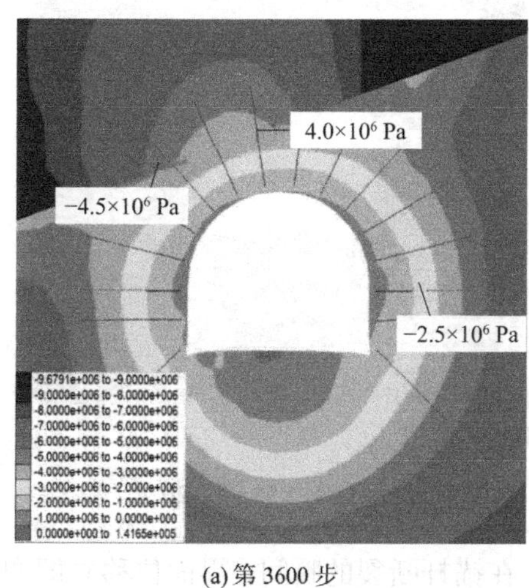

(a) 第 3600 步

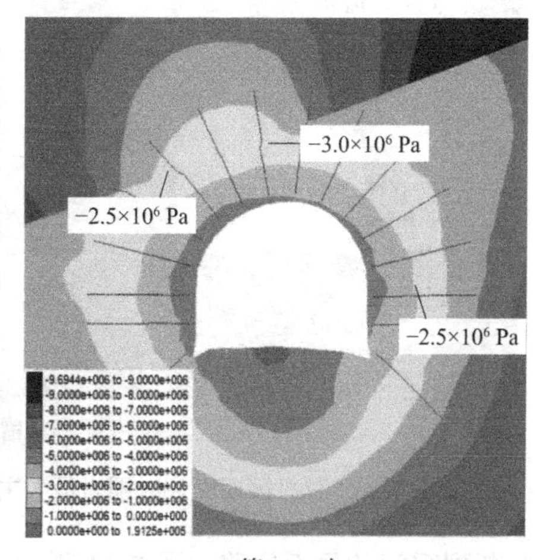

(b) 第 4000 步

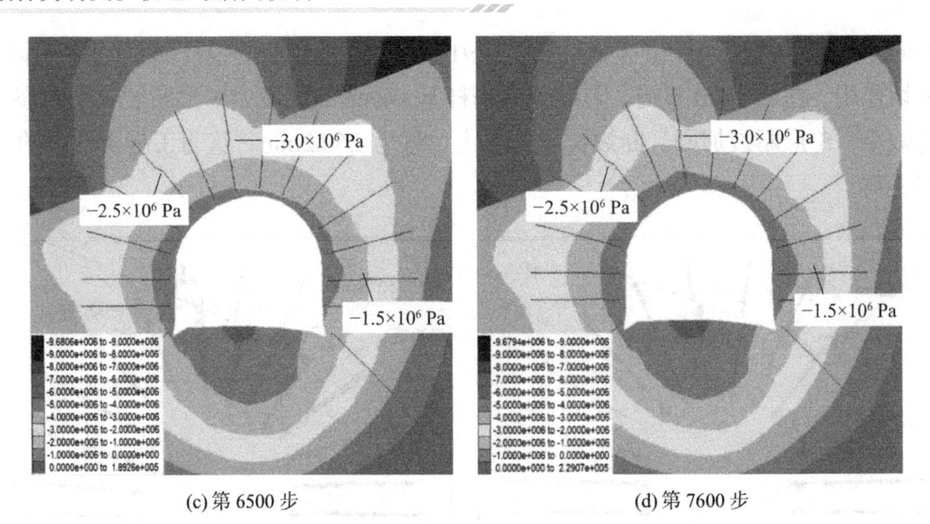

(c) 第 6500 步　　(d) 第 7600 步

图 7-92　围岩最大主应力等值线示意图（Li 等，2024）

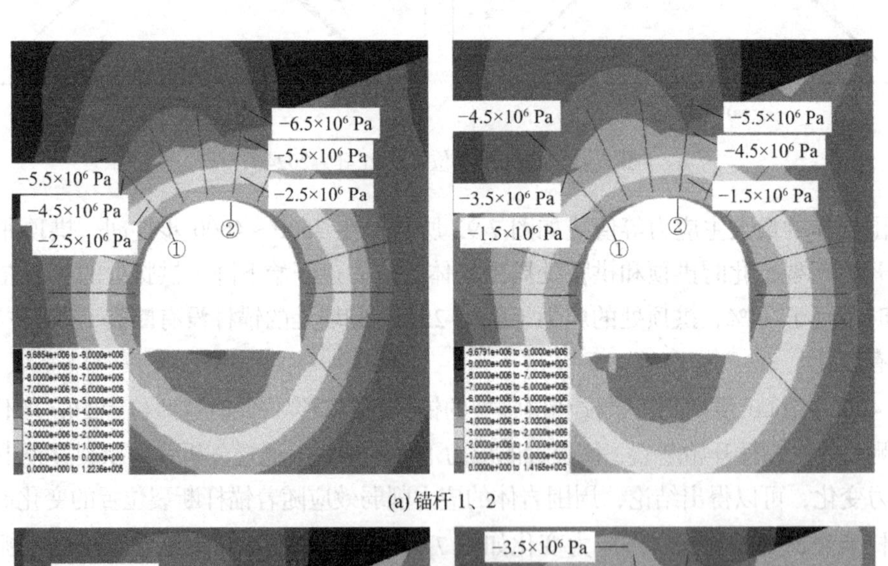

(a) 锚杆 1、2

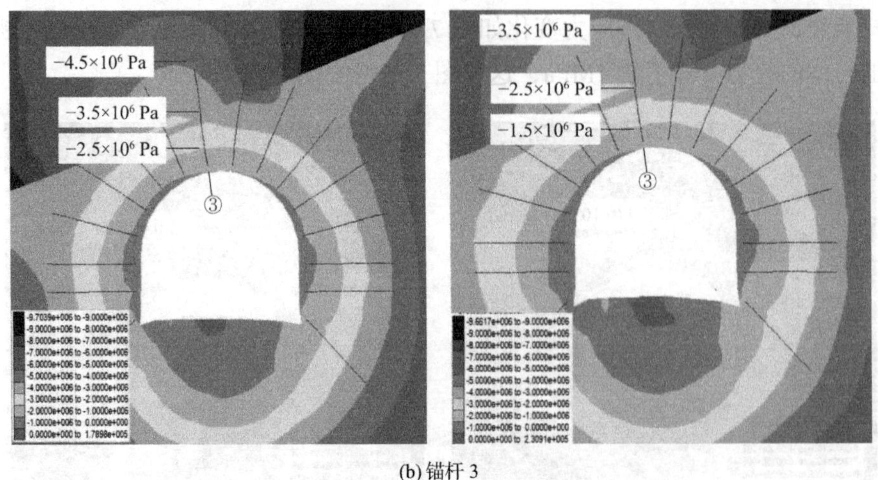

(b) 锚杆 3

图 7-93　锚杆瞬时断裂时围岩最大主应力等值线示意图（Li 等，2024）

锚杆断裂瞬间的界面位移如图 7-94 所示。在锚杆断裂的瞬间，界面位移立即增加了约

10mm，正常工作状态的锚杆在限制界面滑移方面起到了至关重要的作用。

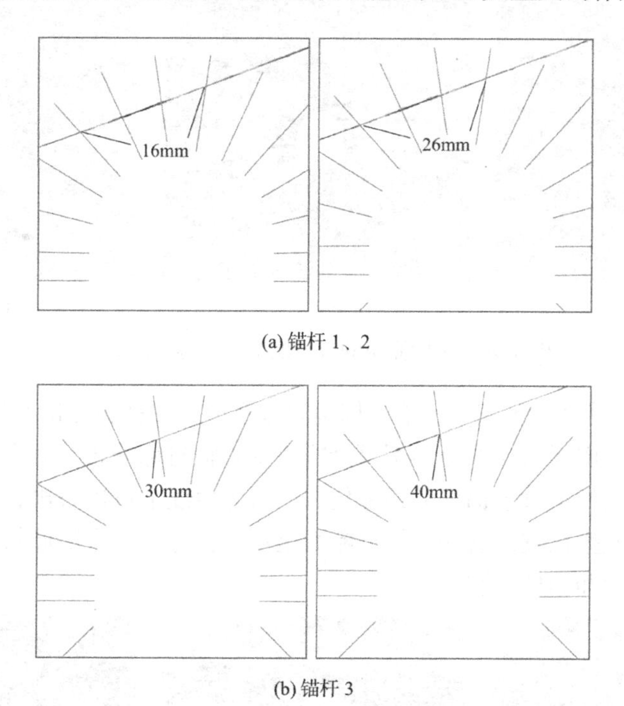

(a) 锚杆 1、2

(b) 锚杆 3

图 7-94　锚杆瞬时断裂时界面位移等值线示意图（Li 等，2024）

计算结束时，周围岩体的变形和塑性区等值线如图 7-95 所示。随着步数的增加，周围岩体逐渐出现变形，并且界面和底面交界处的变形较大。变形沿着垂直于锚杆所在界面的直线对称分布。界面处垂直于锚杆底部和顶部位置的最大变形为 297.7mm。周围岩体的塑性区和变形角度与地层倾斜角度一致，并沿着垂直于锚杆所在界面的直线对称分布。

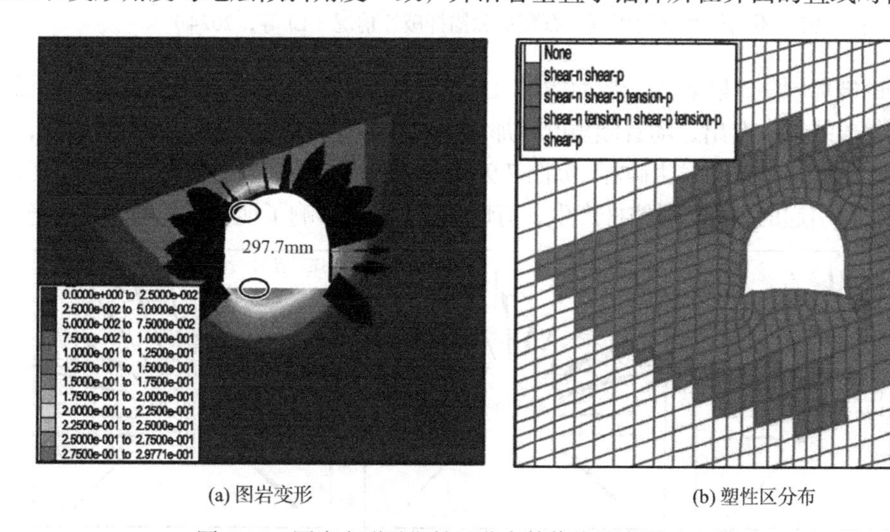

(a) 图岩变形　　　　(b) 塑性区分布

图 7-95　围岩变形及塑性区分布等值线示意图（Li 等，2024）

为了研究不同界面对锚杆的影响，采用精细化数值模拟平台，设置不同倾角下的数值模型，煤层厚度保持不变，界面与水平方向的夹角分别为 20°、30°和 40°，如图 7-96 所示。

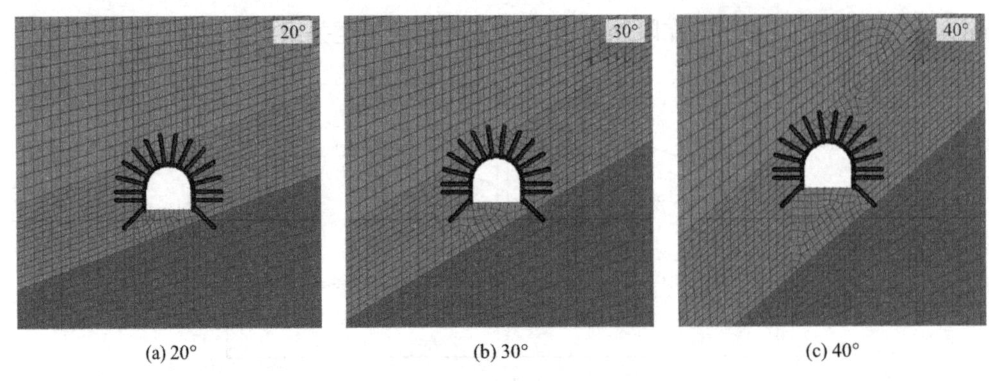

(a) 20° (b) 30° (c) 40°

图 7-96 不同倾角的数值模型（Li 等，2024）

经过 8000 步的计算，不同倾角下的周围岩体变形和锚杆破坏情况如图 7-97 所示。由于倾斜地层的存在，周围岩体的变形不再沿隧道中心轴对称分布。周围岩体的最大变形发生在底面左侧和界面处垂直于锚杆的顶部位置。从等值线上可以看出，锚杆的断裂主要集中在界面处，然后发生在隧道右侧。锚杆断裂呈不对称分布，表明倾斜地层的存在严重影响了周围岩体的变形和锚杆断裂。

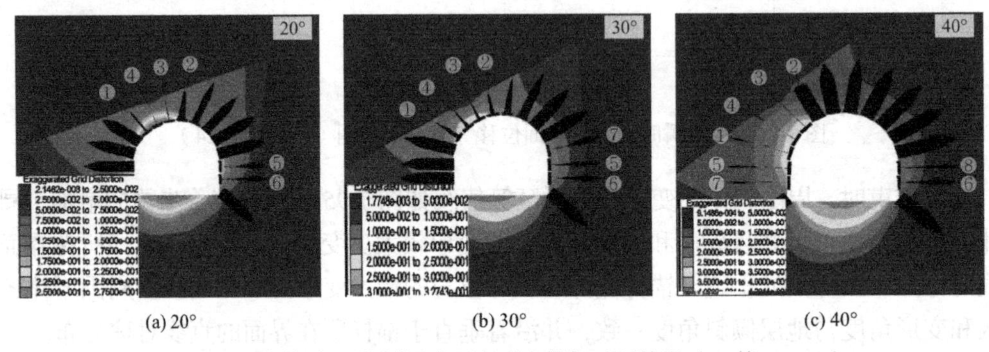

(a) 20° (b) 30° (c) 40°

图 7-97 不同倾角下的周围岩石变形和锚杆破坏情况（Li 等，2024）

根据锚杆的破坏顺序，随着煤岩界面的增大，锚杆的破坏程度也变得更加严重。从锚杆各元件的位移等值线可以看出，随着倾角的增加，横向位移也增加。当隧道倾角过大时，锚杆更容易因界面的剪切滑移而发生破坏。如图 7-98 所示，锚杆在界面处的位移方向发生变化，这是由界面的滑移引起的。滑移对锚杆产生了剪切作用，严重影响了地下工程的安全与稳定。

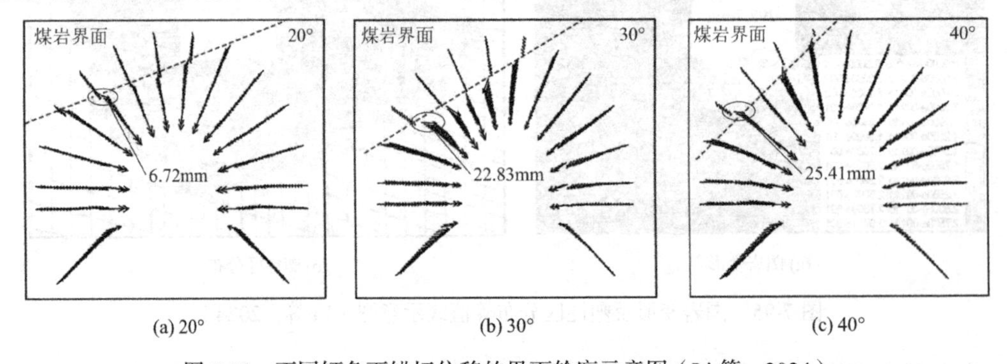

(a) 20° (b) 30° (c) 40°

图 7-98 不同倾角下锚杆位移的界面轮廓示意图（Li 等，2024）

如图 7-99 所示，塑性区与倾斜地层同样倾斜，倾斜地层上的塑性区变形严重。随着倾角的增加，周围岩体塑性区的范围逐渐扩大。

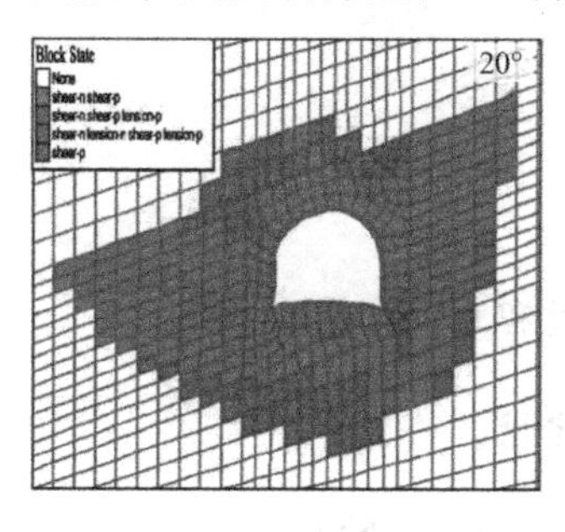

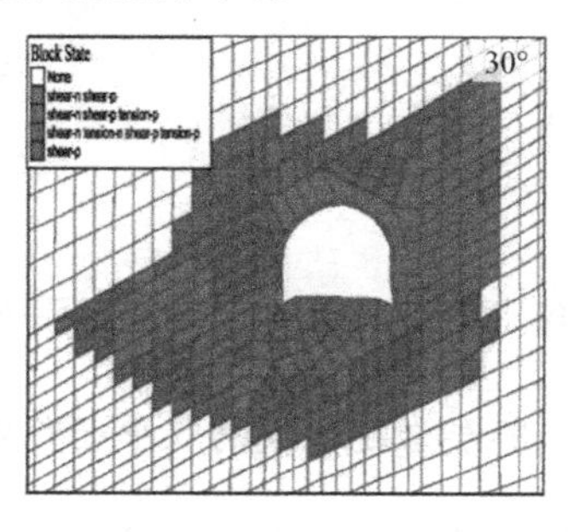

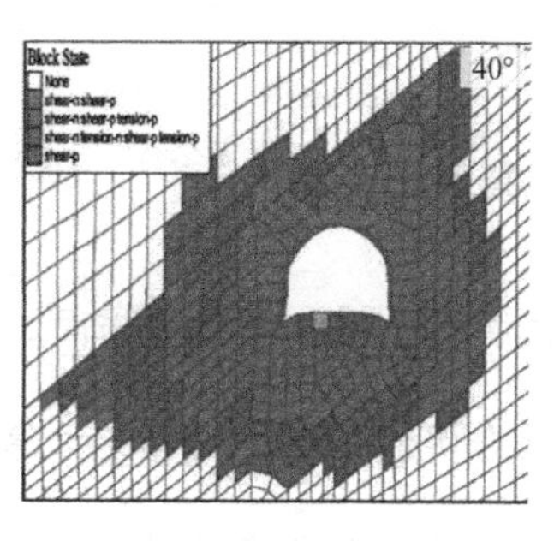

图 7-99　不同倾角下塑性区等值线示意图（Li 等，2024）

不同倾角下的最大主应力等值线如图 7-100（a）所示。可以看出，周围岩体向隧道内挤压，导致底部隆起和隧道变形，且应力大小与地层倾角相关。由于界面的存在，两个周围岩体交界处的最大主应力突变。图中用箭头标示的区域表示主应力为 4～6MPa 的区域，当倾角为 40°时，该区域的范围小于倾角为 20°和 30°的情况。隧道底部是最大主应力下降最明显的区域。当倾角为 20°、30°和 40°时，最大主应力分别为 0.73MPa、0.89MPa 和 1.03MPa。总的来说，倾角的增加对最大主应力不利，地层倾角较大时，隧道开挖对周围岩体的压力影响较小。

不同倾角下的最小主应力等值线如图 7-100（b）所示。可以看出，最小主应力的分布情况与最大主应力相似，且与地层倾角的相关性较小，受界面的影响较小。隧道处的最小主应力因应力释放逐渐降低。靠近隧道自由面的位置，最小主应力迅速下降，形成以隧道为中心的应力释放区。随着地层倾角的增加，最小主应力释放区的范围在一定程度上增大，且应力下降的速度也随之减缓；当倾角为 40°时，范围最大。

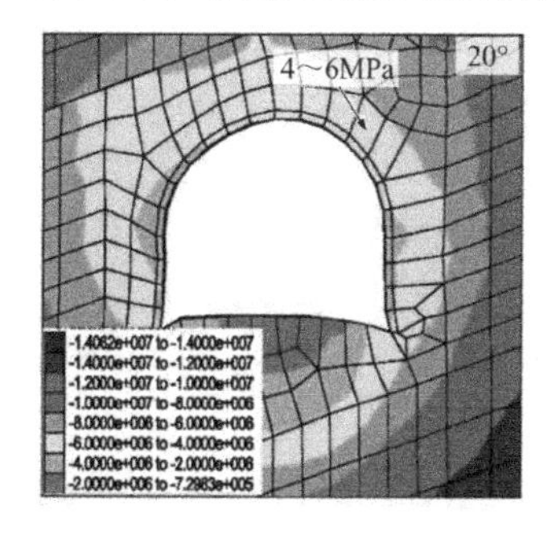

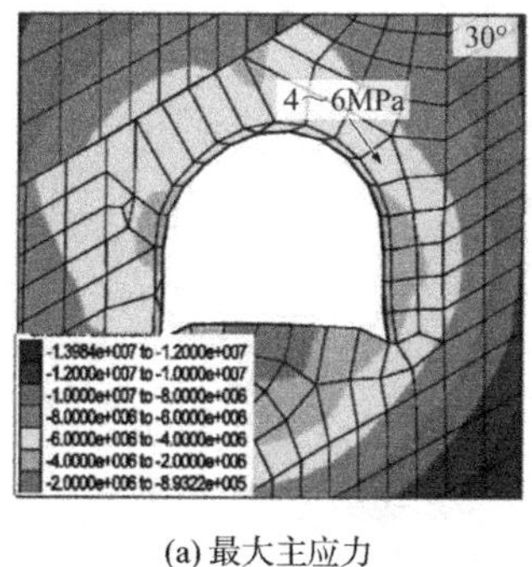

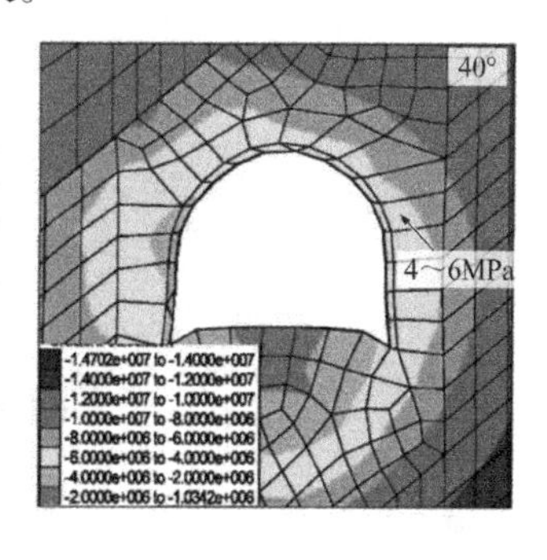

(a) 最大主应力

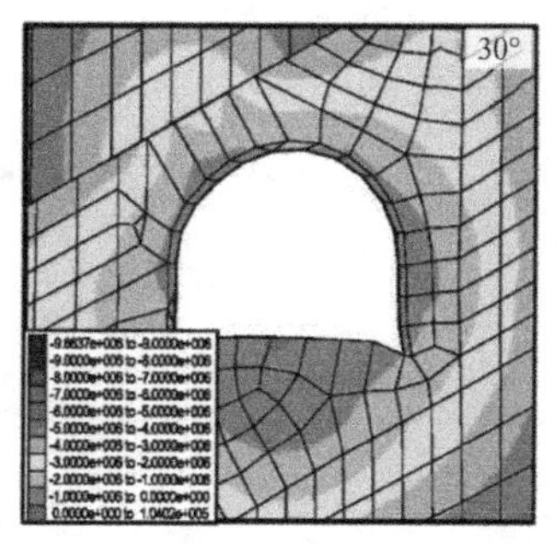

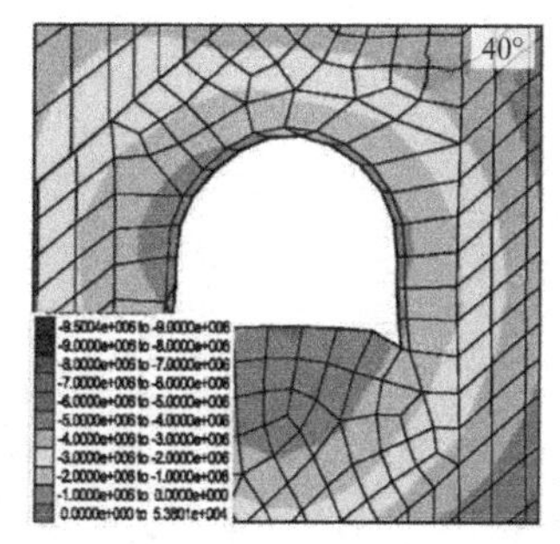

(b) 最小主应力

图 7-100　不同倾角下的主应力等值线示意图（Li 等，2024）

复习思考题

1. 选择一个具体的边坡锚固工程，分析其锚杆支护的设计过程与实际应用效果。

2. 结合实例，分析锚杆支护隐伏顺层岩质边坡的双平面稳定性。

3. 请解释锚固角度对锚固稳定桩在地震响应中的影响，并提出改进建议。

4. 通过实例，讨论深部高应力软岩巷道围岩支护中的主要挑战及解决方法。

第 8 章

总结与展望

岩石锚杆剪切
支护机理与锚固机制

8.1　锚杆剪切支护的发展现状

经过学者们对锚杆抗剪性能的广泛研究，工程实践中岩石锚杆加固软弱结构的应用已变得十分广泛。然而，目前岩石锚杆剪切性能的研究仍存在一定局限性。本书从试验、数值模拟和分析模型等方面分析了当前锚杆研究的发展状况与局限性。

1. 测试方面

大多数锚杆剪切试验主要在静态条件下进行，动态条件下的岩石锚杆剪切试验较少。现有的岩石锚杆动载拉伸试验通常仅考虑弹性条件下的结果，尚未解决动态效应（如岩爆、地震及其他应力波效应）对岩石锚杆剪切力学性能的影响。

2. 数值模拟

现有的数值模拟方法主要基于连续介质数值方法，如有限元法和有限差分法，这些方法在处理接口问题时通常需要预设明确的接口耦合内在结构关系。然而，由于物理场的复杂耦合（如物质破碎、热力、土壤和水的影响），预设的内在结构模型往往无法准确反映实际物理场环境。因此，仿真结果可能与实际现场测试结果存在显著偏差。此外，对锚杆动力工况的数值模拟较少，通常采用等效方式模拟动载效应，而忽略了小裂纹发展对结构表面的弱化作用。

3. 分析模型

适用于承受动态剪切荷载的岩石锚杆的分析模型相对有限，并且存在多种力学机制，动态条件下岩石锚杆剪切力的行为尚未完全明了。与静态条件下的恒定作用不同，动态响应经常伴随着微裂纹和动态荷载。因此，开发适用于动态条件下的岩石锚杆分析模型对于将岩石锚杆支护技术应用于高应力项目中至关重要。

8.2　研究展望

在上述基础上，本书从剪切试验、数值模拟和理论推导三个方面对剪切荷载作用下岩石锚杆的锚固机理和锚固贡献进行了深入探讨。以下是对这三个方面的总结和展望。

1. 剪切试验

在试验研究方面，对静态剪切荷载作用下岩石锚杆的力学机制和性能已有了重大进展：

（1）影响锚杆剪切贡献的因素，如锚杆安装直径和角度、岩石强度、注浆材料、锚杆材料、钻孔直径、锚杆预紧力、法向应力、接合面粗糙度、接缝膨胀角等，已被广泛研究。

（2）随着试验技术的进步，锚杆试验研究变得更加精细，测量技术和加载技术的发展使数据更加可靠。

（3）然而，目前大多数锚杆剪切试验的研究主要集中在静态条件下，尚需进一步研究动态条件下岩石锚杆的剪切行为，特别是对深地基工程中的高应力深地基条件的研究。

2. 数值模拟

基于有限元、有限差分法和离散法的数值模拟提供了无法从可视化岩石锚杆剪切试验中获得的详细信息。这些方法动态地展示了锚杆加载过程中测试参数（如应力、应变和位移）的变化，并为锚杆剪切试验结果提供了合理解释。

（1）岩石锚杆剪力的数值模型中的力学参数变得更加精细，并与实际工程场景保持一致。

（2）由于内在模型的限制，复杂物理场条件下的数值模拟结果不可避免地出现偏差。

（3）目前针对动态条件下的数值模拟研究相对较少，模拟的动态加载与实际测试结果不准确匹配。

3. 理论推导

在分析模型方面，锚杆试验得出的结论表明锚杆的贡献主要体现在：

（1）加固效果；

（2）销钉效应提供的剪切阻力；

（3）摩擦作用提供的剪切阻力。

之前的模型通常是根据力平衡或经验公式得到的，限制了其应用范围。近年来，分析模型的范围扩大，并采用弹性地基梁理论、弹塑性理论和结构力学方法作为理论基础。这些模型具有广泛的应用范围，并与测试结果吻合良好。不过，目前的分析模型主要用于静力分析，对于锚杆受剪切动载作用的分析模型研究仍存在较大发展空间。

参考文献

Aziz N, Jalalifar H, Hadi M (2005). The Effect of Resin Thickness on Bolt-Grout-Concrete Interaction in Shear. Coal Oper Conf.

Aziz N, Pratt D, Williams R (2003). Double Shear Testing of Bolts. Resour Oper Conf 9.

Azuar J J (1977). Stabilisation des massifs rocheux fissures par barres d'acier scellees. Rapp Rech LPC.

Bahrani N, Hadjigeorgiou J (2017). Explicit reinforcement models for fully-grouted rebar rock bolts. J Rock Mech Geotech Eng, 9: 267-280.

Barton N (1973). Review of a new shear-strength criterion for rock joints. Eng Geol, 7: 287-332.

Barton N, Bandis S, Bakhtar K (1985). Strength, deformation and conductivity coupling of rock joints. Int J Rock Mech Min Sci Geomech Abstr, 22: 121-140.

Barton N, Choubey V (1977). The shear strength of rock joints in theory and practice. Rock Mech, 10: 1-54.

Bjurstrom S (1975). Shear strength of hard rock joints reinforced by grouted untensioned bolts. Conference. 13F, 2T, 4R.: Bjurstrom, S Swed. Rock Mech. Res. Found. Stockholm, S Proc. Third Congress, Int. Soc. Rock Mech. Denver, 1974, V2, Part B, 1974, P1194-1199. Int J Rock Mech Min Sci Geomech Abstr, 12: 181.

Chen N, Zhang X, Jiang Q, et al. (2018). Shear Behavior of Rough Rock Joints Reinforced by Bolts. Int J Geomech, 18: 04017130.

Chen Y (2014). Experimental study and stress analysis of rock bolt anchorage performance. J Rock Mech Geotech Eng, 6: 428-437.

Chen Y, Cao P, Zhou K, Teng Y (2017). Relationship between loading angle and displacing angle in steel bolt shearing. Trans Nonferrous Met Soc China, 27: 876-882.

Chen Y, Li C C (2015a). Influences of Loading Condition and Rock Strength to the Performance of Rock Bolts. Geotech Test J, 38: 20140033.

Chen Y, Li C C (2015b). Performance of fully encapsulated rebar bolts and D-Bolts under combined pull-and-shear loading. Tunn Undergr Space Technol, 45: 99-106.

Chen Y, Lin H, Xie S, et al. (2022).Effect of joint microcharacteristics on macroshear behavior of single-bolted rock joints by the numerical modelling with PFC. Environ Earth Sci, 81: 276.

Chen Y, Wen G, Hu J (2020). Analysis of Deformation Characteristics of Fully Grouted Rock Bolts Under Pull-and-Shear Loading. Rock Mech Rock Eng, 53: 2981-2993.

Dight P M (1982). Improvements to the stability of rock walls in open pit mines. Melbourne.

Ding S, Gao Y, Jing H, et al. (2021). Influence of Weak Interlayer on the Mechanical Performance of the Bolted Rock Mass with a Single Free Surface in Deep Mining. Minerals, 11: 496.

Ding S, Jing H, Chen K, et al. (2017). Stress evolution and support mechanism of a bolt anchored in a rock mass with a weak interlayer. Int J Min Sci Technol, 27: 573-580.

Do X (2018). Research of deep roadway reinforcement supporting by anchorage. Central South University.

Du C H, Cao P, Chen Y, et al. (2017). Study on the stability and deformation of the roadway subjected to high in-situ stresses. Geotech Geol Eng, 35: 1615-1628.

Dulacska H (1972). Dowel Action of Reinforcement Crossing Cracks in Concrete. J Proc, 69: 754-757.

Egger P, Fernandes H (1983). A Novel Triaxial Press - Study of Anchored Jointed Models.

Egger P, Zabuski L (1993). Behaviour of rough bolted joints in direct shear tests//. Egger P, Zabuski L. Proc 7th ISRM International Congress on Rock Mechanics, Aachen, 16-20 September 1991V2, P1285-1288. Publ Rotterdam: A A Balkema, 1991. Int J Rock Mech Min Sci Geomech Abstr, 30: 342.

Ferrero A M (1995). The shear strength of reinforced rock joints. Int J Rock Mech Min Sci Geomech Abstr, 32: 595-605.

Foraboschi P (2024). Shear strength of an anchor post-installed into a hardened concrete member. Eng Struct, 302: 117427.

Forbes B, Vlachopoulos B, Andrew J, et al. (2017). Diederichs, A new optical sensing technique for monitoring shear of rock bolts. Tunnelling and Underground Space Technology, 66: 34-46.

Forbes B, Vlachopoulos N, Hyett A J, et al. (2017). A new optical sensing technique for monitoring shear of rock bolts. Tunn Undergr Space Technol, 66: 34-46.

Goris J M, Martin L A, Curtin R P (1996). Shear behaviour of cable bolt supports in horizontal bedded deposits. 89: 124-128.

Grasselli G (2005). 3D Behaviour of bolted rock joints: experimental and numerical study. Int J Rock Mech Min Sci, 42: 13-24.

Haas C J (1976). Shear resistance of rock bolts. Trans Soc Min Eng AIME U S 260: 1.

Haas C J (1981). Analysis of rock bolting to prevent shear movement in fractured ground. Min Eng Littleton Colo U S 33: 6.

Hara T, Tatta N, Yashima A. (2023). Assessment of ground-anchored slope stability based on variation in residual tensile forces. Soils Foundations, 63(4): 101353.

He M, Ren S, Guo L, et al. (2022a). Experimental study on influence of host rock strength on shear performance of Micro-NPR steel bolted rock joints. Int J Rock Mech Min Sci, 159: 105236.

He M, Ren S, Xu H, et al. (2022b). Experimental study on the shear performance of quasi-NPR steel bolted rock joints. J Rock Mech Geotech Eng, S1674775522000932.

Indraratna B, Thirukumaran S, Brown E T, et al. (2015). Modelling the Shear Behaviour of Rock Joints with Asperity Damage Under Constant Normal Stiffness. Rock Mech Rock Eng, 48: 179-195.

Indraratna B, Thirukumaran S, Brown E T, et al. (2015). Modelling the Shear Behaviour of Rock Joints with Asperity Damage Under Constant Normal Stiffness. Rock Mech Rock Eng, 48: 179-195.

Jalalifar H, Aziz N (2010a). Analytical Behaviour of Bolt-Joint Intersection Under Lateral Loading Conditions. Rock Mech Rock Eng, 43: 89-94.

Jalalifar H, Aziz N (2010b). Experimental and 3D Numerical Simulation of Reinforced Shear Joints. Rock Mech Rock Eng, 43: 95-103.

Jalalifar H, Aziz N, Hadi M (2004). Modelling of Sheared Behaviour Bolts Across Joints. Coal Oper Conf.

Jalalifar H, Aziz N, Hadi M (2005). Rock and bolt properties and load transfer mechanism in ground reinforcement. Fac Eng Pap Arch, 629-635.

Jalalifar H, Aziz N, Hadi M N S (2006a). The effect of surface profile, rock strength and pretension load on bending behaviour of fully grouted bolts. Geotech Geol Eng, 24: 1203-1227.

Jalalifar H, Aziz N, Hadi M N S (2006b). An Assessment of Load Transfer Mechanism Using the Instrumented Bolts. 12.

Jiang Y, Zhang S, Luan H, et al. (2022). Numerical modelling of the performance of bolted rough joint subjected to shear load. Geomech Geophys Geo-Energy Geo-Resour, 8: 140.

Kang H, Yang J, Gao F, et al. (2020). Experimental Study on the Mechanical Behavior of Rock Bolts Subjected to Complex Static and Dynamic Loads. Rock Mech Rock Eng, 53: 4993-5004.

Koca M Y, Kincal C, Onur A H, et al. (2023). Determining the inclination angles of anchor bolts for sliding and toppling failures: a case study of İzmir, Türkiye. Bull Eng Geol Environ, 82: 47.

Li C, Stillborg B (1999). Analytical models for rock bolts. Int J Rock Mech Min Sci, 36: 1013-1029.

Li L, Hagan P C, Saydam S, et al. (2016a). Parametric Study of Rockbolt Shear Behaviour by Double Shear Test. Rock Mech Rock Eng, 49: 4787-4797.

Li L, Hagan P C, Saydam S, et al. (2016b). Shear resistance contribution of support systems in double shear test. Tunn Undergr Space Technol, 56: 168-175.

Li W T, Wang L Y, Zhang C A, et al. (2024). Numerical investigation study on tensile-shear failure behavior of rock bolts in inclined strata mining tunnels. Eng Fail Anal, 162: 108393.

Li X, Aziz N, Mirzaghorbanali A, et al. (2016c). Behavior of Fiber Glass Bolts, Rock Bolts and Cable Bolts in Shear. Rock Mech Rock Eng, 49: 2723-2735.

Li X, Nemcik J, Mirzaghorbanali A, et al. (2015). Analytical model of shear behaviour of a fully grouted cable bolt subjected to shearing. Int J Rock Mech Min Sci, 80: 31-39.

Li Y, Liu C (2019). Experimental study on the shear behavior of fully grouted bolts. Constr Build Mater, 223: 1123-1134.

Li Y, Su G, Liu X, et al. (2023). Laboratory study of the effects of grouted rebar bolts on shear failure of structural planes in deep hard rocks. Int J Rock Mech Min Sci, 162: 105308.

Li Y, Tannant D D, Pang J, et al. (2021). Experimental and analytical investigation of the shear resistance of a rock joint held by a fully-grouted bolt and subject to large deformations. Transp Geotech, 31: 100671.

Lin H, Sun P, Chen Y, et al. (2020). Shear Behavior of Bolt-Reinforced Joint Rock Under Varying Stress Environment. Geotech Geol Eng, 38, 5755-5770.

Lin H, Xiong Z Y, Liu T Y, et al. (2014). Numerical simulations of the effect of bolt inclination on the shear strength of rock joints. International Journal of Rock Mechanics and Mining Sciences, 66: 49-56.

Liu C H, Li Y Z (2017). Analytical Study of the Mechanical Behavior of Fully Grouted Bolts in Bedding Rock Slopes. Rock Mech Rock Eng 50: 2413-2423.

Ma S, Zhao Z, Peng J, et al. (2018). Analytical modeling of shear behaviors of rockbolts perpendicular to joints. Constr Build Mater, 175: 286-295.

Ma S, Zhao Z, Shang J (2019). An analytical model for shear behaviour of bolted rock joints. Int J Rock Mech Min Sci, 121: 104019.

McHugh E, Signer S (1999). Roof Bolt Response to Shear Stress: Laboratory Analysis. Proc 18th Int Conf Ground Control Min Morgantown. 232-238.

Oreste P P, Cravero M (2008). An analysis of the action of dowels on the stabilization of rock blocks on rock walls. Int J Rock Mech Min Sci 45: 575-586.

Pellet F, Egger P (1996). Analytical model for the mechanical behaviour of bolted rock joints subjected to shearing. Rock Mech Rock, Eng 29: 73-97.

Pinazzi P C, Spearing A J S, Jessu K V, et al. (2020). Mechanical performance of rock bolts under combined load conditions. Int J Min Sci Technol, 30: 167-177.

Pinazzi P C, Spearing A J S, Jessu K V, et al. (2021). Combined Load Failure Criterion for Rock Bolts in Hard Rock Mines. Min Metall Explor, 38: 427-432.

Ranjbarnia M, Rashedi M M, Dias D. (2022). Analytical and numerical simulations to investigate effective parameters on pre-tensioned rockbolt behavior in rock slopes. Bull Eng Geol Environ, 81: 74.

Saadat M, Taheri A (2020). Effect of Contributing Parameters on the Behaviour of a Bolted Rock Joint Subjected to Combined Pull-and-Shear Loading: A DEM Approach. Rock Mech Rock Eng, 53: 383-409.

Schubert P (1984). Das Tragvermögen des mörtelversetzen An-kers unter aufgezwungener Kluftverschiebung. phD Thesis, Montan-Universität Leoben, Austria, 1984.

Sharma K G, Pande G N (1988). Stability of rock masses reinforced by passive, fully-grouted rock bolts: Int J Rock Mech Min SciV25, N5, Oct 1988, P273-285.

Singh P, Spearing A J S, Jessu K (2020). Analysis of the Combined Load Behaviour of Rock Bolt Installed Across Discontinuity and Its Modelling Using FLAC3D. Geotech Geol Eng, 38: 5867-5883.

Song H W, Duan Y Y, Yang J (2010). Numerical simulation on bolted rock joint shearing performance. Min Sci Technol China, 20: 460-465.

Spang K, Egger P (1990). Action of fully-grouted bolts in jointed rock and factors of influence. Rock Mech Rock Eng, 23: 201-229.

Srivastava L P, Singh M (2015). Effect of Fully Grouted Passive Bolts on Joint Shear Strength Parameters in a Blocky Mass. Rock Mech Rock Eng, 48: 1197-1206.

Srivastava L P, Singh M, Singh J (2019). Development of Large Direct Shear Test Apparatus for Passive Bolt Reinforced Mass. Indian Geotech J, 49: 124-131.

Sun B J, Liu Q W, Li W T, et al. (2022). Numerical implementation of rock bolts with yield and fracture behaviour under tensile-shear load. Eng Fail Anal, 139: 106462.

Sun C Y, Chen C X, Zhang W et al. (2023). Stability of bolt-supported concealed bedding rock slopes with respect to bi-planar failure. Bull Eng Geol Environ, 82: 104.

Wang G, Zhang Y Z, Jiang Y J, et al. (2018). Shear Behaviour and Acoustic Emission Characteristics of Bolted Rock Joints with Different Roughnesses. Rock Mech Rock Eng, 51: 1885-1906.

Wang Y, Zheng T, Sun R, et al. (2024). Influence of the anchor angle on the seismic response of anchored stabilizing piles: centrifuge modeling tests. Soil Dyn Earthquake Eng, 180: 108575.

Wen G, Hu J, Wang J, et al. (2023). Characteristics of stress, crack evolution, and energy conversion of anchored granite containing two preexisting fissures under uniaxial compression. Bull Eng Geol Environ, 82, 5.

Wen G, Hu J, Zhang Z, et al. (2024). Mechanical properties and failure behaviour of anchored granite containing two filled edge-notched fissures in triaxial compression, Theoretical and Applied Fracture Mechanics, 130: 104282.

Wu X Z, Jiang Y J, Gong B, et al. (2019a). Shear Performance of Rock Joint Reinforced by Fully Encapsulated Rock Bolt Under Cyclic Loading Condition. Rock Mech Rock Eng, 52: 2681-2690.

Wu X Z, Jiang Y J, Li B (2018b). Influence of Joint Roughness on the Shear Behaviour of Fully Encapsulated Rock Bolt. Rock Mech Rock Eng, 51: 953-959.

Wu X Z, Jiang Y J, Wang G, et al. (2019b). Performance of a New Yielding Rock Bolt Under Pull and Shear Loading Conditions. Rock Mech Rock Eng, 52: 3401-3412.

Wu X Z, Zheng H F, Jiang Y J, et al. (2023). Effect of Cyclic Shear Loading on Shear Performance of Rock Bolt Under Different Joint Roughness. Rock Mech Rock Eng, 56: 1969-1980.

Wu X, Jiang Y, Gong B, et al. (2018a). Behaviour of rock joint reinforced by energy-absorbing rock bolt under cyclic shear loading condition. Int J Rock Mech Min Sci, 110: 88-96.

Yoshinaka R, Sakaguchi S, Shimizu T, et al. (1987). Experimental Study On the Rock Bolt Reinforcement In Discontinuous Rocks.

Zhang C Q, Cui G J, Chen X G, et al. (2020a). Effects of bolt profile and grout mixture on shearing behaviors of bolt-grout interface. J Rock Mech Geotech Eng, 12: 242-255.

Zhang C Q, Cui G J, Deng L, et al. (2020b). Laboratory Investigation on Shear Behaviors of Bolt -Grout Interface Subjected to Constant Normal Stiffness. Rock Mech Rock Eng, 53: 1333-1347.

Zhang W, Liu Q S (2014). Analysis of deformation characteristics of prestressed anchor bolt based on shear test. Rock Soil Mech, 35: 2231-2240.

Zhang Y C, Jiang Y J, Wang Z, et al. (2022). Anchorage effect of bolt on en-echelon fractures: A comparison between energy-absorbing bolt and conventional rigid bolt. Eng Fail Anal, 137: 106256.

Zheng Y, Chen C X, Liu T T, et al. (2019). Stability analysis of anti-dip bedding rock slopes locally reinforced by rock bolts. Eng Geol, 251: 228-240.

Zou J, Zhang P (2021). A semi-analytical model of fully grouted bolts in jointed rock masses. Appl Math Model, 98: 266-286.